高等院校计算机应用系列教材

数据库技术及应用

(MySQL)

杨宏霞　张婷曼　主　编
段　竹　汪德忠　副主编

清華大學出版社
北　京

内 容 简 介

本书从数据库技术的基本概念入手，通过前后衔接、丰富实用的数据库项目，全面介绍了 MySQL 数据库技术，使读者能够深入浅出、全面系统地掌握 MySQL 数据库管理系统及其应用开发的相关知识。全书以“教务管理系统”案例贯穿始终，从数据库技术的基本理论、数据库设计与实现方法的具体问题开始，讲解数据库和表的创建与管理、视图管理、存储函数、存储过程、触发器、数据库安全管理等内容。此外，本书还基于“学生信息管理系统”详细介绍了使用 Visual Studio 2022 操作 MySQL 数据库的方法，并设计了 16 个课后实验项目。

本书既可作为应用型本科相关专业“数据库技术及应用”课程的配套教材，也可供参加数据库类考试的人员、数据库应用系统开发人员、工程技术人员及其他相关人员参考。对于非计算机专业的本科学生，如果希望学习关键且实用的数据库技术，也可采用本书作为教材。

本书配套的电子课件、习题答案、实例源文件和实验报告模板可以到 http://www.tupwk.com.cn/downpage 网站下载，也可以扫描前言中的二维码获取。

图书在版编目（CIP）数据

数据库技术及应用 : MySQL / 杨宏霞, 张婷曼主编.
北京 : 清华大学出版社, 2025. 2. -- (高等院校计算机
应用系列教材). -- ISBN 978-7-302-67923-3

Ⅰ. TP311.138

中国国家版本馆 CIP 数据核字第 2025TJ6837 号

责任编辑： 胡辰浩
封面设计： 高娟妮
版式设计： 恒复文化
责任校对： 成凤进
责任印制： 刘海龙

出版发行： 清华大学出版社
网　　址：https://www.tup.com.cn，https://www.xuetang.com
地　　址：北京清华大学学研大厦 A 座　　邮　　编：100084
社 总 机：010-83470000　　邮　　购：010-62786544
投稿与读者服务：010-62776969，c-service@tup.tsinghua.edu.cn
质 量 反 馈：010-62772015，zhiliang@tup.tsinghua.edu.cn

印 装 者： 河北鹏润印刷有限公司
经　　销： 全国新华书店
开　　本： 185mm×260mm　　**印　　张：** 16.25　　**字　　数：** 416 千字
版　　次： 2025 年 3 月第 1 版　　**印　　次：** 2025 年 3 月第 1 次印刷
定　　价： 69.00 元

产品编号：105280-01

前　言

本书在编写过程中，结合党的二十大精神进教材、进课堂、进头脑的要求，将知识教育与思想政治教育有机融合。通过案例加深学生对知识的认识与理解，注重培养学生的创新精神、实践能力和社会责任感。在讲解知识点时，本书将理论知识应用到教学实践中，以动手实践的方式加深学生对知识点的认识与理解。案例设计从现实生活出发，有效激发学生的学习兴趣和动手能力，充分发挥学生的主动性和积极性，增强学习信心和学习欲望。同时，在知识讲解中融入素质教育相关内容，引导学生树立正确的世界观、人生观和价值观，进一步提升学生的职业素养，落实德才兼备的高素质卓越工程师和高技能人才的培养要求。

数据库技术是计算机科学的重要领域之一，是计算机数据处理与信息管理系统的核心技术。随着互联网的迅猛发展，以及云计算、大数据、物联网、区块链、人工智能等新技术的兴起，数据库技术在信息社会中扮演着至关重要的角色，它不仅是有效地组织和存储数据的基础，而且在高效检索大量数据和保障数据安全方面也发挥着关键作用。

数据库技术是信息系统的核心技术之一，它是一种计算机辅助数据管理方法。该技术研究数据的组织和存储方式，以及如何高效地获取和处理数据。目前，数据库技术在各个领域得到了迅速普及和广泛应用。从小型单项事务处理系统到大型信息系统，从联机事务处理到联机分析处理，数据库技术在企业管理、计算机辅助设计与制造、计算机集成制造系统、电子政务、电子商务、地理信息系统等众多领域中发挥了重要的作用。无论是日常的业务管理还是复杂的系统集成，数据库都被用来存储和处理信息资源。

本书汇聚了编者多年从事数据库技术课程教学与应用开发的丰富经验，从数据库技术的基本概念入手，通过前后衔接、丰富实用的数据库项目，全面介绍了 MySQL 8 数据库技术，可以帮助读者深入浅出地掌握 MySQL 数据库管理系统及其应用开发的相关知识。本书内容采用项目驱动的教学方法，使读者真实地感受到现实工作的实际需求，激发学习主动性。通过本书读者不仅能熟练掌握数据库应用的基本知识和技术，还能提升分析问题和解决问题的能力，以及自主学习和掌握计算机新知识、新技术的能力。

本书围绕“教务管理系统”的实施与管理，通过理论与实际相结合的方式，系统讲解了数据库技术的基本理论、数据库设计与实现方法等内容。书中首先介绍了数据库和表的创建与管理、视图管理、数据库安全管理等基本知识，并在解决问题的过程中讲解了数据查询、SQL 语言基础、存储过程与触发器、数据库并发控制等操作技能。此外，本书还基于“学生信息管理系统”详细介绍了使用 Visual Studio 2022 操作 MySQL 数据库的方法，并设计了 16 个课后实验项目，以帮助读者深入理解和应用所学知识。

本书由西安交通大学城市学院多位从事一线教学的教师共同编写完成，其中杨宏霞编写了第1～3、10章，段竹编写了第4～5章，张婷曼编写了6～7章，汪德忠编写了第8～9章。

鉴于作者水平有限，书中难免有不足之处，欢迎广大读者批评指正。在编写本书的过程中参考了相关文献，在此向这些文献的作者深表感谢。我们的电话是010-62796045，邮箱是992116@qq.com。

本书配套的电子课件、习题答案、实例源文件和实验报告模板可以到http://www.tupwk.com.cn/downpage网站下载，也可以扫描下方的二维码获取。

编者

2024年8月

目　录

第 1 章　数据库技术基础……1

1.1　数据库技术概论……1

1.1.1　数据库技术基本概念……1

1.1.2　计算机管理数据技术的发展……5

1.1.3　数据库系统的特点……6

1.1.4　数据库管理系统的功能……6

1.2　关系数据库基础……7

1.2.1　关系模型……7

1.2.2　关系运算……10

1.2.3　关系完整性……19

1.3　数据库发展方向……21

1.4　非关系型数据库……22

1.4.1　非关系型数据库的分类……22

1.4.2　非关系型数据库的比较……23

1.5　本章小结……24

1.6　本章习题……24

第 2 章　MySQL 概述……28

2.1　MySQL简介……28

2.2　下载MySQL软件……30

2.3　在Windows中安装MySQL……32

2.4　配置MySQL……35

2.5　测试MySQL是否安装成功……38

2.6　MySQL管理工具……40

2.6.1　常用图形化管理工具介绍……40

2.6.2　使用MySQL Workbench管理数据库……41

2.7　本章小结……45

2.8　本章习题……45

第 3 章　数据库的创建与设计……47

3.1　MySQL数据库管理系统简介……47

3.1.1　数据库构成……47

3.1.2　数据库对象……49

3.1.3　数据库对象的标识符……49

3.2　SQL语言……50

3.3　管理数据库……52

3.3.1　创建数据库……52

3.3.2　查看数据库……53

3.3.3　打开或切换数据库……54

3.3.4　修改数据库……54

3.3.5　删除数据库……54

3.4　设计数据库……55

3.4.1　数据库设计步骤……55

3.4.2　需求分析……56

3.4.3　概念结构设计……56

3.4.4　逻辑结构设计……59

3.4.5　物理结构设计……65

3.4.6　数据库实施……66

3.4.7　数据库运行与维护……67

3.4.8　使用MySQL Workbench设计数据库……68

3.5　本章小结……71

3.6　本章习题……71

第 4 章　表的创建与管理……73

4.1　表概述……73

4.1.1　表的命名规则……73

4.1.2　常用数据类型……74

4.2　创建和管理表……76

4.2.1 表的设计原则和建表步骤……76
4.2.2 创建数据表……78
4.2.3 查看数据表信息……79
4.2.4 修改数据表……80
4.2.5 删除数据表……82
4.3 创建和管理索引……82
4.3.1 索引概述……82
4.3.2 索引的定义与管理……85
4.3.3 查看索引……88
4.3.4 删除索引……88
4.4 关系完整性的实现……89
4.5 表数据操作……92
4.6 本章小结……96
4.7 本章习题……97

第5章 数据查询与视图管理……99
5.1 SELECT语句……99
5.2 简单查询……100
5.3 使用聚合函数查询……111
5.4 连接查询……114
5.4.1 内连接……114
5.4.2 自然连接……115
5.4.3 外连接……117
5.4.4 自连接……120
5.5 子查询……121
5.5.1 带有ANY或者SOME关键字的子查询……121
5.5.2 带有ALL关键字的子查询……123
5.5.3 带有IN关键字的子查询……124
5.5.4 带有比较运算符的子查询……125
5.5.5 带有EXISTS关键字的子查询……125
5.6 联合查询……126
5.7 视图管理……127
5.8 本章小结……130
5.9 本章习题……130

第6章 MySQL编程基础……133
6.1 函数……133
6.1.1 数学函数……133
6.1.2 字符串函数……136
6.1.3 日期时间函数……140
6.1.4 系统信息函数……144
6.1.5 自定义函数……146
6.2 变量……148
6.2.1 变量定义……148
6.2.2 变量赋值……149
6.2.3 系统变量……150
6.2.4 会话变量……151
6.2.5 局部变量……152
6.3 流程控制语句……153
6.3.1 判断语句……153
6.3.2 循环语句……157
6.4 本章小结……159
6.5 本章习题……160

第7章 存储过程和触发器……162
7.1 存储过程……162
7.1.1 创建存储过程……162
7.1.2 调用存储过程……164
7.1.3 查看存储过程……164
7.1.4 修改存储过程……167
7.1.5 删除存储过程……168
7.2 游标……169
7.2.1 游标操作……169
7.2.2 游标使用……170
7.3 触发器……172
7.3.1 创建触发器……172
7.3.2 查看触发器……174
7.3.3 删除触发器……175
7.4 事件……175
7.4.1 开启事件调度器……175
7.4.2 创建事件……176
7.4.3 查看事件……178
7.4.4 修改事件……178
7.4.5 删除事件……179
7.5 本章小结……179
7.6 本章习题……180

第8章 数据库安全管理……181
8.1 MySQL的安全性……181

8.1.1 MySQL访问控制工作过程……181
8.1.2 MySQL权限表……182
8.2 MySQL用户管理……183
8.2.1 创建用户……183
8.2.2 删除用户……184
8.2.3 修改用户密码……184
8.3 MySQL权限管理……185
8.3.1 授予权限……185
8.3.2 撤销权限……189
8.4 MySQL日志管理……190
8.4.1 MySQL日志……191
8.4.2 二进制日志……191
8.4.3 通用查询日志……195
8.4.4 慢查询日志……198
8.5 MySQL数据备份与恢复……203
8.5.1 备份数据……203
8.5.2 恢复数据……207
8.5.3 使用Workbench备份与恢复数据……209
8.6 本章小结……211
8.7 本章习题……211
第9章 事务与锁……213
9.1 事务……213
9.1.1 事务特性……213
9.1.2 事务控制语句……214
9.2 事务的并发处理……217
9.3 锁……219
9.3.1 锁机制……219
9.3.2 锁的级别……219
9.3.3 死锁……221
9.4 本章小结……222
9.5 本章习题……222
第10章 综合实例——使用 Visual Studio 2022 操作 MySQL 数据库……224
10.1 需求说明……224
10.2 系统设计……224
10.2.1 系统功能设计……224
10.2.2 数据库设计……225
10.3 系统实现……226
10.3.1 载入数据……226
10.3.2 数据库接口……226
10.3.3 搭建开发环境……227
10.3.4 添加对MySQL Connector的引用……230
10.3.5 登录窗体……232
10.3.6 主窗体……234
10.3.7 专业信息管理窗体……234
10.4 本章小结……235
10.5 本章习题……236
参考文献……237
附录A 实验……238
实验1 概念模型设计(绘制E-R图)……238
实验2 逻辑模型设计与完整性……239
实验3 数据库的创建与管理……240
实验4 数据表的创建与管理……240
实验5 数据表约束的管理……242
实验6 数据插入、修改与删除……243
实验7 单表数据查询……245
实验8 多表数据查询……245
实验9 视图的创建与管理……246
实验10 MySQL函数应用……247
实验11 存储过程和游标的使用……247
实验12 触发器和事件的使用……248
实验13 数据库的安全管理……248
实验14 数据的备份与恢复……249
实验15 日志管理……249
实验16 数据库设计……250

第1章

数据库技术基础

数据库技术是一种对计算机数据进行处理和存储的技术，广泛应用于金融、政府、教育、医疗、交通、能源等多个领域。例如，高考志愿填报系统、电子商务平台、教务管理系统、火车票订票系统等场景中都涉及大量的信息存储和不同需求的数据统计与查询。例如，各大电商平台不仅能查询到各种商品的信息，还能实现网上交易，并对消费者的购买行为进行大数据分析，从而向消费者推荐可能感兴趣的商品。

各专业学生都应学习大型数据库的相关知识和技能，以适应未来在数据处理领域的工作要求。本章将介绍数据库的基础知识，包括数据库系统的构成与特点、关系型数据库的基本概念以及关系运算等内容。

1.1 数据库技术概论

本节将介绍数据库中的一些基本概念，包括数据、信息、数据处理、数据库及数据库系统等内容。

1.1.1 数据库技术基本概念

数据、数据库、数据库管理系统和数据库系统是与数据库技术密切相关的基本概念。在学习数据库之前，必须对这些概念有一个深入的理解。

1. 数据

描述事物的符号记录被称为数据。这些符号可以是数字、文字、图形、图像、音频、视频等。数据可以有多种表现形式，它们都可以经过数字化处理后存储在计算机中。

数据的表现形式本身并不足以完全传达其含义，它需要结合相应的解释才能被正确理解。数据和关于数据的解释是不可分的。以数字 88 为例，它可能代表一个学生某门课程中的成绩，也可能表示某个人的体重，或者是某个班的学生总数。

在计算机中，为了存储和处理现实世界中的事物，需要抽象出对这些事物感兴趣的特征，然后将这些特征组成一个记录来进行描述。例如，在学生档案中，如果人们最感兴趣的是学生的姓名、性别、年龄、出生年月、籍贯、所在系别和入学时间，那么可以这样描述：

(张一飞，男，19，2005.08，陕西汉中，计算机系，2024)

这里的学生记录就是数据。对于上面这条学生记录，了解其含义的人可以得到如下信息：张一飞是一名大学生，2005 年 8 月出生，男，籍贯是陕西汉中，2024 年考入计算机系。而不了解其语义的人则可能无法准确理解其含义。因此，数据库中存储的数据记录本身无法完全表达其内容，需要经过解释。数据和关于数据的解释是不可分的，数据的解释是指对数据含义的说明，数据的含义称为数据的语义。数据与其语义是密不可分的。

2. 信息

信息是指音讯、消息以及通信系统传输和处理的对象，泛指人类社会传播的一切内容。人们通过获得和识别自然界及社会的不同信息来区别不同事物，从而得以认识和改造世界。在一切通信和控制系统中，信息是一种普遍联系的形式。1948 年，数学家香农在题为《通信的数学理论》的论文中指出："信息是用来消除随机不定性的东西"。信息被认为是构成宇宙万物的最基本单位。

信息是数据的内涵，它是对数据进行有意义解释的过程。信息是加载于数据之上的，它依赖于数据来表达；而数据则是信息的载体。数据可以是符号、文字、数字、语音、图像、视频等形式，通过这些形式，数据能够生动具体地表达出信息的内容。

简而言之，信息是经过加工处理的数据。它会对接收者的行为和决策产生影响，能够增加决策者的知识，并具有现实的或潜在的价值。

3. 数据处理

数据处理是对数据的采集、存储、检索、加工、变换和传输的过程。

数据处理的基本目的是从大量杂乱无章、难以理解的数据中提取和推导出对于特定人群有价值和有意义的信息。

在处理数据时，目的是将数据转化为信息，为决策和管理提供有价值的依据。而在处理信息时，需要将其转化为数据形式，以便进行存储和传输。

数据处理系统已广泛地用于各种企业和事业单位，内容涉及薪金支付、票据处理、信贷和库存管理、生产调度、计划管理、销售分析等。它能够生成操作报告、财务分析报告和统计报告等。数据处理技术涵盖了文档管理系统、数据库管理系统、分布式数据处理系统等领域的技术。

4. 数据库

数据库(Database，DB)，顾名思义，是存放数据的仓库。这个"仓库"实际上是指计算机存储设备上的数据集合，数据在其中按特定的格式和结构进行组织和存储。

严格地讲，数据库是长期存储在计算机内、有组织的、可共享的大量数据的集合。数据库中的数据按照特定的数据模型进行组织、描述和存储，具有较低的冗余度、较高的数据独立性和良好的扩展性，并可以为各种用户提供共享服务。

在一个数据库中，不仅能保存一种简单的数据，还可以保存不同类型的数据。例如，在进销存管理系统中，可以同时将产品数据和供应商数据保存在同一个数据库文件中，这样在归类及管理时更加方便。若不同数据之间存在关联关系，还可以通过数据库管理系统为不同数据表建立相应关系。例如，可以查询出某种产品的名称、规格和价格，并且可以利用产品的厂商编号查询到厂商名称和联系电话。通常称保存在数据库中的不同类别的记录集合为数据表(Table)，在一个数据库中可以有多个数据表，而数据表之间通常存在各种关联关系，数据库管理系统可以通过建立数据表之间的关联关系来实现协同作业和相互配合。数据库中数据表之间存在的关联关系如图 1-1 所示。

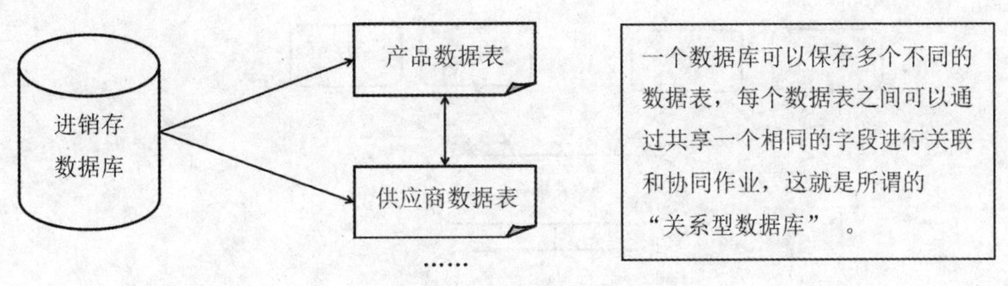

图 1-1　数据表之间关联关系示意图

每一个数据表都是由多个字段组成的。例如，在产品数据表中，可能会包含产品编码、产品名称、价格和供应商编码等字段，只要按照这些字段设置并输入数据，就可以完成一个完整的数据表，如图 1-2 所示。

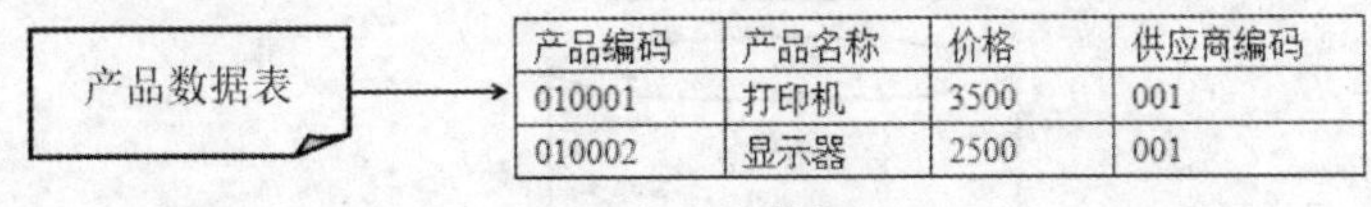

产品编码	产品名称	价格	供应商编码
010001	打印机	3500	001
010002	显示器	2500	001

图 1-2　产品数据表

这里有一个很重要的概念：虽然一般人认为数据库是保存数据的地方，但实际上，数据表才是数据的具体存储单位。数据库是一个容器，用于存放一个或多个数据表。

在关系型数据库中，数据表(Table)是一系列二维数组的集合，用于存储数据和操作数据的逻辑结构。数据表由纵向的列和横向的行组成，行称为记录，是组织数据的单位；列称为字段，每一列表示记录的一个属性，每个字段都有相应的描述信息，例如数据类型、数据宽度等。

5. 数据库系统

数据库系统(Database System，DBS)由数据库、数据库管理系统(及其应用开发工具)、应用系统和数据库管理员(Database Administrator，DBA)组成，负责数据的存储、管理、处理和维护。需要指出的是，数据库的建立、使用和维护等工作仅依靠数据库管理系统是不够的，还需要有专门的人员来完成这些任务，这些人员被称为数据库管理员。

在数据库系统中，数据库负责提供数据的存储功能；数据库管理系统提供数据的组织、存取、管理和维护等基础功能；应用系统根据应用需求使用数据库；而数据库管理员负责全面管理数据库系统。

数据库系统和数据库是两个不同的概念。数据库系统是一个人机系统，数据库是数据库系统中的一个组成部分。然而，在日常工作中，人们常常将“数据库系统”简称为“数据库”。因此，希望读者能够根据上下文区分“数据库系统”和“数据库”，以避免混淆。需要注意的是，数据库管理系统是数据库系统的核心组成部分，如图 1-3 所示。

数据库系统一般由以下 4 个部分组成。

(1) 数据库：是长期存储在计算机内的、具有组织结构，可共享的数据集合。数据库中的数据按照一定的模型进行组织、描述和存储，具有较低的数据冗余、较高的数据独立性和易扩展性，并可为各种用户提供共享服务。

(2) 硬件：构成计算机系统的各种物理设备，包括存储所需的外部设备。硬件的配置应满足整个数据库系统的需求。

(3) 软件：包括操作系统、数据库管理系统和应用系统。

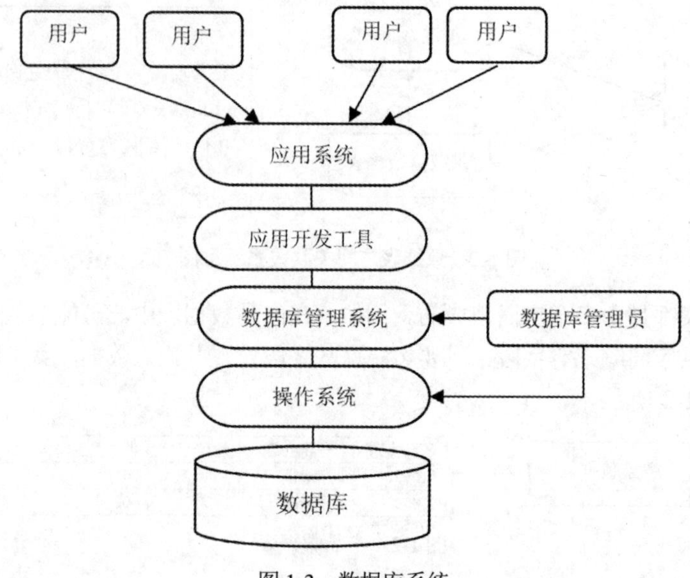

图 1-3　数据库系统

(4) 人员：数据库系统中的人员主要有四类。第一类为系统分析员和数据库设计人员，负责应用系统的需求分析和规范说明，确定需要存放在数据库中的数据，设计数据库的各级模式。第二类为应用程序员，负责编写使用数据库的应用程序。第三类为最终用户，这些用户利用系统的接口或查询语言访问数据库。第四类是数据库管理员，负责数据库的总体管理和信息控制。

6. 数据库管理系统

数据库管理系统(Database Management System，DBMS)是用户创建、管理和维护数据库时所使用的软件，它位于用户与操作系统之间，负责对数据库进行统一管理。DBMS 能够定义数据存储结构，提供数据的操作机制，并维护数据库的安全性、完整性和可靠性。

数据库管理系统类似于图书管理员，通过管理数据库中的数据来实现各种数据管理功能。

7. 数据库应用系统

数据库应用系统(Database Application System，DBAS)不仅为用户提供了数据管理功能，还根据具体应用领域业务规则，通过数据库应用程序，实现了更为复杂的数据处理功能。例如，以数据库为基础的财务管理系统、人事管理系统、图书管理系统等。数据库应用系统负责与 DBMS 进行通信，访问和管理 DBMS 中存储的数据，并允许用户插入、修改和删除数据库中的数据。

综上所述，数据库(DB)、数据库管理系统(DBMS)、数据库应用系统(DBAS)和数据库系统(DBS)是四个不同的概念。数据库系统(DBS)是一个整体系统，包含数据库(DB)及数据库管理系统(DBMS)和数据库应用系统(DBAS)。数据库管理系统是在操作系统支持下对数据库进行管理的工具软件。数据库管理系统如同一座桥梁，一端连接面向用户的数据库应用系统，另一端连接存放数据的数据库。数据库管理系统是数据库系统的核心。

1.1.2　计算机管理数据技术的发展

随着计算机软件和硬件的发展，计算机管理数据技术经历了人工管理、文件系统管理和数据库系统管理三个阶段。每一阶段的发展以数据存储冗余不断减小、数据独立性不断增强、数据操作更加方便和简单为标志，各有各的特点。

1. 人工管理阶段

20 世纪 50 年代中期以前，计算机主要用于科学计算。硬件方面没有磁盘来存储数据，因此数据和程序必须结合在一起，数据不独立。在计算某一课题时，程序和对应的数据一起装入计算机，计算完毕后数据不会保存。软件方面没有专门管理数据的软件，数据管理只能依赖人工(程序员)进行，因此称为人工管理阶段。

在人工管理数据阶段，程序员将程序和数据编写在一起，每个程序都有属于自己的一组数据，数据与应用程序之间是一一对应的。因此，数据不能共享，即便是几个程序处理同一批数据，运行时也必须重复输入，导致程序间存在大量的重复数据，称为数据冗余。另外，数据的存储结构、存取方法、输入输出方式完全由程序员在程序中自行设计和安排，改变数据时必然要修改程序。

2. 文件系统管理阶段

20 世纪 50 年代后期到 60 年代中期，计算机开始大量应用于管理方面。此时，硬件方面的磁盘成为主要的外存设备，这样大量需要长期保留的数据就可以与程序分离，并以数据文件的形式独立保存在计算机的外存上，以便对其进行反复处理。在操作系统中，也出现了专门的数据管理软件，称为文件系统。用户只需要知道数据文件的名称，而不必了解数据存放的位置以及如何存储。文件系统就可以将相应的数据提供给用户使用，实现了“按文件名进行访问、按记录进行存取”的管理技术。

在文件系统管理数据阶段，数据相对于程序具有一定的独立性，可以以文件的形式独立保存。不同的程序可以处理存储在硬盘上的同一个数据文件，程序与数据之间形成了多对多的关系。一组数据可以被多个程序使用，一个程序也可以使用多组数据，实现了数据共享。

但是在文件系统中，数据共享只能以文件为单位，这导致不同的数据文件中可能会出现大量的重复数据，这不仅浪费了存储空间，同时也给数据的维护带来困难。为解决数据的独立性问题，实现数据的统一管理，达到数据共享的目的，数据库技术应运而生并不断发展。

3. 数据库系统管理阶段

在 20 世纪 60 年代后期以来，计算机性能得到很大提高，应用也越来越广泛。同时，硬件方面出现了大容量且价格低廉的磁盘，软件方面操作系统也开始成熟。在这种背景下，以文件系统作为数据管理手段已经不能满足应用的需求。为了解决多用户、多应用共享数据的需求，使数据为尽可能多地应用服务，数据库技术便应运而生，出现了统一管理数据的专门软件系统——数据库管理系统。这将传统的数据管理技术推向一个新阶段，即数据库系统管理阶段。

在这一阶段，数据库系统对数据的处理方式是将所有应用程序中使用的数据汇集在一起，使数据的组织和管理与具体的应用相脱离，全部交由数据库管理系统统一管理。这样不仅实现了数据与程序的完全独立，而且大大减少了数据冗余，真正实现了数据的共享。

1.1.3 数据库系统的特点

数据库系统的特点包括：数据结构化、数据共享性高、冗余度低、易于扩展、数据独立性高，以及数据由 DBMS 统一管理和控制。

1) 数据结构化

数据库系统实现了整体数据的结构化，这是数据库的最主要的特征之一。这里所说的“整体”结构化，是指在数据库中的数据不再仅针对某个特定应用，而是面向整个组织；不仅数据内部是结构化的，而且整个数据集也是结构化的，数据之间存在联系。

数据结构化是数据库系统与文件系统的根本区别。在文件系统中，独立文件内部的数据一般是有结构的，但文件之间通常不存在联系，因此从整体上看，数据是没有结构的。

2) 数据共享性强，冗余度低，易于扩展

因为数据是面向整体的，所以可以被多个用户和多个应用程序共享使用，这样可以大大减少数据冗余，节约存储空间，避免数据之间的不相容性和不一致性。

3) 数据独立性高

数据的独立性是数据库系统的最基本的特征之一。数据独立性是指应用程序与数据结构之间相互独立，互不影响。数据独立性包括数据的物理独立性和逻辑独立性。

物理独立性是指数据在磁盘上的存储方法由数据库管理系统 DBMS 管理，应用程序无需了解。应用程序只需处理逻辑结构，因此当数据的物理存储结构发生改变时，应用程序无需改变。

逻辑独立性是指应用程序与数据库的逻辑结构相互独立。也就是说，即使数据的逻辑结构发生了改变，应用程序也可以不进行修改。

4) 数据由 DBMS 统一管理和控制

数据库管理系统(DBMS)用于建立、使用和维护数据库。它对数据库进行统一的管理和控制，以保证数据库的安全性和完整性。DBMS 使多个应用程序和用户可以采用不同的方法同时或在不同时间建立、修改和访问数据库。

1.1.4 数据库管理系统的功能

数据库的共享是并发的共享，即多个用户可以同时访问数据库中的数据，甚至可以同时访问数据库中的同一个数据。DBMS 必须提供以下几方面的数据控制功能。

(1) 数据定义：DBMS 提供数据定义语言(Data Definition Language，DDL)，主要用于定义数据库的结构、数据之间的关系等。

(2) 数据操作：DBMS 提供数据操作语言(Data Manipulation Language，DML)，实现对数据的插入、删除、更新、查询等操作。

(3) 数据库的运行管理：数据库的运行管理功能是 DBMS 的运行控制和管理功能，包括多用户环境下的并发控制、安全性检查和存取限制控制、完整性检查和执行、运行日志的组织和管理、事务的管理和自动恢复(即保证事务的原子性)。这些功能保证了数据库系统的正常运行。

(4) 数据组织、存储与管理：DBMS 要分类组织、存储和管理各种数据，包括数据字典、用户数据和存取路径等。需确定以何种文件结构和存取方式在存储级上组织这些数据，以及如何实现数据之间的联系。数据组织和存储的基本目标是提高存储空间利用率，选择合适的存取方法提高存取效率。

(5) 数据库的保护：数据库中的数据是信息社会的战略资源，因此数据的保护至关重要。DBMS 通过以下四个方面实现对数据库的保护：数据库恢复、数据库并发控制、数据完整性控制和数据库安全性控制。DBMS 的其他保护功能还包括系统缓冲区的管理以及数据存储的一些自适应调节机制等。

(6) 数据库的维护：这一部分包括数据库的数据载入、转换、转储、数据库的重组和重构以及性能监控等功能，这些功能通常不同的应用程序或工具来完成。

(7) 通信：DBMS 具有与操作系统的联机处理、分时系统及远程作业输入的相关接口，负责处理数据的传送。对网络环境下的数据库系统，还应该包括 DBMS 与网络中其他软件系统的通信功能以及数据库之间的互操作功能。

1.2 关系数据库基础

MySQL 数据库属于关系型数据库，因此读者需要了解关系型数据模型的相关知识。

数据模型的种类有很多，目前被广泛使用的主要有两种类型。一种是独立于计算机系统的数据模型，它完全不涉及信息在计算机中的表示，仅用来描述某个特定组织所关心的信息结构，这种模型称为“概念数据模型”。概念数据模型是按照用户的观点对数据进行建模，强调其语义表达能力。它应该简单、清晰、易于用户理解，是对现实世界的第一层抽象，也是用户与数据库设计人员之间进行交流的工具，并且是进行数据库设计的重要工具。其典型代表就是著名的“实体关系模型”(E-R 模型)。

另一种数据模型是直接面向数据库的逻辑结构，它是对现实世界的第二层抽象。这种模型直接与数据库管理系统相关，称为“逻辑数据模型”，包括层次模型、网状模型、关系模型和面向对象模型。

在 4 种逻辑数据模型中，层次模型和网状模型已经很少应用，而面向对象模型比较复杂，尚未达到关系模型数据库的普及程度。目前，理论成熟、使用广泛的模型是关系模型。自 20 世纪 80 年代以来，计算机厂商推出的数据库管理系统几乎都是支持关系模型的，关系模型已经占据市场的主导地位。

1.2.1　关系模型

关系模型是由若干个关系模式组成的集合，关系模式的实例称为关系，每个关系实际上是一张二维表格。关系模型通过键来导航数据，其表格结构简单，用户只需用简单的查询语句就可以对数据库进行操作，并不涉及存储结构、访问技术等细节。SQL 语言是关系数据库的代表性语言，已经得到了广泛的应用。典型的关系数据库产品有 MySQL、DB2、Oracle、Sybase、SQL Server 等。

关系型数据库是以关系模型为基础的数据库，根据表、元组、字段之间的关系进行组织和访问数据。它通过若干张表来存取数据，并且通过关系将这些表联系在一起。关系型数据库是目前应用最广泛的数据库类型。关系型数据库是支持关系模型的数据库，下面将介绍关系模型。

关系模型有 3 个组成部分：数据结构、数据操作和完整性规则。关系模型建立在严格的数学概念基础之上，利用二维表来描述实体及实体之间的联系。

例如，在一个名为 student 的学生信息表中，每一列都包含了所有学生的某个特定类型的信息，如姓名；而每一行则包含了某个特定学生的所有信息，包括学号、姓名、性别和专业，如图 1-4 所示。

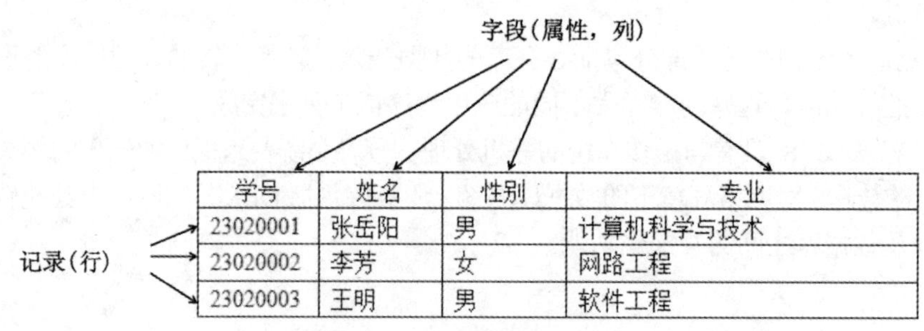

图 1-4　学生信息表(student)

1. 关系模型相关术语

1) 关系

一个关系就是一张由行与列构成的二维表，每张表具有一个表名，即关系名。不同的实体集必须用不同的表来表示，不能保存在同一张表中，即表之间是不允许嵌套的。例如，图 1-4 展示的是一个 3 行 4 列的学生关系(学生表)，对应一个学生实体集。

2) 属性

表中的列称为属性或字段，列的名称称为属性名，在列中填写的数据称为属性值。如图 1-4 所示，学生表有 4 列，分别对应 4 个属性：学号、姓名、性别和专业。

3) 元组

表中第二行开始的每一行称为元组，即通常所说的记录，是构成关系的一个个实体。因此，“关系”是“元组”的集合，而“元组”是属性值的集合。在关系模型中，数据就是这样逐行逐列地组织起来的。如图 1-4 所示，其中的每一行记录都代表客观世界的某个实体，对应于现实世界的一名具体学生。

4) 分量

元组中的每一个属性值称为元组的分量。

5) 域

属性的取值范围称为域，是一组具有相同数据类型的值的集合。例如，学生性别的域是{男，女}，而专业的域则是学校所有专业的集合。

6) 关键字

关系中的某一个属性或某几个属性的组合，如果能够唯一地标识关系中的各个元组且不含多余的属性，则该属性(组)称为该关系的关键字(Key)，也称为“键”，对应概念模型中的“码”。关键字是一个字段或字段的组合。在一张表中可以选定一个关键字作为主关键字(Primary Key)，而其他关键字则称为候选关键字(Candidate Key)。

7) 关系模式

二维表的第一行即表头，确定了一个二维表的结构。例如，表头定义了表的列数，每一列的名称，以及每一列能够填写的数据类型等。如图 1-4 所示，学生表中的学号、姓名、性别等字段及其相应的数据类型组成了学生表的结构。在关系模型中，表头称为关系模式，可以使用关系名(属性名 1，属性名 2，…，属性名 *n*)的形式描述一个关系。例如，学生关系的关系模式可以表示为：

```
学生(学号，姓名，性别，专业)
```

一个关系模型是由若干个关系模式组成的集合。在关系模型中，实体以及实体间的联系都用关系来表示。例如，学生、课程以及学生与课程之间的多对多联系可以在关系模型中按如下表示：

```
学生(学号，姓名，性别，专业)
课程(课程号，课程名，学分)
选修(学号，课程号，成绩)
```

由于关系模型概念简单、清晰、易懂、易用，并且具有严密的数学基础以及在此基础上发展起来的关系数据理论，简化了程序开发及数据库建立的工作量，因此迅速获得了广泛的应用，并在数据库系统中占据了主导地位。

2. 关系的特点

从形式上看，一个关系可以看作一个二维表，但并不是所有的二维表都可以称为关系。只有满足以下要求和限制的二维表才可以称为关系。

1) 关系的每一个分量都必须是不可分的数据项

在概念世界中，实体与属性的区别在于，属性是实体所具有的某一特征，一个实体由若干个属性来描述，而属性不能再分解成更小的特征。这一区别在数据世界中表现为关系中的所有属性值都是不可再分的最小数据单元。在如图 1-5 所示的表格中，入库、出库、结余又分别有数量、单价和金额三个分项，因此这是一个复合表，不是关系。

日期	入库			出库			结余		
	数量	单价	金额	数量	单价	金额	数量	单价	金额
2024-03-01	50	1.20	60.00				50	1.20	60.00
2024-03-02	12	1.30	15.60	51	1.20	61.20	62	1.22	75.64
2024-03-03				10	1.30	13.00	11	1.30	14.30
2024-03-04							1	1.30	1.30
2024-03-05	34	1.40	47.60				35	1.39	48.65

图 1-5　复合表

2) 关系中同一列的数据类型必须相同

表中每一列的取值范围应属于同一类型的数据，来自同一个域。例如，学生选课成绩表中的成绩属性值不能有的是百分制、有的是五分制，而必须统一为一种表示语义(比如都用百分制)，否则可能会出现存储和数据操作错误。

3) 在同一个关系中不允许出现相同的属性名

定义表结构时，一张表中不能出现重复的字段名。因为这样的重复不仅会导致数据冗余，还会产生列标识混乱的问题。

4) 在一个关系中，列的次序无关紧要

交换表中任意两列的位置并不影响数据的实际含义。例如，在工资表中，奖金和基本工资哪一列放在前面都不会改变数据的意义。

5) 在一个关系中，元组的次序无关紧要

二维表的表体部分是由填写在表格中的数据构成的，一条记录由若干个字段的值组成，所有的记录形成一张表，即表是记录的“容器”。数据库中的数据是不断更新的，比如可以对表中的数据进行添加、删除、修改等操作，因此表体部分通常是随着表的使用过程而不断变化的。在使用表的过程中，可以根据各种排序要求对元组的次序进行重新排列，例如，可以分别对教师表中的记录按教工编号的值升序或降序重新排序。因此，在一张表中任意交换两行的位置并不影响数据的实际含义。

6) 在同一个关系中不允许有完全相同的元组

表中的每一行必须是唯一的，即表中任意两行不能完全相同。

上述6条性质构成了关系的基本定义，也是用来判断某个表格是否满足关系模型的基本标准。

1.2.2 关系运算

使用数据库的目的就是为了能够随时找到感兴趣的数据。在关系数据库中，用户只需明确提出“要做什么”，而不需要指出“怎么去做”，系统将自动优化查询过程，并能够实现对多个相关联的表的高效存取。然而，正确表示复杂的查询并非是一件简单的事。在关系数据库中，有些查询操作可能需要多个基本运算的组合。了解关系运算有助于更准确地表达查询需求。

关系运算的运算对象和运算结果都是关系，即元组的集合。根据运算符的不同，关系运算可分为传统的集合运算和专门的关系运算两类。传统的集合运算包括并、交、差和广义笛卡儿积四种。专门的关系运算主要有选择、投影、连接和除法等。

1. 关系运算符

在两类运算中，将用到以下两类辅助操作符。

(1) 比较运算符：>、>=、<、<=、=、≠。

(2) 逻辑运算符：∨(或)、∧(与)、¬(非)。

2. 传统的集合运算

传统的集合运算把关系视为元组的集合，以元组作为集合中的元素进行运算，这些运算是从关系的“水平”方向即行的角度进行的。传统的集合运算包括并(∪)、交(∩)、差(−)和广义笛卡儿积(×)四种运算。

1) 并运算

关系 R 和关系 S 的并运算的结果由属于 R 或属于 S 的元组组成的集合。即将 R 和 S 所有元组合并，再去除重复的元组，组成一个新的关系称为 R 和 S 的并，记为 $R \cup S$。形式定义如下：

$$\mathrm{R} \cup S=\{t \mid t \in R \vee \mathrm{t} \in S\}$$

例如，关系 R 中的元组为英语 90 分以上的学生，关系 S 中的元组为数学 90 分以上的学生。这两个关系结构相同，仅名称不同，关系中的记录不同。则 $R \cup S$ 结果就是单科 90 分以上的学生，如图 1-6 所示。

R

学号	姓名	性别	班级
23050002	薛佳宏	男	会计 01
23040015	韩金效	男	土木 02
23010026	任一格	男	电信 01

S

学号	姓名	性别	班级
23020015	王文秀	女	网路 01
23060025	韩豆豆	女	软件 03
23050002	薛佳宏	男	会计 01

$R \cup S$

学号	姓名	性别	班级
23050002	薛佳宏	男	会计 01
23040015	韩金效	男	土木 02
23010026	任一格	男	电信 01
23020015	王文秀	女	网路 01
23060025	韩豆豆	女	软件 03

图 1-6　并运算

注意：

两个关系的并集 $R \cup S$ 仍然是一个关系，依然需要遵守关系的性质，即在同一个关系中不允许有完全相同的元组。因此，在合并两个关系的元组时，若有完全相同的元组，只保留一个。

2) 交运算

关系 R 和关系 S 的交运算是由既属于 R 又属于 S 的元组组成的集合。即在两个关系 R 和 S 中取相同的元组，组成一个新关系，称为 R 和 S 的交，记为 $R \cap S$。形式定义如下：

$$R \cap S = \{t \mid t \in R \wedge t \in S\}$$

例如，关系 R 中的元组为英语 90 分以上的学生，关系 S 中的元组代表数学 90 分以上的学生，那么 $R \cap S$ 的结果就是英语和数学都是 90 分以上的学生，如图 1-7 所示。

R

学号	姓名	性别	班级
23050002	薛佳宏	男	会计 01
23040015	韩金效	男	土木 02
23010026	任一格	男	电信 01

S

学号	姓名	性别	班级
23020015	王文秀	女	网路 01
23060025	韩豆豆	女	软件 03
23050002	薛佳宏	男	会计 01

$R \cap S$

学号	姓名	性别	班级
23050002	薛佳宏	男	会计 01

图 1-7　交运算

3) 差运算

关系 R 和关系 S 的差运算是由属于 R 而不属于 S 的元组组成的集合。即在关系 R 中删去与 S 关系中相同的元组，组成一个新的关系，记为 $R-S$。形式定义如下：

$$R-S=\{t \mid t\in R\wedge\neg t\in S\}$$

例如，关系 R 中的元组为英语 90 分以上的学生，关系 S 中的元组为数学 90 分以上的学生，则 R−S 结果就是英语 90 以上但数学分数不在 90 分以上的学生，如图 1-8 所示。

R

学号	姓名	性别	班级
23050002	薛佳宏	男	会计 01
23040015	韩金效	男	土木 02
23010026	任一格	男	电信 01

S

学号	姓名	性别	班级
23020015	王文秀	女	网路 01
23060025	韩豆豆	女	软件 03
23050002	薛佳宏	男	会计 01

R-S

学号	姓名	性别	班级
23040015	韩金效	男	土木 02
23010026	任一格	男	电信 01

图 1-8　差运算

注意：

在差运算中，运算对象的顺序不同会导致不同的结果。在这个例子中，R－S 和 S－R 的结果是不相同的。

4) 广义笛卡儿积运算

两个分别具有 n 列和 m 列的关系 R 和 S 的广义笛卡儿积是一个包含 $n+m$ 列的元组集合，其中每个元组的前 n 列来自关系 R 的一个元组，后 m 列来自关系 S 的一个元组。若 R 有 k_1 个元组，S 有 k_2 个元组，则关系 R 和关系 S 的广义笛卡儿积有 $k_1\times k_2$ 个元组，记作 $R\times S$。形式定义如下。

$$R\times S=t_r\frown t_s \mid t_r\in R\wedge t_s\in S$$

例如，关系 R 和 S 分别具有 3 个属性列，$R\times S$ 的结果如图 1-9 所示。

简单来说，就是把 R 表的第一行与 S 表第一行组合写在一起，作为一行。然后把 R 表的第一行与 S 表第二行依次写在一起，作为新一行。以此类推。当 S 表的每一行都与 R 表的第一行组合过一次以后，换 R 表的第二行与 S 表第一行组合，以此类推，直到 R 表与 S 表的每一行都组合过一次，则运算完毕。

如果 R 表有 n 行，S 表有 m 行，那么笛卡儿积 $R\times S$ 有 $n\times m$ 行。

提示：

没有限制的表连接就是笛卡儿积。

R

学号	姓名	性别
23050002	薛佳宏	男
23040015	韩金效	男
23010026	任一格	男
23020015	王文秀	女
23060025	韩豆豆	女

S

课程号	课程名
01	C 语言
02	网络工程
03	软件工程

R×S

学号	姓名	性别	课程号	课程名
23050002	薛佳宏	男	01	C 语言
23050002	薛佳宏	男	02	网络工程
23050002	薛佳宏	男	03	软件工程
23040015	韩金效	男	01	C 语言
23040015	韩金效	男	02	网络工程
23040015	韩金效	男	03	软件工程
23010026	任一格	男	01	C 语言
23010026	任一格	男	02	网络工程
23010026	任一格	男	03	软件工程
23020015	王文秀	女	01	C 语言
23020015	王文秀	女	02	网络工程
23020015	王文秀	女	03	软件工程
23060025	韩豆豆	女	01	C 语言
23060025	韩豆豆	女	02	网络工程
23060025	韩豆豆	女	03	软件工程

图 1-9　广义笛卡儿积运算

3. 专门的关系运算

专门的关系运算不仅包括行运算，还包括列运算，这种运算是为数据库应用而引进的特殊操作，包括选择运算(σ)、投影运算(∏)、连接运算(⋈)和除法运算(÷)等。假设有一个数据库，其中包括课程关系 *C*、学生关系 *S*、选修关系 *SC*，如图 1-10 所示。下面的例子将对这个三个关系进行运算。

C

课程号 CNo	课程名 Cname	学分 Ccredit
1	数据库技术及应用	3
2	高等数学	3
3	软件工程	4

S

学号 Sno	姓名 Sname	性别 Ssex	年龄 Sage	所在系 Sdept
95001	李勇	男	20	CS
95002	刘晨	女	19	IS
95003	王敏	女	18	MA
95004	张智	男	19	IS
95005	刘明	男	19	AR
95006	王芳	女	19	IS
95007	郭慧	女	19	IS

SC

学号 Sno	课程号 Cno	成绩 Grade
95001	1	92
95001	2	85
95001	3	88
95002	2	90
95002	3	80

图 1-10　数据库示例

1) 选择

在关系 R 中选择满足条件的元组的操作称为选择运算，即在表中选择满足某些条件的行。在关系 R 中选择满足给定条件的诸元组，记作：

$$\sigma_F(R)=\{t \mid t\in R \wedge F(t)\}$$

- F：选择条件，是一个逻辑表达式，取值为“真”或“假”，基本形式为 $X_1\theta Y_1$。
- θ：表示比较运算符，可以是>，>=，<，<=，=，≠。
- X_1、Y_1：可以是属性名、常量或简单函数，属性名也可以用它的序号来代替。

选择运算是从关系 R 中选取使逻辑表达式 F 为真的元组，是从行的角度进行的运算。

【例 1-1】查询信息系(IS 系)全体学生。

$$\sigma_{Sdept='IS'}(S)或\sigma_{5='IS'}(S)$$

查询结果如图 1-11 所示。

查询信息系(IS 系)全体学生

学号 Sno	姓名 Sname	性别 Ssex	年龄 Sage	所在系 Sdept
95002	刘晨	女	19	IS
95004	张智	男	19	IS
95006	王芳	女	19	IS
95007	郭慧	女	19	IS

图 1-11　查询信息系全体学生

【例 1-2】查询年龄小于 20 岁的学生。

$$\sigma_{Sage<20}(S)或\sigma_{4<20}(S)$$

查询结果如图 1-12 所示。

查询查询年龄小于 20 岁的学生

学号 Sno	姓名 Sname	性别 Ssex	年龄 Sage	所在系 Sdept
95002	刘晨	女	19	IS
95003	王敏	女	18	MA
95004	张智	男	19	IS
95005	刘明	男	19	AR
95006	王芳	女	19	AR
95007	郭慧	女	19	EC

图 1-12　查询小于 20 岁的学生

2) 投影

从关系 R 中选择若干属性得到无重复元组的新的关系，称为投影，记作：

$$\pi_A(R)=\{t[A]\,|\,t\in R\}$$

其中 A 为需要从关系 R 中选取的属性列表。

【例 1-3】查询学生的姓名和所在系。

$$\pi_{Sname,\ sdept}(S)\text{或}\pi_{2,5}(S)$$

查询结果如图 1-13 所示。

查询学生的姓名和所在系

姓名 Sname	所在系 Sdept
李勇	CS
刘晨	IS
王敏	MA
张智	IS
刘明	AR
王芳	IS
郭慧	IS

图 1-13　查询学生姓名和所在系

注意：

投影操作不仅取消了原关系中的某些列，而且可能取消某些元组。因为取消了某些属性列之后，就可能出现重复行(应取消这些完全相同的行)。

3) 连接

连接又称为 θ 连接，可以分为条件连接与自然连接。连接操作是从两个关系的笛卡儿积中选择满足特定条件的元组，以形成一个新的关系。条件连接的表示形式为：

$$R\underset{x\theta y}{\bowtie}S=\{t_r\frown t_s\,|\,t_r\in R\wedge t_s\in S\wedge t_r[X]\theta t_s[Y]\}$$

- θ 连接是二目运算，它是从两个关系的笛卡儿积中选择满足条件的元组，组成新的关系。
- θ 是运算符的代指，它可以是>、>=、<、<=、=、≠。
- 等值连接是 θ 连接中的一种特殊的连接，当 θ 为“=”时的连接运算称为等值连接，它是从关系 R 与 S 的笛卡儿积中选取属性值相等的那些元组。
- θ 连接的本质是广义笛卡儿积运算加选择运算。即先对两个关系 R 和 S 做广义笛卡儿积运算产生新的关系 N，再在 N 中选取满足条件的元组，并形成一个新的关系。运算过程如图 1-14 所示。

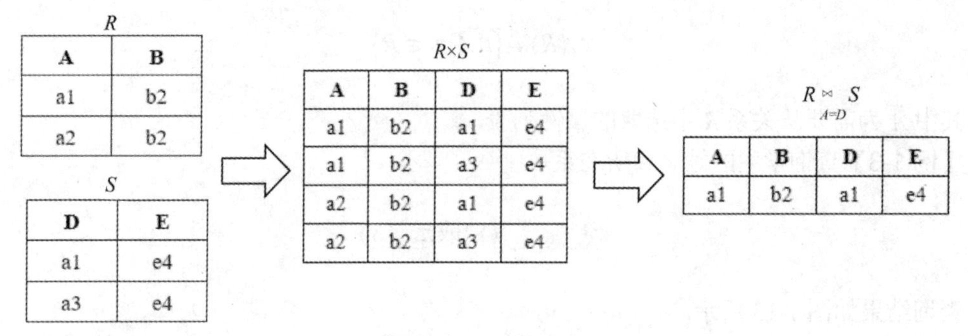
R

A	B
a1	b2
a2	b2

S

D	E
a1	e4
a3	e4

R×S

A	B	D	E
a1	b2	a1	e4
a1	b2	a3	e4
a2	b2	a1	e4
a2	b2	a3	e4

$R \underset{A=D}{\bowtie} S$

A	B	D	E
a1	b2	a1	e4

图 1-14　连接运算过程

4) 自然连接

自然连接是等值连接的一种特殊情况，当两个关系中的连接属性具有相同的属性名时，自然连接会去掉连接结果中重复的属性列，形成一个新的表。自然连接的表示形式为：

$$R \bowtie S = \{t_r \frown t_s \mid t_r \in R \wedge t_s \in S \wedge t_r[Y] == t_s[Y]\}$$

- 自然连接的本质是用相同属性进行等值连接，并在结果中去掉重复的属性列。
- 自然连接要求连接的属性名相同，而等值连接不需要属性名相同，只要求属性值取自同一个域。

自然连接就是去掉重复列的等值连接，自然连接运算过程如图 1-15 所示。

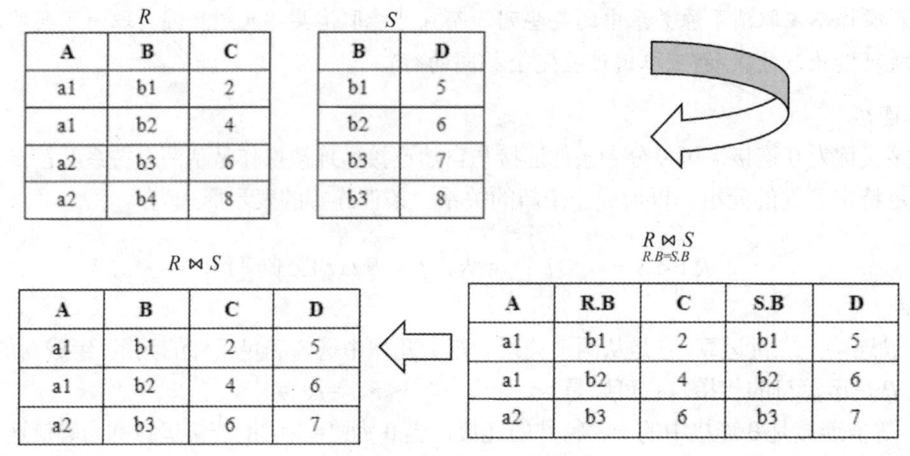
R

A	B	C
a1	b1	2
a1	b2	4
a2	b3	6
a2	b4	8

S

B	D
b1	5
b2	6
b3	7
b3	8

$R \underset{R.B=S.B}{\bowtie} S$

A	R.B	C	S.B	D
a1	b1	2	b1	5
a1	b2	4	b2	6
a2	b3	6	b3	7

$R \bowtie S$

A	B	C	D
a1	b1	2	5
a1	b2	4	6
a2	b3	6	7

图 1-15　自然连接运算过程

提示：

若两个关系 R 与 S 中有同名属性，为了区分这些属性，通常在属性名前分别加上关系名作为前缀，关系名和属性间用点符号“.”隔开(例如 $R.B$ 或 $S.B$)。

5) 除

除法运算是二目运算，设有关系 $R(X，Y)$与关系 $S(Y，Z)$，其中 $X，Y，Z$ 为属性集合，R 中的 Y 与 S 中的 Y 可以有不同的属性名，但对应属性值必须出自相同的域。

除运算求解过程如下。

第一步：找出关系 R 和关系 S 中相同的属性，即 Y 属性。在关系 S 中对 Y 做投影(即将 Y 列取出)。

第二步：在关系 R 中，对剩余的属性 X 做投影，并确保这些属性值是唯一的。

第三步：求关系 R 中 X 属性对应的像集 Y。

第四步：判断包含关系，$R \div S$ 其实就是判断关系 R 中 X 各个值的象集 Y 是否包含关系 S 中属性 Y 的所有值。

设有关系 $R(X, Y)$和 $S(Y)$，$R \div S$ 运算结果如图 1-16 所示。

R

A	B	C
a1	b1	c2
a2	b3	c7
a3	b4	c6
a1	b2	c3
a4	b6	c6
a2	b2	c3
a1	b2	c1

S

B	C	D
b1	c2	d1
b2	c1	d1
b2	c3	d2

$R \div S$

A
a1

图 1-16 除运算

为了计算 $R \div S$，需要引进“象集”的概念，具体意义如下所述。

关系 R 和关系 S 拥有共同的属性 B、C，$R \div S$ 得到的就是关系 R 包含而关系 S 不包含的属性，即 A 属性。

在 R 关系中 A 属性的值可以取{$a1$，$a2$，$a3$，$a4$}。

- $a1$ 对应的象集为{($b1$，$c2$)，($b2$，$c3$)，($b2$，$c1$)}。
- $a2$ 对应的象集为{($b3$，$c7$)，($b2$，$c3$)}。
- $a3$ 对应的象集为{($b4$，$c6$)}。
- $a4$ 值对应的象集为{($b6$，$c6$)}。

关系 S 在 B、C 上的投影为{($b1$，$c2$)，($b2$，$c1$)，($b2$，$c3$)}。

那么，只有 $a1$ 对应的象集包含关系 S 的投影，所以只有 $a1$ 包含在 A 属性中，所以 $R \div S$ 为 $a1$。

选择、投影和连接是关系数据语言最基本的运算。也就是说，至少能够提供这三种运算功能的数据库语言才能称为关系数据语言。

4. 关系运算综合练习

已知有如下 4 个关系(表)。

- 教师表：T(<u>TID</u>，TNAME，TITLE)
- 课程表：C(<u>CID</u>，CN，CNAME，TID)
- 学生表：S(<u>SID</u>，SNAME，AGE，SEX)
- 选课表：SC(<u>SID，CID</u>，SCORE)

其中，有下画线的字段是主键。

现在需要用关系代数来实现例 1-4 至例 1-9 的运算。

【例 1-4】查询课程号为 C2 的学生的学号和成绩。

给定某个条件的查询，就是做选择运算，然后再对选择结果进行一次投影即可(注意，通常优先做选择运算)。

$$\pi_{SID,SCORE}(\sigma_{CID='C2'}(SC))$$

【例 1-5】查询课程号为 C2 的学生的学号和姓名。

进行一次选择之后，发现 SC 表里面没有姓名这个属性，如果需要姓名属性就需要到表 S 里面去查询，这时就需要到自然连接(JOIN)操作了。

$$\pi_{SID,SNAME}(\sigma_{CID='C2'}(SC \bowtie S))$$

【例 1-6】检索至少选修了一门 Liu 老师讲授的课程的学生的学号和姓名。

$$\pi_{SID,\ SNAME}(\sigma_{TNAME='Liu'}(T \bowtie C \bowtie SC \bowtie S))$$

【例 1-7】查询选修课程号为 C2 或者 C4 的学生的学号。

$$\pi_{SID}(\sigma_{CID='C2'} \vee \sigma_{CID='C4'}(SC))$$

【例 1-8】易错题：查询选修课程号是 C2 和 C4 课程的学生的学号。

是否可以把 1-7 中的∨换成∧？如果关系代数表达式写成以下样式：

$$\pi_{SID}(\sigma_{CID='C2'} \wedge \sigma_{CID='C4'}(SC))$$

那么，关系运算表达式将出现歧义。表达式中的 CID 到底应该等于 C2 还是等于 C4？因为 CID 只能等于一个值。如果要选出选修 C2 的学生和选修 C4 的学生，则关系运算表达式应该写成如下样式：

$$\pi_{SID}(\sigma_{CID='C2'}(SC) \cup \sigma_{CID='C4'}(SC))$$

【例 1-9】查询不学 C2 课程的学生姓名和年龄。

先选出学 C2 课程的学生。

$$\pi_{SNAME,AGE}(\sigma_{CID='C2'}(SC \bowtie S))$$

然后，用全部学生减去学 C2 课程的学生即可。

$$\pi_{SNAME,AGE}(S) - \pi_{SNAME,AGE}(\sigma_{CID='C2'}(SC \bowtie S))$$

1.2.3　关系完整性

数据库中的数据是从外界输入的，输入数据时可能会发生意外，如输入无效或错误信息。在多用户的关系数据库系统中确保输入数据的合规性是重要的考虑因素之一。因此，在设计数据库时，最重要的是确保数据正确存储到数据库的表中。

关系完整性指的是关系数据库中数据的正确性、相容性和有效性。它是给定的关系模型中数据及其联系的所有制约和依存规则，用以限定数据库状态及状态变化，从而保证数据的正确、相容和有效。关系完整性通过各种各样的完整性约束来保证，因此关系完整性设计就是关系完整性约束的设计。现代的数据库管理系统在不同程度上支持完整性规则检查，关系完整性机制是关系型数据库系统的核心功能。

关系完整性用于保证数据库中数据的正确性。系统在进行更新、插入或删除等操作时，都要检查关系完整性，以核实其约束条件，即关系模型的完整性规则。在关系模型中有四类完整性约束：实体完整性、参照完整性、域完整性和用户自定义完整性，其中实体完整性和参照完整性约束条件，称为“关系的两个不变性”。

1. 实体完整性

实体完整性指的是表中每一行的完整性。它主要用于确保操作的数据(记录)非空、且不重复(即实体完整性要求每个关系(表)有且仅有一个主键，每一个主键值不允许为“空”(NULL)或重复)。

在数据库中，空值表示值未知，且与空白或零值不同。没有两个相等的空值。比较两个空值或将空值与任何其他任何值比较时，结果通常是未知，因为空值的存在意味着数据的不确定性。

2. 参照完整性

1) 外键

设 F 是基本关系 R 中的一个或一组属性，但不是关系 R 的主键。如果 F 中的值在另一个基本关系 S 的主键 K 中有对应的值，则称 F 是基本关系 R 的外键。

例如，有如下两个表(学生表和成绩表)：

学生表(学号，姓名，性别，出生日期)，其中学号为主键
成绩表(成绩编号，学号，课程号，成绩)，其中成绩编号为主键

在成绩表中，学号字段和课程号字段都是外键。外键与主键总是不可分的，其中主键所在的表称为主表，而外键所在的表则称为从表。

关系 R 和 S 可以表示不同的关系表，也可以表示同一个关系表，具体取决于它们之间的关系。以如下学生表为例：

学生表(学号，姓名，性别，专业号，年龄，班长学号)，其中学号为主键

“班长学号”属性与学生表的“学号”属性相对应，因此“班长学号”是外键。在这种情况下，学生表既是主表又是外表。

说明：

外键不一定要与相应主键同名，但为了便于识别和理解，外键在设计时通常会与主键名称相同，特别是当它们属于不同的关系表时。

2) 参照完整性

在关系模型中，实体及实体间的联系都是通过关系来描述的，并且关系之间可能存在引用。参照的完整性要求关系中不能引用不存在的实体。参照完整性也称为引用完整性。

参照完整性是对相关联的两张表间的一种约束(也可以是对同一表内字段的引用)。用于确保不同表之间的数据一致性，避免因一张表数据的修改，导致另一张表相关数据失效。它通过检查主键和外键的取值，要求所有外键的值必须是主键的有效值，即外键的值要么来自主键，要么是空值。

3) 外键约束

在对数据库进行修改时，有可能会破坏表之间的参照完整性。因此，为了维护数据库中数据的完整性，应该对数据库的修改加以限制。这些限制包括插入约束、删除约束和更新约束。

- 插入约束。当在外表中插入新记录时，必须保证其中的外关键值在主表中存在。例如，在学生表和成绩表之间用学号建立关联，学生表是主表，成绩表是从表。当向成绩表中输入一条新记录时，系统需要检查新输入的学号是否在学生表中已存在。如果存在，则允许执行插入操作；否则拒绝插入。如果没有参照完整性约束，从表中可能会输入主表中不存在的学号记录，这在现实中是不符合逻辑的。例如，一个不存在的学生却有学号记录，这是不符合常理的。
- 删除约束。当从主表中删除一条记录时，必须考虑外表数据的完整性。一般数据库提供两种常见的约束。一种是“限制删除”，即如果系统检查记录的主关键值在某个外表中存在，则不允许删除；另一种是“级联删除”，即如果系统检查发现记录的主键值在某个外表中存在，则在删除主表记录的同时，将外表中与该主键值相对应的记录全部删除。
- 更新约束。如果要修改主表中的主键值，必须考虑外表数据的完整性。一般数据库提供两种约束：一种是“限制更新”，即如果系统检查发现记录的主键值在某个外表中存在，则不允许更新主表中的该记录；另一种是“级联更新”，即如果系统检查发现记录的主键值在某个外表存在，则在更新主表中该记录时，同时更新外表中所有引用该主键值的外键值。

提示：

级联更新和级联删除谨慎使用，因为级联操作会改变或删除从表的数据。

3. 域完整性

域完整性限制了某些属性中出现的值，将属性限制在一个有限的集合中。对于超出正常值范围的数据，系统将报警，同时这些非法数据不能进入数据库中。域完整性又称列完整性。域完整性通过限制数据类型、检查约束、默认值和非空属性的定义来确保数据的正确性。例如，对于“性别”字段的取值只能是“男”或“女”，在职职工的年龄不能大于65岁等，这些都是针对具体关系提出的完整性条件。

4. 用户自定义完整性

实体完整性和参照完整性是关系模型必须满足的基本完整性约束条件，被称为关系的两个不变性，由关系数据库自动支持(适用于任何关系数据库系统)。除此之外，不同的关系数据库系统根据其应用环境的不同，往往还需要一些特殊的约束条件。

用户自定义完整性不属于其他任何完整性类别的特定业务规则。所有完整性类别都支持用户自定义完整性，包括 CREATE TABLE 中所有的列级约束和表级约束、存储过程以及触发器。

用户自定义完整性是指针对某一具体关系数据库的约束条件，它反映某一具体应用所涉及的数据必须满足的语义要求。实现用户自定义完整性常用的约束类型包括非空约束、唯一约束、检查约束、主键约束和外键约束等。

目前，多数关系数据库系统都提供了比较完善的约束机制。只要用户在定义表的结构时注意实体完整性和域完整性，建立表间关系时进行参照完整性约束的设置，数据库管理系统会自动维护这些完整性约束，以保证数据的完整性和一致性。

在关系数据库设计中，需要遵循各类完整性约束。在实际应用中，需要注意完整性约束之间可能的冲突。例如，参照完整性约束可能会与用户自定义完整性约束产生冲突。此外，还需要考虑完整性约束对性能的影响，因为过多的完整性约束可能会导致性能下降。

为维护数据的完整性，DBMS 必须能够：

- 提供定义完整性约束条件的机制，通常通过 SQL 的 DDL 语句实现，并作为数据库模式的一部分存储在数据字典中。
- 提供完整性检查的方法，在执行 INSERT、UPDATE、DELETE 语句时或在事务提交时进行检查，确保操作后的数据库数据不违背完整性约束条件。
- 违约处理情况，若 DBMS 发现用户的操作违背了完整性约束条件，它可以采取相应的措施，如拒绝执行操作，或在外键的约束下执行级联更新或删除操作，以维护关系的完整性。

1.3 数据库发展方向

随着云计算、大数据、人工智能等技术的不断发展，数据库系统也在不断演化和改进。本节将从以下几个方面对数据库未来的发展进行介绍。

1. 云数据库

随着云计算的兴起，越来越多的企业开始采用云上部署应用程序的方式，以便更好地管理应用程序和数据。因此，云数据库在未来有望成为主流。目前，主要的云计算提供商，如 AWS、Microsoft Azure 和 Google Cloud，已经提供了多种类型的云数据库服务，例如关系数据库、NoSQL 数据库和图形数据库等。

云数据库的优点有以下几个。

(1) 灵活性：用户可以根据需要轻松地增加或减少数据库规模。

(2) 高可用性：云数据库通常具有高可用性，可保证全天候(24/7)运行。

(3) 安全性：云数据库通常具有高级安全功能，例如加密、身份验证和审计等。

(4) 成本效益：云数据库通常使用按需计费模式，可以大大降低成本。

2. 大数据

当前，生产和收集的数据量正以指数级别增长。这些海量的数据需要被有效地管理和分析。在未来，大数据将继续成为数据库的关键发展方向。大数据技术可以使企业更好地管理和分析数据，从而提高生产力和决策效率。随着大数据技术的不断发展，越来越多的数据库系统将支持大数据处理和管理。

3. 人工智能

另一个重要的数据库发展方向是与人工智能技术的集成。人工智能技术可以帮助企业更好地识别模式，并从大量数据中提取价值。例如，机器学习和深度学习技术可以将数据用于预测、分类和聚类等任务。因此，在未来，数据库将需要更好地支持这些技术。一些数据库已经开始支持机器学习和深度学习算法，例如 Apache Spark 和 Apache Hadoop 等。

4. 区块链

区块链技术也将对数据库的未来发展产生影响。区块链可以帮助企业构建去中心化的数据库系统，实现更高的安全性和可靠性。例如，分布式账本技术可以确保数据的不可篡改性和完整性。因此，在未来可能会看到越来越多的数据库系统与区块链技术进行集成。

5. 自动化

数据库系统的自动化将成为未来发展的重要方向之一。随着企业数据量的不断增长，数据库管理已经变得越来越复杂。因此，自动化将成为未来数据库发展的一个趋势。未来的数据库系统可能将自动执行任务，例如优化查询、备份和恢复等。

综上所述，未来数据库系统的发展将朝着云数据库、大数据、人工智能、区块链和自动化等方向发展。这些技术的发展将有助于解决当前数据库系统面临的挑战，并提供更高效、安全和可靠的数据管理和分析服务。

1.4 非关系型数据库

非关系型数据库是近年来迅速发展的一种数据库技术。云计算、物联网等新一代技术的发展，在移动计算、社交网络等业务的推动下，大数据技术出现并迅速建立起生态体系。然而，大数据在推动技术变革的同时，企业对海量数据的存储和并发访问要求越来越高。传统关系数据库的 ACID 原则、结构规整以及表连接操作等特性，成为制约海量数据存储和并发访问的瓶颈。

非关系型数据库(NoSQL)是为了解决海量数据的存储、并发访问以及扩展而出现的，它具有数据模型灵活、并发访问度高、易于扩展和伸缩、开发效率高以及开发成本低等优点，能够应对大规模数据集合多重数据类型的挑战，尤其是大数据应用中，与传统的关系型数据库不同，非关系型数据库通常使用不同的数据模型和查询语言来存储和管理数据，如键值存储、文档存储、列族存储、图形存储等。

NoSQL 仅仅是一个概念，泛指非关系型的数据库。最常见的解释是“Non-Relational”，另一种解释是“Not Only SQL”，也被很多人接受。NoSQL 区别于关系数据库，它们不保证关系数据的 ACID 特性。

1.4.1 非关系型数据库的分类

目前对于非关系型数据库主要有四种数据存储类型：键值对存储(Key-Value)，列存储

(Column-Store)，文档存储(Document Store)，以及图形数据库(Graph Database)。每一种数据存储类型都可以解决相应的问题，这些问题在某些情况下是关系型数据库难以高效解决的。

1. 键值对存储数据库

这一类数据库通常使用哈希表，其中每个键对应一个指向特定数据的指针。键值对存储数据库的优势在于其简单性和易部署性。然而，当数据库管理员(DBA)需要对部分值进行查询或更新时，性能可能会受到限制。在这类数据库中，如 Redis、Tokyo Cabinet/Tyrant、Voldemort 和 Oracle BDB，都可能出现这种情况。

2. 基于列的数据库

基于列的数据库通常用于应对分布式存储的海量数据。传统的关系型数据库是基于行的，每一行都带有一个行 ID 并且行中的每一个字段都存储在一张表中。基于列的数据库将每一列数据分开存储，当查找一个数量较小的列的时候其查找速度较快，键仍然存在，但是它们的特点是指向了多个列。在基于列的数据库中，增加一列新的数据是比较容易的，因为现有的列不会受新增列影响。然而，增加一整条记录可能需要更新多个列，以确保数据的一致性。因此，基于行的数据库在事务处理和实时更新方面通常优于基于列的数据库。基于列的数据库包括 Hbase、Cassandra 和 HyperTable。

3. 文档存储数据库

文档存储数据库适用于存储和管理文档，其中文档通常是结构化的数据(如 JSON 格式)。文档存储数据库存储的文档可以是不同结构的，常见的格式包括 JSON 和 BSON 等。文档存储数据库有 MongoDB 和 CouchDB 等。国内也有文档存储数据库，如 SequoiaDB(已经开源)。

4. 图形数据库

图形数据库主要应用图形理论来存储实体间的关系信息，并且能够扩展到多个服务器上。如，Neo4j、FlockDB、AllegroGrap 和 GraphDB。

NoSQL 数据库没有统一的查询语言(SQL)，因此进行数据库查询需要制定数据模型。许多 NoSQL 数据库提供 RESTful 数据接口或查询 API。

除上述数据库外，为了打破国外技术封锁、掌握关键核心技术，我国在自主研发数据库方面给予了政策支持。国产数据库百花齐放，如 OceanBase、TBase、GaussDB 和 HYDATA。作为信息科技领域的核心组成部分，这些数据库对于国家的信息安全、科技自主创新和经济的发展都起着重要作用。自主研发国产数据库可以促使国内企业在数据库领域进行技术创新，不再完全依赖于国外技术，这有助于提升国家的科技创新能力。知识学习是一场永无止境的旅程，特别是在数据库领域，每一个学习者都可以为国产数据库的研发做出贡献。因此，积极学习数据库知识，提高自身的专业素养，不仅有助于个人的职业发展，更能为国产数据库的研发做出实实在在的贡献。

1.4.2　非关系型数据库的比较

每一种非关系型数据库都有其独到之处。接下来，通过表 1-1 对 NoSQL 数据库的 4 种类型进行比较。

表 1-1 NoSQL 数据库的比较

数据库类型	常见数据库	应用场景示例
键值对存储	Redis、Tokyo Cabinet/Tyrant、Voldemort、Oracle BDB	会话存储、网站购物车等
基于列	Hbase、Cassandra、Riak、HyperTable	日志记录、博客网站等
文档存储	MongoDB、CouchDB、RavenDB	内容管理应用程序、电子商务应用程序等
图形	Neo4j、FlockDB、AllegroGrap、GraphDB	欺诈检测、推荐应用等

1.5 本章小结

本章对数据库的入门知识进行了讲解。首先介绍了数据库的基础知识，包括数据库技术基础、计算机管理数据技术的发展、数据库系统的特点以及数据库管理系统的功能。

目前理论成熟且使用普及的模型是关系模型，本章详细介绍了关系运算和关系完整性，为后续的学习打下坚实的基础。

未来数据库系统的发展将朝着云数据库、大数据、人工智能、区块链和自动化等方向推进。这些技术的发展将有助于解决当前数据库系统面临的挑战，并提供更高效、安全和可靠的数据管理和分析服务。

非关系型数据库是近年来迅速发展的一种数据库技术。非关系型数据库(NoSQL)是为了解决海量数据的存储、并发访问和扩展等问题而出现的，它具有数据模型灵活、并发访问度高、易于扩展和伸缩、开发效率高以及开发成本低等优点，能够解决大规模数据集合中多种数据类型的挑战，尤其是大数据应用难题。本章简要介绍了非关系型数据库的分类和比较，引导读者主动关注数据库技术发展的前沿动态。

1.6 本章习题

一、单选题

1. 用二维表来表示实体及实体之间联系的数据模型是(　　)。

   A. 实体-联系模型　　B. 层次模型　　C. 网状模型　　D. 关系模型

2. 关系型数据库管理系统中所谓的关系是指(　　)。

   A. 各条记录中的数据彼此有一定的关系

   B. 一个数据库文件与另一个数据库文件之间有一定的关系

   C. 数据模型符合一定条件的二维表格式

   D. 数据库中各个字段之间彼此有一定的关系

3. 使用 MySQL 按用户的应用需求设计的结构合理、使用方便、高效的数据库和配套的应用程序系统，属于一种(　　)。

A. 数据库　　　　B. 数据库管理系统

C. 数据库应用系统　　　　D. 数据模型

4. 数据库是(　　)。

A. 以一定的组织结构保存在计算机存储设备中的数据的集合

B. 一些数据的集合

C. 辅助存储器上的一个文件

D. 磁盘上的一个数据文件

5. 下列说法错误的是(　　)。

A. 人工管理阶段程序之间存在大量重复数据，数据冗余大

B. 文件系统阶段程序和数据有一定的独立性，数据文件可以长期保存

C. 数据库阶段提高了数据的共享性，减少了数据冗余

D. 上述说法都是错误的

6. MySQL 是一种关系型数据库管理系统，所谓的关系是指(　　)。

A. 一个数据库文件与另一个数据库文件之间有一定的关系

B. 数据模型符合一定条件的二维格式

C. 数据库中的实体存在的联系

D. 数据库中各实体的联系是唯一的

7. 下列描述中正确的是(　　)。

A. 数据库系统是一个独立的系统，不需要操作系统的支持

B. 数据库设计是指设计数据库管理系统

C. 数据库技术的根本目标是要解决数据共享的问题

D. 数据库系统中，数据的物理结构必须与逻辑结构一致

8. 在数据库中可以添加、编辑和删除表记录，这是因为数据库管理系统提供了(　　)。

A. 数据定义功能　　　　B. 数据操作功能

C. 数据维护功能　　　　D. 数据控制功能

9. 数据库系统的构成为：数据库、计算机系统、用户和(　　)。

A. 操作系统　　　　B. 文件系统

C. 数据集合　　　　D. 数据库管理系统

10. 关系数据库管理系统的 3 种基本关系运算不包括(　　)。

A. 比较　　B. 选择　　C. 连接　　D. 投影

11. 数据库(DB)、数据库系统(DBS)和数据库管理系统(DBMS)之间的关系是(　　)。

A. DBMS 包括 DB 和 DBS　　　　B. DBS 包括 DB 和 DBMS

C. DB 包括 DBS 和 DBMS　　　　D. DB、DBS 和 DBMS 是平等关系

12. 在关系理论中，把二维表表头中的栏目称为(　　)。

A. 数据项　　B. 元组　　C. 结构名　　D. 属性名

13. 下面有关关系数据库主要特点的叙述中，错误的是(　　)。

A. 关系中每个属性必须是不可分割的数据单元

B. 关系中每一列元素必须是类型相同的元素

C. 同一关系中不能有相同的字段，也不能有相同的记录

D. 关系的行、列次序不能任意交换，否则会影响其信息内容

14. 以一定的组织方式存储在计算机存储设备上，能为多个用户所共享的与应用程序彼此独立的相关数据的集合称为(　　)。

A. 数据库　　B. 数据库系统

C. 数据库管理系统　　D. 数据结构

15. 设有部门和职员两个实体，每个职员只能属于一个部门，一个部门可以有多名职员，则部门与职员实体之间的联系类型是(　　)。

A. m:n　　B. 1:m　　C. m:k　　D. 1:1

16. 在关系模型中，实现“关系中不允许出现相同的元组”的约束是通过(　　)。

A. 候选键　　B. 主键　　C. 外键　　D. 超键

二、填空题

1. 关系数据库的任何查询操作都是由 3 种基本运算组合而成的，它们是______、______和______。

2. 常见的数据模型有 3 种，它们是______、______和______。

3. 数据库系统的核心是______。

4. 在数据库中能够唯一地标识一个元组的属性或属性的组合称为______。

5. 在关系数据的基本操作中，把两个关系中相同属性值的元组连接到一起形成新的二维表的操作称为______。

6. 关系代数是一种关系操作语言，它的操作对象和操作结果均为______。

7. 设关系 R 和 S 分别为 5 目和 4 目关系，关系 T 是 R 和 S 广义的笛卡儿积，则 T 的属性个数是______，记录个数是______。

8. 在教师表中，如果要找出职称是“教授”的教师，应该采用的关系运算是______。

9. 数据模型不仅反映的是事物本身的数据，而且还表示事物之间的______。

10. 设有选修日语的学生关系 R，选修德语的学生关系 S，求选修了日语而没有选修德语的学生，则需要进行的运算是______。

三、实践题

设教学数据库中有如下三个关系，请写出关系代数表达式。

- 学生关系：S(SNO，SN，AGE，SEX)
- 课程关系：C(CNO，CN，TEACHER)
- 学习关系：SC(SNO，CNO，SCORE)

1. 查询课程号为 C3 的学生学号和成绩。
2. 查询课程号为 C4 的学生学号和姓名。
3. 查询学习了 MATHS 课程的学生的学号和姓名。

4. 查询学习课程号为 C1 或 C3 的课程的学生学号。
5. 查询不学习课程号为 C2 的课程的学生姓名和年龄。

四、思考题

1. 试述数据、数据库、数据库系统、数据库管理系统的概念。
2. 使用数据库系统有什么好处？
3. 试述数据库系统的特点。
4. 数据库管理系统的主要功能有哪些？

ꝏ 第2章 ꝏ

MySQL概述

MySQL 数据库具有体积小、速度快、总体拥有成本低的特点。MySQL 社区版是一款开源且免费的数据库服务器，可以充分满足多种开发环境的需求。目前，MySQL 数据库服务器被广泛地应用于中小型网站中。MySQL 支持多种平台，不同平台下的安装与配置过程有所不同。通过本章的学习，读者将能够掌握在 Windows 环境下安装 MySQL 的过程，并了解如何配置 MySQL 数据库以及使用 MySQL Workbench 进行图形化数据库管理。

2.1 MySQL 简介

MySQL 是一个关系型数据库管理系统，由瑞典的 MySQL AB 公司开发，目前属于 Oracle 旗下产品。

MySQL 的版本大致可以分为三个主要的分支：MySQL Community Edition(MySQL 社区版)、MySQL Enterprise Edition(MySQL 企业版)和 MySQL Cluster(MySQL 集群)。其中，MySQL Community Edition 是开源版本，免费提供给个人和开发者使用，其遵循 GPL 许可协议，由庞大、活跃的开源开发人员社区提供支持；MySQL Enterprise Edition 则是商业版本，提供更多高级功能和支持服务，需要购买许可证才能使用；MySQL Cluster 则是适用于高可用性和高可扩展性场景的分布式处理解决方案。

1. MySQL 社区版的特性

(1) 开源性

MySQL 作为一款开源数据库软件，用户可以免费获取并使用，这使其成为许多小型企业、初创公司和个人开发者的选择。这种开放的许可证也鼓励了所有的开发者共同参与 MySQL 的改进和发展，形成了一个庞大的社区支持网络。用户也可以自行定制和修改 MySQL，以满足自己的需求。

(2) 跨平台性

MySQL 可以运行在多种操作系统上，包括 Windows、Linux、UNIX、macOS 等，实现了跨平台的兼容性。这使得开发者能够在不同的操作系统环境中灵活选择 MySQL 作为数据库系统。

(3) 支持多种存储引擎

MySQL 支持多种存储引擎，如 InnoDB、MyISAM、MEMORY 等，每种存储引擎都有其独特的特性和适用场景。这种灵活性允许用户根据具体需求选择最合适的存储引擎。

(4) 高性能和吞吐量

MySQL 在大多数读密集型应用中表现出色，具有较高的查询性能和吞吐量。通过优化查询语句、索引和配置参数，可以实现更高效的数据库操作。

(5) 数据安全性

MySQL 提供了强大的安全性功能，包括支持 SSL 加密传输、访问控制、用户权限管理、数据备份和恢复等。这些功能有助于保护数据的机密性和完整性。

(6) ACID 事务支持

MySQL 支持 ACID(原子性、一致性、隔离性、持久性)事务属性，确保数据库操作的一致性和可靠性。这使得 MySQL 适用于需要严格事务控制的应用场景，如金融系统和电子商务平台。

(7) 多用户并发控制

MySQL 实现了多用户的并发控制机制，能够有效处理大量并发访问请求。这种特性使得 MySQL 成为支持高并发访问的数据库系统，适用于大规模应用。

(8) 可扩展性

MySQL 具有良好的可扩展性，支持主从复制、分区表、分布式数据库等扩展性方案。这使得 MySQL 能够适应数据规模和负载的增长，保证系统的可靠性和性能。

(9) 社区支持和生态系统

MySQL 拥有庞大的开发者社区，用户可以通过社区获得技术支持、解决问题，并分享经验。此外，MySQL 的生态系统包括丰富的第三方工具和库，方便开发者构建和管理数据库应用。

2. MySQL 企业版的特性

(1) 企业级透明数据加密

MySQL 通过加密数据库的物理文件来实现静态数据加密。数据在写入存储之前实时自动加密，从存储读取时自动解密。

(2) 企业级备份

MySQL 可为数据库提供联机“热”备份，从而降低数据丢失的风险。它支持完全备份、增量备份、部分备份以及时间点恢复和备份压缩。

(3) 企业级高可用性

MySQL InnoDB Cluster 可为企业的数据库提供原生的集成式高可用性解决方案。它将 MySQL 服务器与分组复制、MySQL Router 和 MySQL Shell 紧密集成在一起，因此无需借助外部的工具、脚本或其他组件。

(4) 企业级可扩展性

MySQL 的可扩展性可帮助企业满足不断增长的用户、查询和数据负载对性能和可扩展性的要求。MySQL 线程池提供了一个高效的线程处理模型，旨在降低客户端连接和语句执行线程的管理开销。

(5) 企业级身份验证

MySQL 提供了一些随时可用的外部身份验证模块，可将 MySQL 轻松集成到现有安全基础架构中，包括 LDAP 和 Windows Active Directory。支持可插拔身份验证模块(PAM)或 Windows OS 原生服务来验证 MySQL 用户身份。

(6) 企业级加密

MySQL 提供加密、密钥生成、数字签名和其他加密功能，可以帮助企业保护机密数据。

(7) 企业级防火墙

MySQL 能实时防御针对数据库的特定攻击(如 SQL 注入)，从而消除网络安全威胁。MySQL 企业级防火墙能监视数据库威胁，自动创建已批准 SQL 语句的白名单，并阻止未经授权的数据库活动。

(8) 企业级审计

企业可以快速无缝地在新应用和现有应用中添加基于策略的审计合规性。可以动态启用用户级活动日志、实施基于活动的策略、管理审计日志文件以及将 MySQL 审计集成到 Oracle 和第三方解决方案中。

3. MySQL 集群的特性

MySQL 集群是 MySQL 的分布式版本，适用于高可用性和高可扩展性的应用场景。它可以更有效地对分布式数据库进行备份，特别是对大型网站的数据备份非常有用。

MySQL 集群采用分布式架构，提高了系统的可扩展性和可靠性。它支持多种数据复制方式，包括同步复制和异步复制，适用于不同的应用场景。具有自动故障转移功能，能够在节点故障时自动将数据迁移到其他节点上，保证系统的可用性。支持数据分片，能够满足不同规模的应用需求。采用分布式架构和数据分片技术，提高了系统的并发处理能力和负载均衡能力，能够实现高性能的数据处理。提供可视化的管理界面和命令行工具，方便管理员进行集群的配置和管理。

MySQL 除了拥有社区版、企业版和集群版，还有标准版和经典版。

MySQL 标准版主要适用于小型企业和个人应用程序，它提供了基本的关系型数据库管理系统功能，如数据存储、查询和修改等。MySQL 标准版是一个开源的数据库管理系统，可以在许多操作系统上运行，并且免费提供给用户使用。

MySQL 社区版是 MySQL 的最早版本，也是最稳定和最成熟的版本。用户可以免费使用、修改和分发 MySQL 社区版，但必须遵守 GPL 协议的要求。

MySQL 以其开源、跨平台、灵活存储引擎选择、高性能、数据安全性等特点，成为广泛应用于各种应用场景的稳定可靠的数据库系统。

2.2 下载 MySQL 软件

下载 MySQL 数据库之前，首先需要确认当前计算机的操作系统，然后根据不同的操作系统下载对应版本的 MySQL 安装文件。

下面以 Windows 操作系统为例，介绍如何安装 MySQL 8，具体操作步骤如下。

(1) 打开浏览器，进入 MySQL 官方网站。在页面底部的下载列表中单击 MySQL Community Server，进入下载界面，如图 2-1 所示。

(2) 在下拉列表框中选择需要的 MySQL 版本和操作系统平台(这里选择 Microsoft Windows)，如图 2-2 所示。

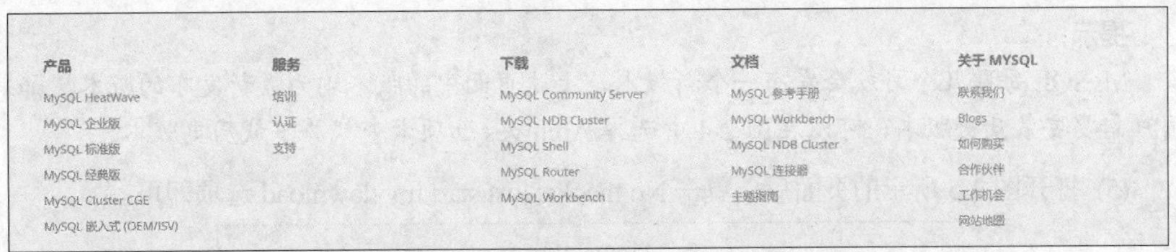

图 2-1　MySQL 官方网站产品下载列表

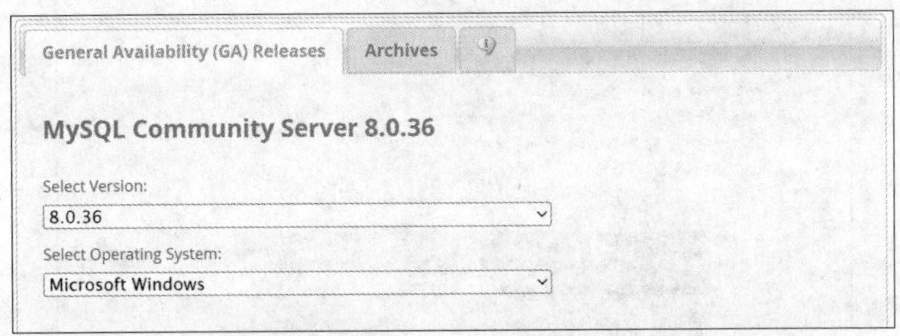

图 2-2　选择 MySQL 版本和操作系统平台

(3) 单击图 2-3 所示的下载页面跳转链接图片，进入软件版本选择页面。

图 2-3　下载页面跳转链接图片

(4) 设定安装文件版本、操作系统版本信息(推荐选择 MSI 安装文件)。选择需要的安装文件后在图 2-4 中单击 Download 按钮。

图 2-4　选择适合的安装文件

提示：

MySQL 每隔几个月就会发布一个新版本，上述页面中的版本均为最新发布的版本。如果用户需要安装历史版本，可以在图 2-4 中选择 Archives 选项卡查找并下载历史版本。

(5) 打开图 2-5 所示的页面后，单击 No thanks, just start my download 选项即可。

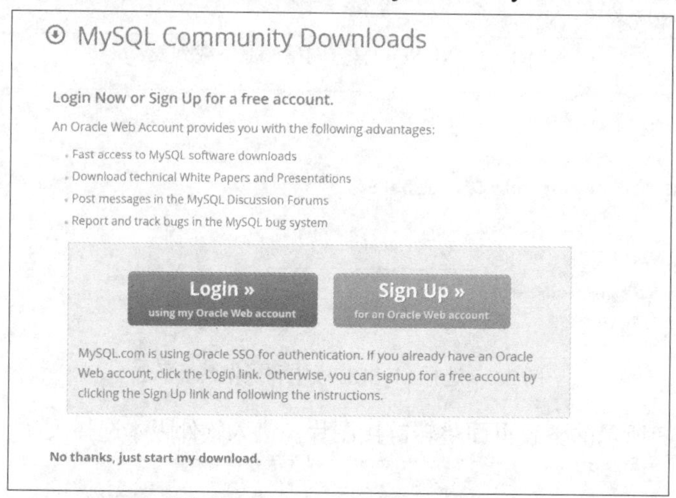

图 2-5　MySQL 安装文件下载页面

2.3　在 Windows 中安装 MySQL

双击 MySQL 安装文件启动安装程序。在安装过程中，多数安装步骤可使用默认选项。下面将针对比较重要的几个关键步骤进行说明。

(1) 双击 MySQL 安装文件，打开 License Agreement 窗口，选中 I accept the license terms 复选框后，单击 Next 按钮，如图 2-6 所示。

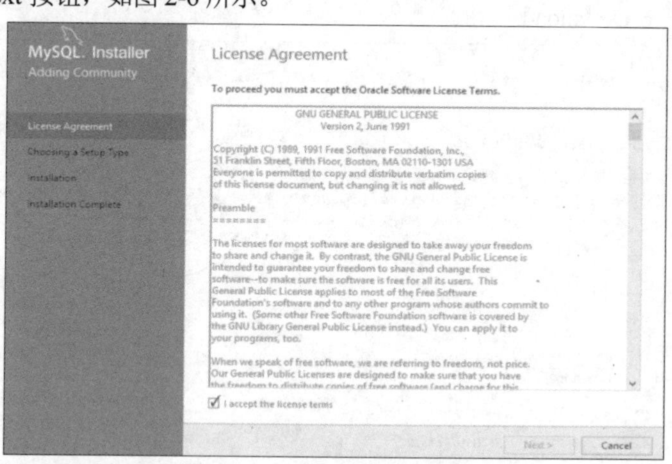

图 2-6　License Agreement 窗口

(2) 打开 Choosing a Setup Type 窗口，其中列出了 4 种安装类型，分别是 Server only(仅作为服务器)、Client only(仅作为客户端)、Full(完全安装)和 Custom(自定义安装)。这里选择

Custom 单选按钮，然后单击 Next 按钮，如图 2-7 所示。

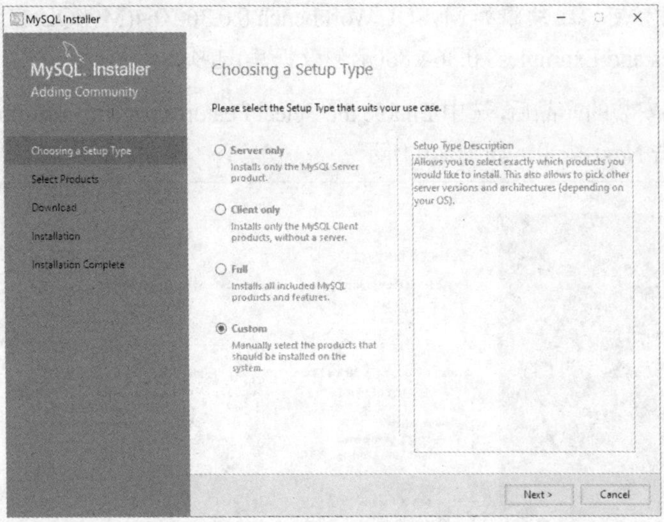

图 2-7　选择 Custom 安装类型

提示：

选中 Server Only 选项意味着仅安装 MySQL 的服务器端组件，而不安装客户端组件或其他相关组件，将会占用较多的系统资源，MySQL 服务器可以同其他应用程序一起运行，例如 FTP、Email 和 Web 服务器；选中 Client Only 选项意味着只安装 MySQL 的客户端组件，适用于不需要在本机上运行 MySQL 服务器，但需要在本机上使用 MySQL 客户端工具来连接远程 MySQL 服务器进行数据操作的用户；选中 Full 选项意味着安装程序将安装 MySQL 的完整版本，包括所有标准功能以及额外的高级功能，如复制和全文搜索支持；选中 Custom 选项则进入自定义安装模式，可以自定义安装路径、数据路径、配置文件路径等。

(3) 打开 Select Products(产品定制选择)窗口，选择 MySQL Servers | MySQL Server | MySQL Server 8.0 | MySQL Server 8.0.36-X64 选项，然后单击➡按钮，如图 2-8 所示。

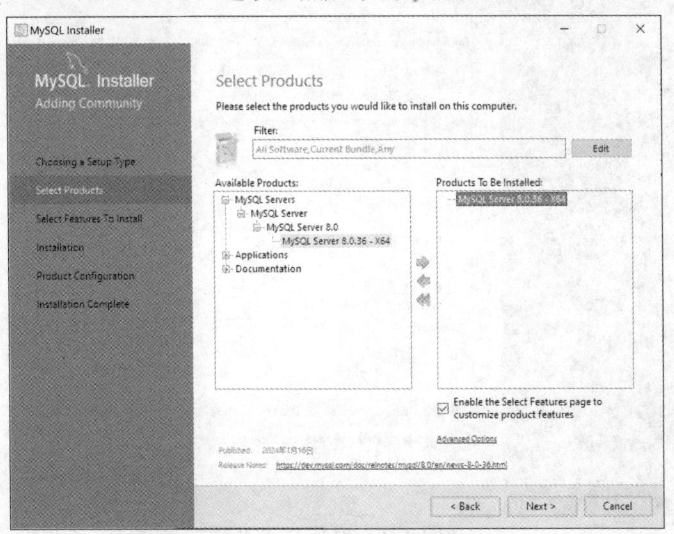

图 2-8　添加需要安装的产品

提示：

采用同样的方法可以继续添加 MySQL Workbench 8.0.36-X64(MySQL 官方提供的图形化管理工具)和 Samples and Examples8.0.36-x86(示例数据库)选项。

(4) 选择需要安装的产品后，选中 Enable the Select Features page to customize product features 复选框，然后单击 Next 按钮，如图 2-9 所示。

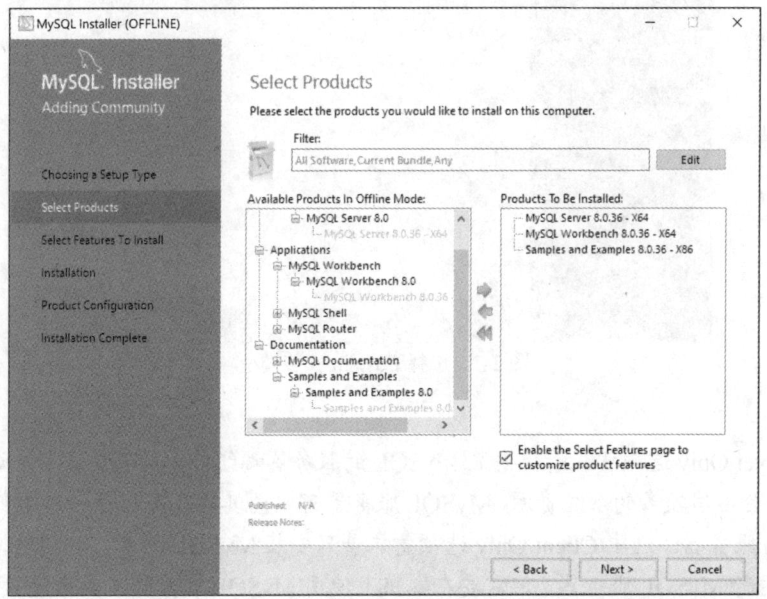

图 2-9　启用“选择功能”页面以自定义产品功能

(5) 打开 Installation(安装确认)窗口，单击 Execute 按钮将 MySQL 安装到当前计算机，如图 2-10 所示。

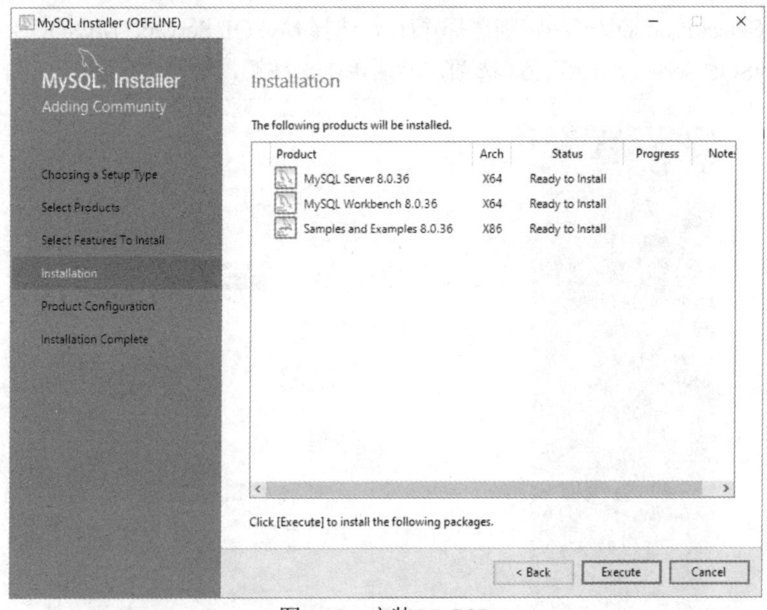

图 2-10　安装 MySQL

(6) MySQL 安装成功后，在 Status 列表中的所有选项将显示为 Complete，如图 2-11 所示。

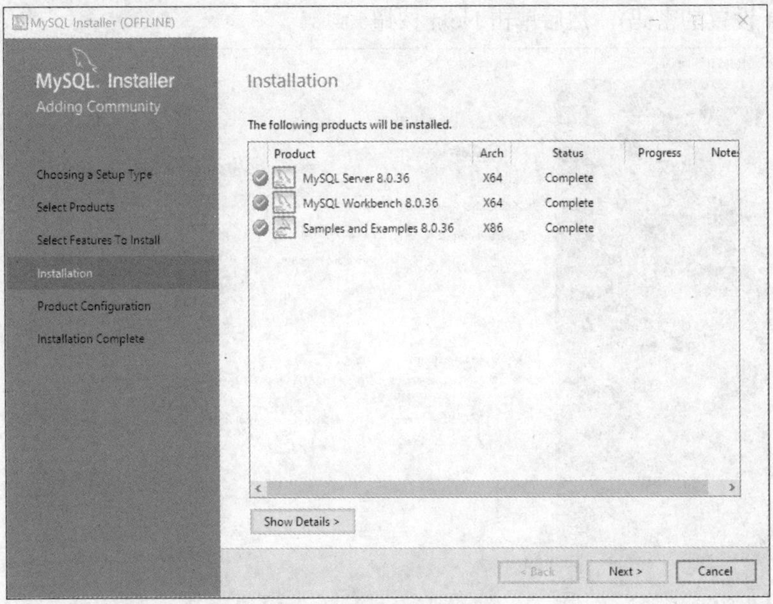

图 2-11　成功安装 MySQL

(7) 最后，单击 Next 按钮完成 MySQL 的安装。

2.4 配置 MySQL

MySQL 安装完成后系统将开始服务器配置。具体步骤如下。

(1) 在打开的 Authentication Method 窗口中单击 Next 按钮，如图 2-12 所示。

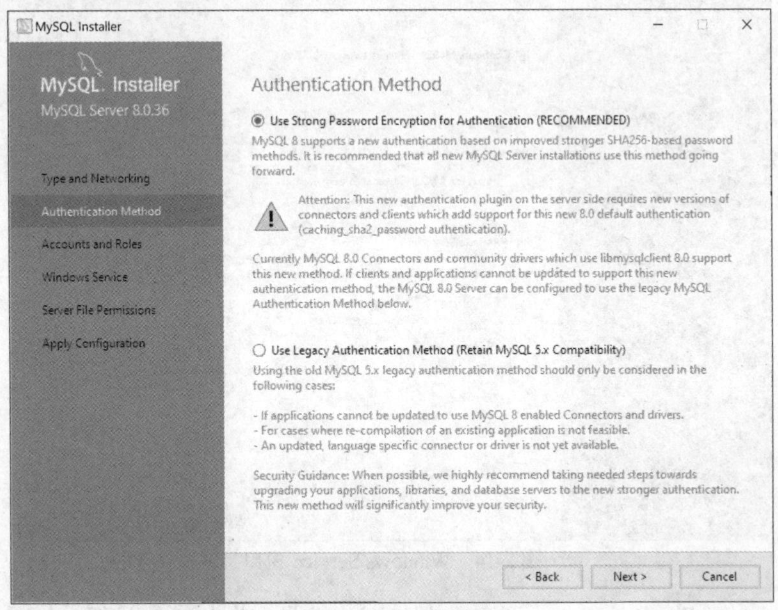

图 2-12　认证授权

(2) 打开设置数据库账号密码窗口，设置数据库的密码，如图 2-13 所示(用户应牢记自己为默认用户 root 设置的密码)，然后单击 Next 按钮。

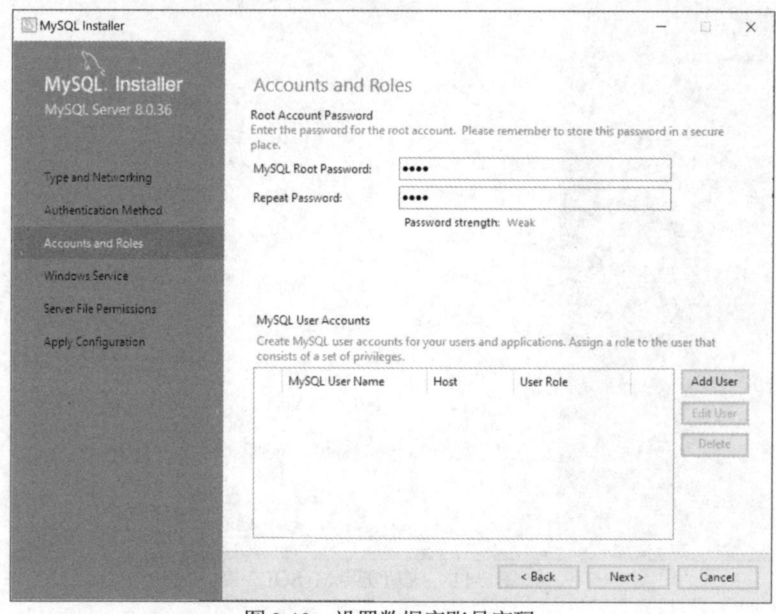

图 2-13　设置数据库账号密码

提示：

MySQL 使用的默认端口号是 3306，在安装时可以修改端口号(例如设置为 3307)。通常情况下无需修改默认端口号，除非 3306 端口已经被占用。

(3) 打开 Windows Service 窗口，保持默认设置，单击 Next 按钮，如图 2-14 所示。

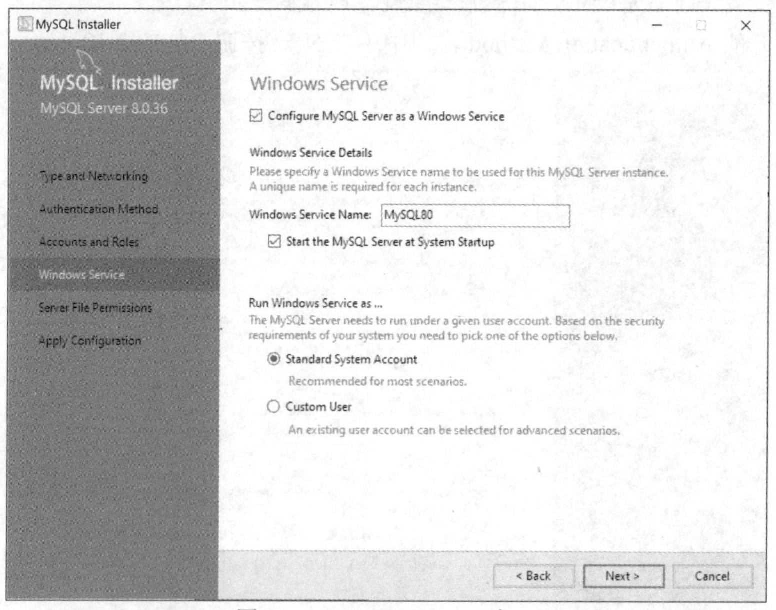

图 2-14　Windows Service 窗口

(4) 打开 Server File Permissions 窗口，保持默认设置，单击 Next 按钮，如图 2-15 所示。

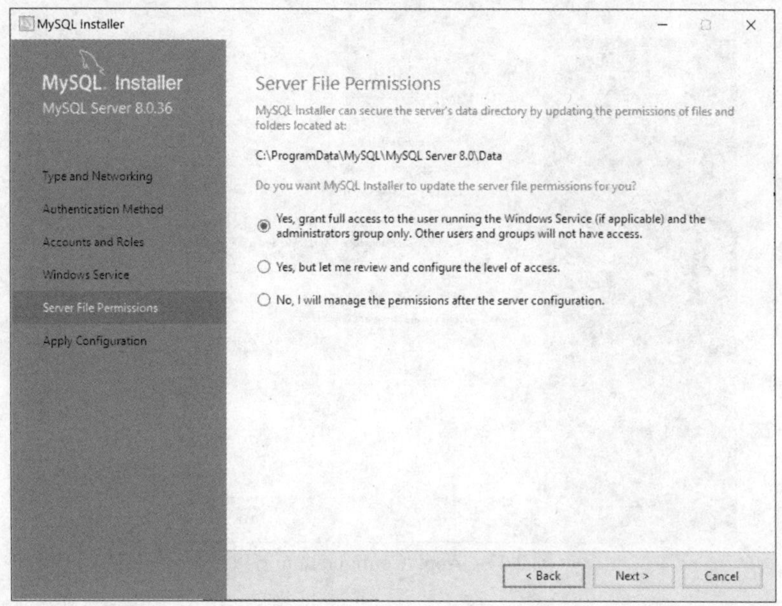

图 2-15　Server File Permissions 窗口

(5) 打开 Connect to Server 窗口。在 Password 文本框中输入安装过程中设置的密码，然后单击 Check 按钮，如果密码正确则 Check 按钮右侧会显示绿色√，说明数据库连接测试通过，单击 Next 按钮，如图 2-16 所示。

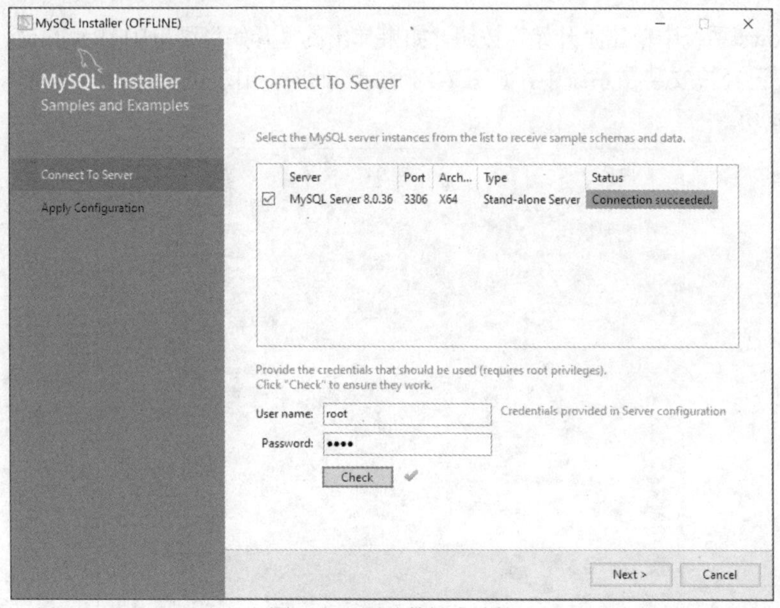

图 2-16　测试数据库连接

提示：

如果在图 2-10 所示的窗口中未添加“Samples and Examples 8.0.36 × 86”产品，则不会打开图 2-16 所示的窗口，此时单击 Next 按钮可以直接进入下一个步骤。

(6) 打开 Apply Configuration 窗口，保持默认设置，并单击 Execute 按钮，如图 2-17 所示。

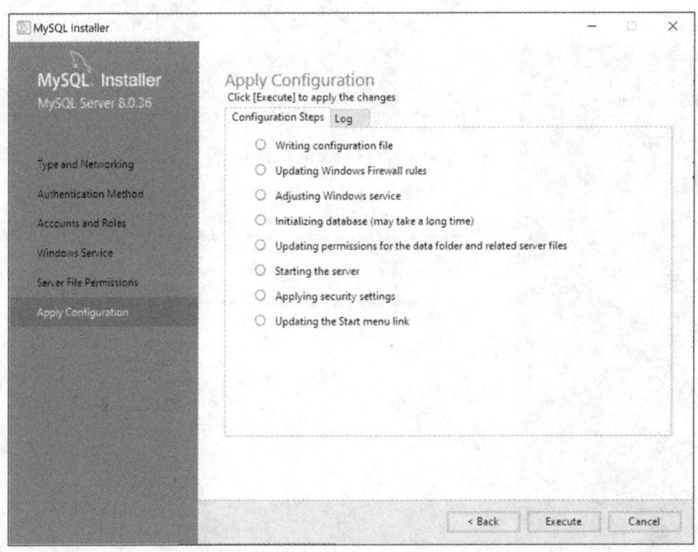

图 2-17　ApplyConfiguration 窗口

(7) 后续步骤均选用默认选项，逐次单击 Finish 按钮即可完成配置工作。

2.5 测试 MySQL 是否安装成功

在 Windows 系统中单击“开始”按钮，如果弹出的“开始”菜单中显示了 MySQL 命令组，说明 MySQL 已经被安装在系统中，如图 2-18 所示。此时，用户可以执行以下操作测试 MySQL 的安装是否成功。

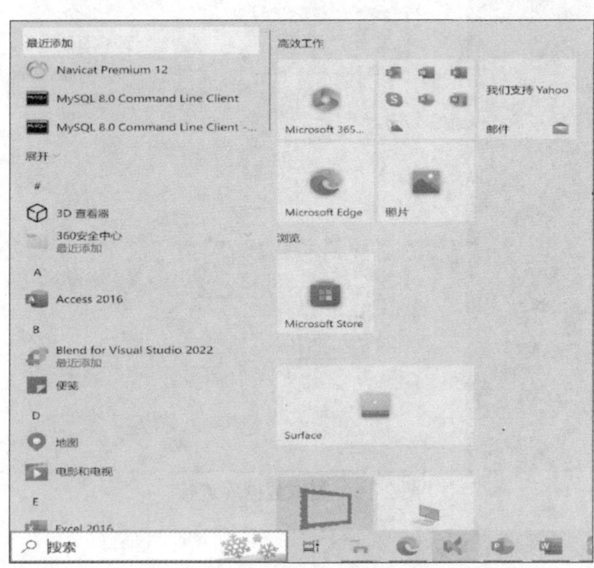

图 2-18　“开始”菜单中的 MySQL 命令组

(1) 在图 2-18 所示的“开始”菜单中选择 MySQL 命令组中的 MySQL 8.0 Command Line Client 命令，在打开的窗口中输入安装 MySQL 时设置的密码(root 用户密码)，如图 2-19 所示。

图 2-19　输入密码

(2) 按下 Enter 键，如果显示如图 2-20 所示信息，说明 MySQL 安装成功。

图 2-20　登录 MySQL 服务器成功

(3) 此时，可以输入数据库查看命令 SHOW DATABASES;进行测试，命令执行结果如图 2-21 所示。

```
mysql> SHOW DATABASES;
+--------------------+
| Database           |
+--------------------+
| information_schema |
| mysql              |
| performance_schema |
| sakila             |
| sys                |
| world              |
+--------------------+
6 rows in set (0.00 sec)
```

图 2-21　SHOW DATABASES 命令执行结果

在图 2-21 中显示了 6 个数据库，这些数据库都是安装 MySQL 时系统自动创建的，其各自的功能如下：

- information_schema：主要存储了系统中的一些数据库对象信息，比如用户表信息、列信息、权限信息、字符集信息和分区信息等。
- mysql：MySQL 的核心数据库，类似于 SQL Server 中的 master 表，主要负责存储数据库用户、用户访问权限等 MySQL 自身需要使用的控制和管理信息。
- performance_schema：主要用于收集数据库服务器性能参数。
- sakila：MySQL 提供的样例数据库，该数据库共有 16 张表，这些数据表都是比较常见的，在设计数据库时，可以参照这些样例数据表来快速完成所需的数据表。
- sys：主要提供了一些视图，其数据都来自 performation_schema，主要作用是让开发者和使用者更方便地查看性能问题。
- world：一个简单的示例数据库，该数据库包含 3 张数据表，分别保存城市，国家和国家使用的语言等内容。

2.6 MySQL 管理工具

如果MySQL日常的开发和维护都在类似DOS系统的窗口中进行，初学者可能会感到困难，从而增加学习成本。因此，通常会使用 MySQL 的图形化管理工具来连接 MySQL，并通过图形化界面进行数据库管理和操作。

MySQL 的管理维护工具非常多，除了系统自带的命令行管理工具，还有许多其他的图形化管理工具可供选择。

2.6.1 常用图形化管理工具介绍

1. MySQL Workbench

访问 MySQL 官方下载地址，下载与数据库版本相匹配的安装文件。

MySQL Workbench 是 MySQL 官方为数据库架构师、开发人员和 DBA 提供的可视化工具。它支持数据建模，SQL 开发、服务器配置、用户管理、性能优化、数据库备份和迁移等功能，并兼容 Windows、Linux 和 macOS 平台。

MySQL Workbench 提供了数据建模人员创建复杂 E-R 模型、正向工程、逆向工程以及模式同步所需的一切功能，同时还支持复杂的变更管理和文档生成功能。MySQL Workbench 社区版可以免费下载使用，同时也提供了收费的企业版。作为官方的专用管理开发工具，MySQL Workbench 对 MySQL 提供了全面的支持。

开发人员常用的数据库建模工具还有 Powder Designer，它可以从概念数据模型(Conceptual Data Model)和物理数据模型(Physical Data Model)两个层次对数据库进行设计，支持 60 多种关系数据库管理系统(RDBMS)版本。PowderDesigner 是一款收费软件。

以下是 MySQL Workbench 的一些常用功能。

(1) 数据库设计。允许创建和修改数据库模型。可以使用逻辑模型设计工具来设计 E-R 模型，使用物理模型设计工具将 E-R 模型转换为物理模型，并使用反向工程功能将现有数据库反向工程为 E-R 模型或物理模型。

(2) SQL 编辑器。提供 SQL 编辑器和 SQL 执行窗口，可以编辑和执行 SQL 语句。

(3) 数据库管理。提供用于管理和监视 MySQL 服务器的功能，包括管理用户、数据库、表、索引、视图、存储过程等。同时，还可以执行维护任务(如备份和恢复)。

(4) 数据库备份和恢复。提供数据备份和恢复功能，可以自动备份或手动备份数据库数据，也可以从备份文件中还原数据。

综上所述，MySQL Workbench 是一个强大的工具，提供了可视化界面以设计和管理 MySQL 数据库，并支持编辑和执行 SQL 语句。

2. Navicat

Navicat 是一套快速、可靠且全面的数据库管理工具，专门用于简化数据库管理并降低管理成本。Navicat 提供直观的图形界面，简化了设计和操作 MySQL、MariaDB、SQL Server、Oracle、PostgreSQL 和 SQLite 数据库的过程。

Navicat 提供一系列功能来帮助用户管理和使用数据库。以下是 Navicat 软件的一些常见功能。

(1) 数据库连接和管理。支持连接到多个主流的数据库系统，如 MySQL、MariaDB、Oracle、SQL Server、PostgreSQL 等。Navicat 提供一个直观且设计完善的用户界面，用于创建、修改和管理数据库中的所有对象，例如表、视图、函数、存储过程、索引和触发器等。

(2) SQL 编辑器。内置功能包括查询构建器和 SQL 编辑器，可以方便地执行复杂的查询、过滤数据和编辑表数据。它支持语法高亮显示、自动完成和代码片段等功能，提供了便捷的开发环境。

(3) 数据导入和导出。提供灵活的数据导入和导出功能，可以从不同的数据源导入数据到数据库中，也可以将数据库中的数据导出为多种格式，如 SQL 脚本、Excel、CSV 等。用户可以根据需要选择特定的数据表、字段和条件进行导入和导出。

(4) 数据同步和备份。支持数据同步和备份功能，可以帮助用户将数据从一个数据库系统同步到另一个数据库系统，或者创建定期的数据备份以保护数据。它提供了选项来控制同步的方式和规则，确保数据的一致性和完整性。

(5) 数据模型设计。提供数据库模型设计功能，用户可以通过直观的界面创建和编辑数据表结构，定义表之间的关系和约束条件。它提供了实体联系图(E-R 图)工具，让用户可以可视化地设计和管理数据库结构。

(6) 数据库备份和恢复。提供备份和恢复数据库的功能，可以创建定期备份，并在需要时恢复数据。这有助于保护数据免受意外删除、损坏或灾难性事件的影响。

3. SQLyog

SQLyog 是一个快速而简洁的图形化管理 MySQL 数据库的工具，它能够在任何地点有效地管理数据库。SQLyog 由 Webyog 公司出品，使用它可以快速直观地通过网络从世界的任何地方维护远端的 MySQL 数据库。

SQLyog 的主要功能有以下几个。

(1) 数据库管理。可以创建和删除数据库、表和索引，以及执行其他数据库管理任务。

(2) 数据操作。可以插入、更新、删除和查询数据库中的数据。并支持批量操作和事务处理。

(3) 数据导入导出。支持从 CSV 文件、Excel 文件和其他格式导入数据到 MySQL 数据库，同时也支持将数据导出为这些格式的文件。

(4) 数据库监控。可以查看和监视正在运行的查询、锁和性能指标，有助于发现和解决潜在的性能问题。

(5) 其他功能。SQLyog 还支持许多其他功能，如数据库备份、恢复和优化等。

2.6.2　使用 MySQL Workbench 管理数据库

本节将介绍使用 MySQL Workbench 管理数据库的方法。

1. 下载与安装

在安装 MySQL 数据库时，在 Select Products 窗口中，如果选择并添加了 MySQL Workbench，则 MySQL Workbench 会同时安装到计算机中。当然，用户也可以独立安装 MySQL Workbench(下载与本机数据库版本相同的安装文件，推荐选择扩展名为 MSI 的安装文件)。具体安装过程无需个性化设置，只需要在打开的窗口中按照系统提示单击 Next 按钮即可。

注意：

一定要安装和MySQL对应的版本，否则安装后可能无法连接服务器，并提示外部组件异常。

2. 连接数据库

启动 MySQL Workbench 后打开图2-22所示的窗口。在该窗口中可以看到 MySQL Connections 下方是已经设置好的 MySQL 本地登录账号，这个账号是在安装 MySQL 过程中设置的，一般命名为root，端口为3306，密码为安装过程中设置的密码。单击账号名称即可连接数据库。

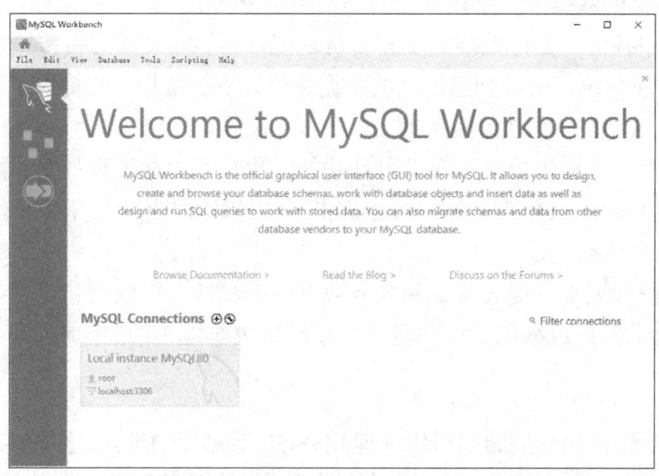

图2-22　启动MySQL Workbench后打开的窗口

如果需要连接到其他主机上的数据库，可以单击图2-22所示窗口中的⊕按钮，在打开的窗口(如图2-23所示)中设置数据库连接信息，并执行后续操作测试数据库是否连接成功。

提示：

在图2-23所示窗口的Hostname文本框中应该填写数据库所在的IP地址，填写“127.0.0.1”或“localhost”代表要连接安装在本地计算机上的数据库服务器。填写“localhost”，则数据不通过网卡传输，因此不受网络防火墙和网卡的限制。填写“127.0.0.1”，数据通过网卡传输，需要依赖网卡，受到网络防火墙和网卡限制。

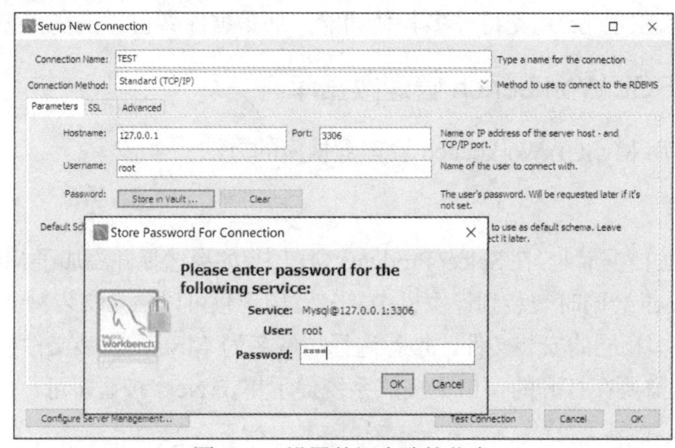

图2-23　设置数据库连接信息

(1) 在图 2-23 所示窗口中单击 Test Connection 按钮，如果数据库连接成功，将打开图 2-24 所示窗口。

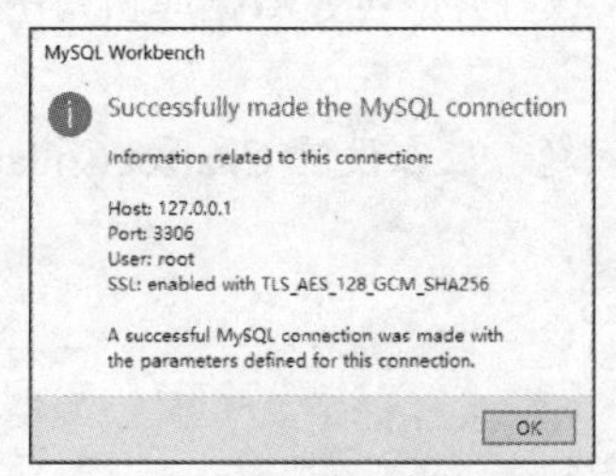

图 2-24　连接成功提示窗口

(2) 在图 2-24 所示的窗口中单击 OK 按钮。MySQL Workbench 窗口中将生成图 2-25 所示的快捷图标。

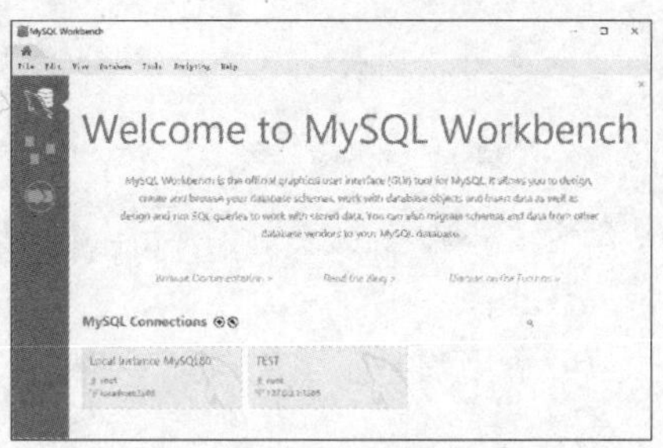

图 2-25　生成的快捷图标

完成以上操作后，在启动 MySQL Workbench 时，用户可以通过单击 MySQL Workbench 窗口中的快捷图标，快速连接到目标数据库。

3. MySQL Workbench 窗口介绍

成功连接数据库后系统将打开 MySQL　Workbench 主窗口，如图 2-26 所示。选择 Schemas 选项卡，窗口左侧区域 1 显示了本地的所有数据库。区域 2 为 SQL 语句编辑区域(相当于“MySQL 8.0 Command Line Client”软件)，可以使用 SQL 命令对数据库进行操作。区域 3 用于显示 SQL 语句的执行结果。MySQL Workbench 主窗口的左上角是常用工具按钮。

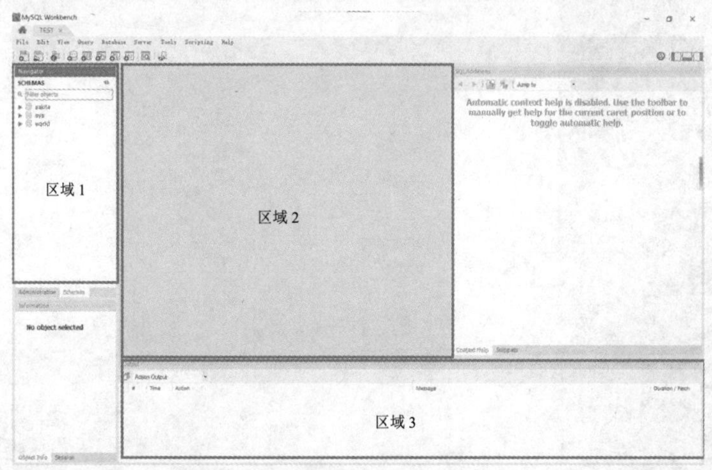

图 2-26　MySQL Workbench 主窗口

4 创建数据库

单击图 2-27 中的工具按钮，在打开的创建数据库窗口中，可以设置数据库名称和字符集。

提示：

为了防止出现中文字符乱码问题，应在设置 Charset/Collation(字符集/校验规则)时选择 gbk 和 gbk_chinese_ci 选项。

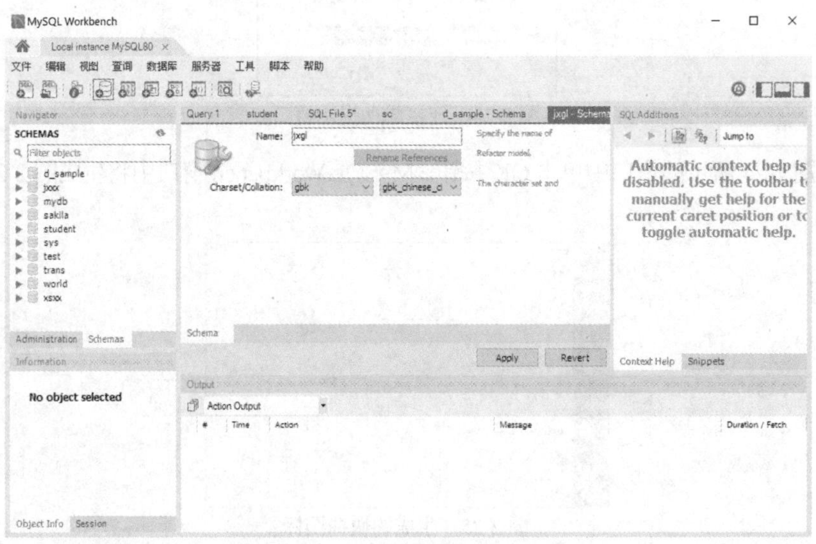

图 2-27　设置数据库名称和字符集

在图 2-27 所示窗口中单击 Apply 按钮，MySQL Workbench 将生成一条创建数据库语句，如图 2-28 所示。再次单击 Apply 按钮，在图 2-26 所示 MySQL Workbench 主窗口的区域 1 中将显示新建的数据库名称。

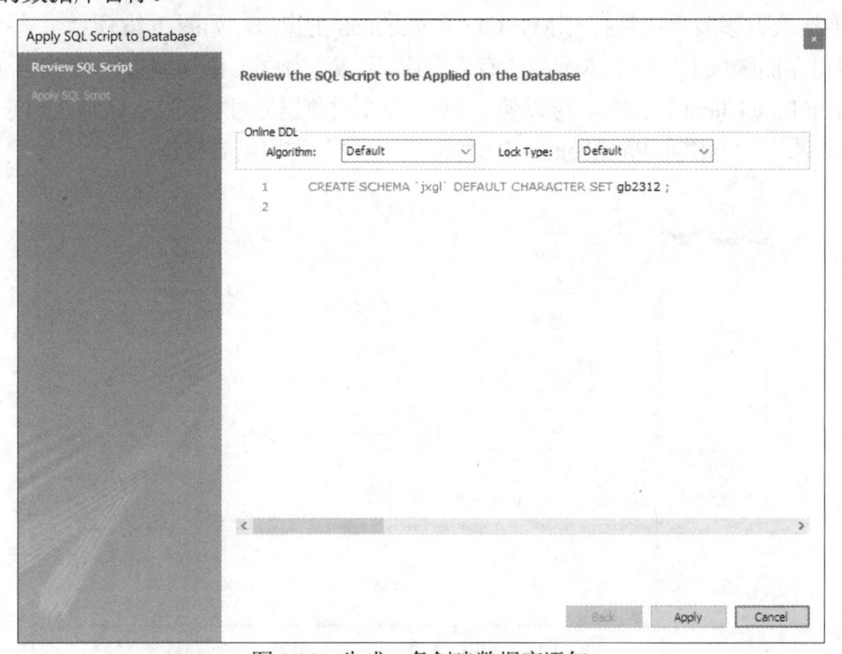

图 2-28　生成一条创建数据库语句

5. 在 MySQL Workbench 中执行 SQL 语句

在 MySQL Workbench 主窗口中单击 SQL 按钮 (如图 2-29 所示)，将新建 SQL File 文件。此时，用户可以在窗口中编辑并执行 SQL 语句。输入一段 SQL 语句后，单击 按钮或按下 Ctrl+Enter 组合键可以执行该语句。

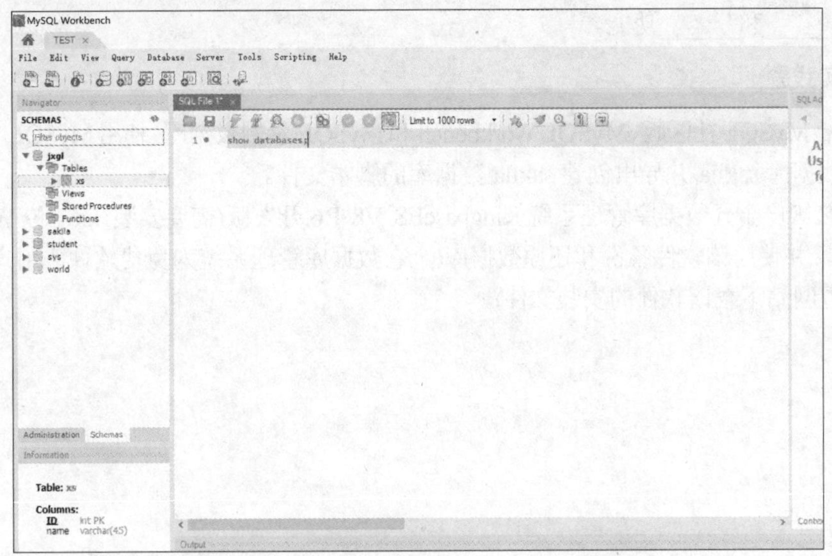

图 2-29　在 MySQL Workbench 中执行 SQL 语句

2.7 本章小结

本章介绍了 MySQL 的特性和常见版本，并以 Windows 平台为例，讲述了 MySQL 社区版的下载、安装和配置过程。最后，介绍了常用的 MySQL 图形化管理工具，并详细讲解了 MySQL 官方提供的图形化管理工具 MySQL Workbench 的使用方法。用户可以通过网络查阅读相关资料，进一步了解具有自主知识产权、跻身世界级数据库之列的国产数据库产品。

2.8 本章习题

一、选择题

1. MySQL 是一个(　　)的数据库管理系统。

A. 网状型　　B. 层次型　　C. 关系型　　D. 以上都不是

2. 如果需要完全安装 MySQL，则应在安装 MySQL 时选择(　　)。

A. Client only　　B. Server only　　C. Full　　D. Developer Default

3. 如果需要安装 MySQL 数据库服务并且占用最少的系统资源，则应该选择(　　)。

A. Development Default　　B. Server only

C. Client only　　D. Custom

二、填空题

1. MySQL Community 版是 MySQL 的______版。

2. MySQL Cluster 版是 MySQL 的______版。

3. MySQL Workbench 提供了数据建模工具、SQL 开发工具和全面的管理工具。具有_____、______、______和______功能。

三、实践题

1. 安装MySQL社区版、MySQL Workbench和MySQL示例数据库，使用MySQL Workbench打开示例数据库 sakila 并导出创建 sakila 数据库的脚本文件。

2. 安装国产金仓数据库管理系统 KingbaseES V8 R6 开发版(需要安装在 64 位 Windows 操作系统上)，并使用该软件备份和还原数据库(金仓数据库管理系统为免费软件，用户可通过访问软件官方网站下载该软件的安装文件)。

ꕤ 第3章 ꕤ

数据库的创建与设计

在计算机中安装 MySQL 后，需要创建数据库，这是使用 MySQL 各种功能的前提。为了使数据库及其应用系统能够有效地存储数据，满足各种用户的应用需求，还需要进行数据库设计。本章将介绍 MySQL 和 SQL 语言的相关知识，以及管理数据库和设计数据库的方法。

3.1 MySQL 数据库管理系统简介

数据库管理系统是一种用于操作和管理数据库的大型系统，它负责建立、使用和维护数据库，对数据库进行统一的管理和控制，以保证数据库的安全性和完整性。该系统能够提供数据录入、修改和查询等数据操作功能，并具有数据定义、数据操作、数据存储与管理、数据维护、通信等功能，同时允许多用户使用。

MySQL 是一个关系型数据库管理系统，最初由瑞典的 MySQL AB 公司开发，后来被 Sun 公司收购，最终被 Oracle 公司收购。MySQL 是最流行的关系型数据库管理系统之一，其在 Web 应用方面表现突出，是目前最优秀的关系数据库管理系统(Relational Database Management System，RDBMS)之一。

3.1.1 数据库构成

MySQL 中有三类数据库：系统数据库、示例数据库和用户数据库。

MySQL 安装完成之后，会在其 data 目录下自动创建几个必要的数据库。用户可以使用 SHOW DATABASES 语句来查看当前所有存在的数据库：

```
SHOW DATABASES;
```

运行结果如图 3-1 所示。

- 系统数据库：例如 mysql、information_schema、performance_schema、sys。
- 示例数据库：例如 sakila、world。
- 用户数据库：例如 jxgl。

图 3-1　查看数据库

1. 系统数据库

MySQL 安装完成后，自带了 4 个系统数据库，具体用途如表 3-1 所示。这些数据库对于 MySQL 的正常运行是必要的，通常不需要直接操作它们，但了解它们的存在和用途可以帮助用户更好地管理和维护 MySQL 服务器(建议用户不要直接修改这些数据库中的信息)。

表 3-1　MySQL 系统数据库

数据库	用途
mysql	MySQL 的核心数据库，存储 MySQL 服务器正常运行所需要的各种控制、管理信息(时区、主从、用户、权限等)。如果该数据库损坏，MySQL 将无法正常工作
information_schema	提供了访问数据库元数据的各种表和视图，包含数据库、表、字段类型及访问权限等，该库中保存的信息也可以称为 MySQL 的数据字典或系统目录
performance_schema	主要用于收集数据库服务器性能参数，为 MySQL 服务器运行时状态提供了一个底层监控功能
sys	包含了一系列利用 performance_schema 性能数据库进行性能调优和诊断的视图，通过视图的形式把 information_schema 和 performance_schema 结合起来，主要用于调优和诊断

2. 示例数据库

MySQL 官方网站提供了几个示例数据库，包括 sakila、employees 和 world。这些数据库不仅可以用于日常学习和测试，还可以作为设计数据库时的参考。

1) MySQL 示例数据库的安装

方法一：在安装 MySQL 数据库服务器时，同时安装示例数据库(参考本书第 2 章介绍的方法)。

方法二：利用 MySQL 提供的示例数据库安装脚本。以下是该脚本安装 MySQL 示例数据库的步骤。

(1) 确保已经安装了 MySQL 服务器。

(2) 下载 MySQL 示例数据库的源代码。可以从 MySQL 官方网站或相关开源仓库获取。

(3) 解压下载的源代码。

(4) 在 MySQL 服务器中创建一个新的数据库，该数据库将用于存放示例数据。

(5) 导入示例数据。这通常涉及运行一些 SQL 脚本来创建表和插入数据。

2) MySQL 示例数据库的介绍

sakila 是一个在线 DVD 出租商店数据库，为各种 MySQL 文档、书籍、教程、文章和示例提供了一个标准数据库模式。同时，该数据库还可以用于演示 MySQL 的其他功能特性，例如视图、存储过程和触发器。

sakila 是一个相对复杂和完整的示例数据库，可以用于测试 MySQL 中的各种功能。

employees 是一个经典的员工管理数据库，包含了 6 张表(dept_emp、dept_manager、titles、salaries、employees 和 departments)，大约有 400 万条数据。

world 是一个小型的简单数据库，主要用于基础查询测试，包含 country、countrylanguage 和 city 表。

3. 用户数据库

用户数据库是用户根据自己的需求创建的数据库，便于管理相应的数据，例如教学信息管理数据库、图书信息管理数据库等。

3.1.2　数据库对象

数据库对象是数据库的组成部分。MySQL 的数据库对象包括：表、索引、约束、视图、存储过程、函数、触发器、用户和角色等。MySQL 常用数据库对象如表 3-2 所示。

表 3-2　MySQL 常用数据库对象

对象	描述
表(table)	存储数据的逻辑单元，以行和列的形式存在
索引(index)	用于提高查询性能，相当于书目录
约束(constraint)	执行数据校验的规则，用于保证数据的引用完整性
视图(view)	一个或多个数据表中数据的逻辑显示(视图并不存储数据)
存储过程(procedure)	用于完成一次完整的业务处理，没有返回值，但可通过传出参数将多个值传给调用环境
函数(function)	用于完成一次特定的计算，具有一个返回值
触发器(trigger)	相当于一个事件监听器，当数据库发生特定事件后，触发器被触发完成相应的处理
用户(user)	有权限访问数据的使用者
角色(role)	是一种安全机制，允许用户将权限集合作为单个单位进行分组。角色可以赋予用户或其他角色，而不是直接对用户或程序进行授权

3.1.3　数据库对象的标识符

在 MySQL 数据库中，标识符是指用于标识数据库对象(例如表、列、索引等)的名称。标识符可以是一个简单的字符串，也可以是包含特殊字符的字符串，例如空格、逗号、引号等。

在以下示例代码中，使用反引号(`)来标识表名和列名。这是因为表名和列名中包含了下画线，如果没有使用反引号，MySQL 会认为下画线是一个特殊的字符，影响 SQL 语句的正确性。

```
CREATE TABLE `t_user` (
    `id` INT(11) NOT NULL AUTO_INCREMENT PRIMARY KEY,
    `name` VARCHAR(50) NOT NULL,
    `email` VARCHAR(50) NOT NULL UNIQUE,
    `phone_number` VARCHAR(20) NOT NULL
);
```

提示：

反引号(`)键通常位于 Tab 键的上方。

在使用 MySQL 时，需要使用正确的标识符来定义数据库对象，并遵守以下规则。

(1) 可以包含来自当前字符集的数字、字母、字符“_”和“$”。

(2) 可以以任何合法的字符开头，但是不能全部由数字组成。

(3) 标识符最长可为 64 个字符，而别名最长可为 256 个字符。

(4) 数据库名和表名在 UNIX 操作系统上是区分大小写的，而在 Windows 操作系统上忽略大小写。

(5) 不能使用 MySQL 关键字作为数据库名、表名。如果必须使用关键字作为标识符，可以使用反引号(`)将其括起来。

(6) 标识符中不允许包含特殊字符(如“.”、“/”或“\”)，如果标识符必须包含特殊字符，必须用反引号(`)括起来。

如果要使用的标识符是关键字或包含特殊字符，必须用反引号(`)括起来，例如：

```
CREATE TABLE `select`(
    `char-colum`   CHAR(8),
    `my/score`   INT
);
```

3.2 SQL 语言

结构化查询语言(Structured Query Language，SQL)是一种用于管理和操作关系数据库的编程语言。SQL 主要用于查询、更新插入和删除数据库中的数据，以及管理数据库结构。

SQL 是一种高级的非过程化编程语言，允许用户在高层次的数据结构上工作。它不要求用户指定数据的存储方法，也不需要用户了解具体的数据存放方式。因此，具有不同底层结构的数据库系统可以使用相同的结构化查询语言作为数据输入与管理的接口。SQL 语句支持嵌套，这使其具有极大的灵活性和强大的功能。

SQL 的核心部分相当于关系代数，但它还具有关系代数所没有的许多功能，如聚合函数、数据更新等。SQL 是一种综合的、通用的、功能强大的关系数据库语言。

1. SQL 语句结构

SQL 是用于与关系数据库进行通信的标准语言，广泛应用于关系数据库管理系统。SQL 语句用于执行各种任务，如更新数据库中的数据或从数据库中检索数据。结构化查询语言(SQL)通常包含以下 6 部分。

(1) 数据查询语言(Data Query Language，DQL)：也称为数据检索语言，用于从表中获取数据，并确定如何在应用程序中显示这些数据。关键字 SELECT 是最常用的，其他常用的 DQL 关键字包括 WHERE、ORDER BY、GROUP BY 和 HAVING。

(2) 数据操作语言(Data Manipulation Language，DML)：用于添加、删除、更新和查询数据库记录，并维护数据的完整性。主要包括关键字 INSERT、UPDATE 和 DELETE，分别用于添加数据、修改数据和删除数据。

(3) 数据定义语言(Data Definition Language，DDL)：用于定义数据库及其对象包，包括关键字 CREATE、ALTER 和 DROP(用于创建新表、修改表结构、删除表以及添加索引等)。

(4) 事务控制语言(Transaction Control Language，TCL)：用于管理数据库事务，确保在事务中执行的 DML 语句对数据库的修改是一致的。主要包括 COMMIT(提交)、SAVEPOINT(保存点)和 ROLLBACK(回滚)。

(5) 数据控制语言(Data Control Language，DCL)：使用 GRANT 或 REVOKE 实现权限控制，确定单个用户和用户组对数据库对象的访问。在某些关系数据库管理系统(RDBMS)中，GRANT 和 REVOKE 还可以用于控制用户对表中特定列的访问权限。

(6) 指针控制语言(Cursor Control Language，CCL)：用于管理游标，包括关键词 DECLARE CURSOR、OPEN CURSOR、FETCH INTO 和 UPDATE WHERE CURRENT 等，主要用于逐行处理查询结果集，对一张或多张表进行单独行的操作。

2. SQL 语言的特点

(1) 综合统一

SQL 语言集包括数据定义语言(DDL)、数据操纵语言(DML)、数据控制语言(DCL)，功能涵盖了数据库生命周期中的所有主要活动。SQL 语言风格统一，可以独立完成数据库生命周期中的全部活动，包括定义关系模式、录入数据、查询和更新数据库中的数据，以及进行数据库安全性和完整性控制等一系列操作。

(2) 高度非过程化

使用 SQL 语言进行数据操作时，只需确定“做什么”，而无须指明“怎么做”，因此不需要了解数据的存取路径。这不仅减轻了用户的负担，还有利于提高数据独立性。

(3) 以同一种语法结构提供两种使用方式

SQL 语言既是独立的语言，又是嵌入式语言。作为独立的语言，它可以用于联机交互的使用方式，用户可以在终端键盘上直接输入 SQL 命令对数据库进行操作；作为嵌入式语言，SQL 语句能够嵌入到高级语言(例如 C、Java、Python、C#等)程序中。

3. SQL 语言的核心功能

SQL 语言十分简洁，完成核心功能主要有几个关键词：SELECT、CREATE、DROP、ALTER、INSERT、UPDATE、DELETE、GRANT 和 REVOKE，如表 3-3 所示。

表 3-3　SQL 语言的核心关键词

数据查询(DQL)	命令动词：SELECT(选择)
	用途：最复杂的一个语句，对表或视图中的记录进行查询
数据操作(DML)	命令动词：INSERT(插入)、UPDATE(更新)、DELETE(删除)
	用途：对表或视图中的记录进行操作
数据定义(DDL)	命令动词：CREATE(创建)、DROP(删除)、ALTER(修改)
	用途：对表/视图/查询/存储过程/自定义函数/索引/触发器等对象的结构进行操作
数据控制(DCL)	命令动词：GRANT(授权)、REVOKE(回收权限)
	用途：对数据库、表等对象的权限进行控制

3.3 管理数据库

在进行数据库操作之前，必须先创建数据库。本节将介绍如何创建数据库。

3.3.1 创建数据库

创建数据库是在系统磁盘上划分一块区域用于数据的存储和管理。如果管理员在设置权限时为用户创建了数据库，则用户可以直接使用该数据库；否则，用户需要自己创建数据库。创建数据库的语句是 CREATE DATABASE，语法格式如下：

```
CREATE DATABASE [IF NOT EXISTS] db_name
[[DEFAULT] CHARACTER SET charset_name]
[[DEFAULT] COLLATE collation_name];
```

注意：

方括号([ ])中的内容是可选的。在 Windows 操作系统上 SQL 语句的关键字不区分大小写。

参数说明：

- db_name：创建数据库时指定的名称。MySQL 的数据存储区以目录形式组织数据库，因此数据库名称必须符合操作系统的文件夹命名规则，例如不能以数字开头，并且应具有实际意义。
- IF NOT EXISTS：在创建数据库之前进行判断，仅在该数据库不存在时才能执行创建操作。此选项可以用来避免数据库已经存在而导致的重复创建错误。
- [DEFAULT] CHARACTER SET charset_name：指定数据库的字符集。指定字符集的目的是为了避免在数据库中存储的数据出现乱码。如果在创建数据库时不指定字符集，则使用系统的默认字符集。
- [DEFAULT] COLLATE collation_name：指定字符集的默认校验规则。如果在创建数据库时未指定校验规则，则会使用系统默认校验规则。

提示：

在 MySQL 8.0 之前的版本中默认字符集是 latin1，在 MySQL 8.0 及以后的版本中默认字符集是 utf8mb4。latin1 字符集不支持中文字符，会导致中文字符出现乱码或者无法插入数据库中。创建数据库或表时，如果不确定默认字符集类型，建议将字符集设置为 gbk，将校对规则设置为 gbk_chinese_ci。

提示：

MySQL 的默认校对规则是 latin1_swedish_ci，即拉丁字母表 1 的瑞典语校对规则。该规则在进行文本比较时会忽略大小写和重音符号。在创建数据库或表时，可以在 SQL 语句中指定不同的校对规则。例如，可以将校对规则设置为 gbk_chinese_ci，这是 GBK 字符集的中文校对规则。

【例 3-1】创建名为 student 的数据库。

SQL 语句如下：

```
CREATE DATABASE student;
```

执行结果如图 3-2 所示。

图 3-2　创建数据库

【例 3-2】为了避免重复创建同名数据库，可以使用 IF NOT EXISTS 语句创建名为 student 的数据库。

SQL 语句如下：

```
CREATE DATABASE IF NOT EXISTS student;
```

执行结果如图 3-3 所示。

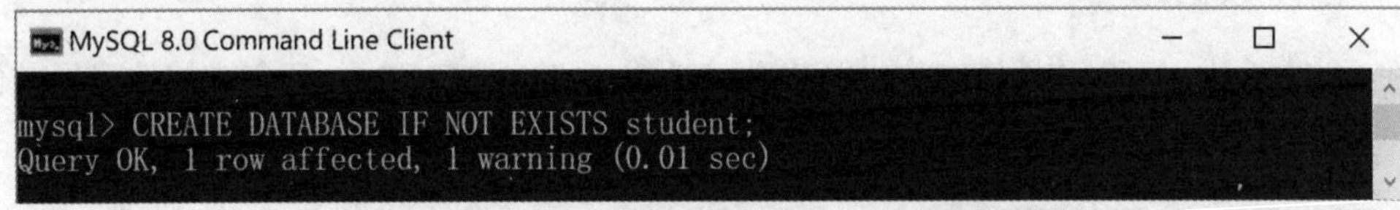

图 3-3　使用 IF NOT EXISTS 语句创建数据库

用户也可以使用图形化工具完成创建数据库操作(具体步骤可参见本书第 2 章相关内容)。

3.3.2　查看数据库

用户可以使用 MySQL Workbench 或 SQL 语句查看已有的数据库。使用 SHOW DATABASES 语句可以显示服务器中所有可使用的数据库信息，其格式如下：

```
SHOW DATABASES;
```

【例 3-3】查看所有可使用的数据库信息。

SQL 语句如下：

```
SHOW DATABASES;
```

执行结果如图 3-4 所示。

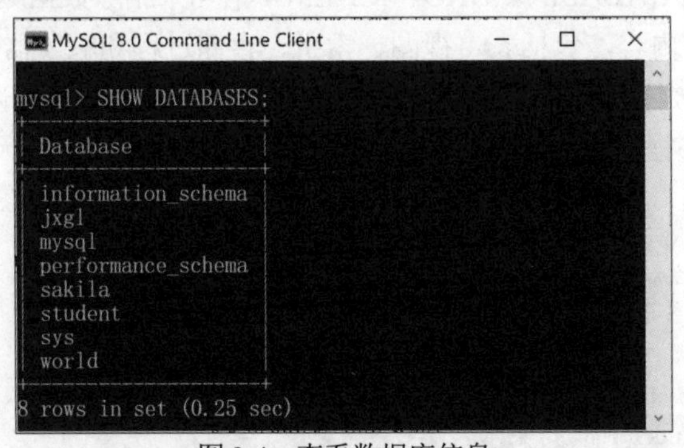

图 3-4　查看数据库信息

3.3.3 打开或切换数据库

连接到 MySQL 服务器后，需要选择特定的数据库来进行工作。这是因为在 MySQL 服务器上可能有多个数据库可供使用。使用 USE 语句可以实现从一个数据库“跳转”到另一个数据库。在使用 CREATE DATABASE 语句创建数据库之后，该数据库不会自动成为当前数据库，需要用 USE 语句来指定。USE 语句用于打开或切换到指定的数据库。语法格式如下。

```
USE db_name;
```

【例 3-4】打开 student 数据库。

SQL 语句如下：

```
USE student;
```

3.3.4 修改数据库

在 MySQL 中，可以使用 ALTER DATABASE 或 ALTER SCHEMA 语句来修改已经被创建的数据库的相关参数。语法格式如下：

```
ALTER {DATABASE | SCHEMA} [db_name]
    [[DEFAULT] CHARACTER SET charset_name]
    [[DEFAULT] COLLATE collation_name];
```

ALTER DATABASE 语句只用于更改数据库的全局特性。需要获得数据库的 ALTER 权限。省略 db_name 时，可以修改当前数据库的属性。

【例 3-5】将已有数据库 student 的默认字符集修改为 gbk。

SQL 语句如下：

```
ALTER DATABASE student
  DEFAULT CHARACTER SET gbk
  DEFAULT COLLATE gbk_chinese_ci;
```

3.3.5 删除数据库

可以使用 DROP DATABASE 或 DROP SCHEMA 语句来删除数据库。这些语句会永久删除数据库及其包含的所有内容，包括表、视图、索引、存储过程和触发器等。一旦执行，数据将无法恢复，除非有备份。因此，在使用该语句时，需要谨慎操作，避免误删除(建议用户在删除数据库前先将数据库进行备份)。删除数据库语句的语法格式如下：

```
DROP DATABASE database_name;
```

【例 3-6】删除例 3-1 创建的 student 数据库。

SQL 语句如下：

```
DROP DATABASE student;
```

在使用 DROP DATABASE 语句时，如果想避免在尝试删除一个不存在的数据库时出现错误，可以使用 IF EXISTS 选项。这个选项会先检查数据库是否存在，如果存在，则执行删除操作；如果不存在，则不做任何操作，从而避免因为数据库不存在而导致的错误。

以下是一个使用 IF EXISTS 选项的 DROP DATABASE 语句的例子：

```
DROP DATABASE IF EXISTS student;
```

3.4 设计数据库

设计数据库是指在一个给定的应用环境下，构造(设计)优化的数据库逻辑模式和物理结构，并据此建立数据库及其应用系统。其目的是能够有效地存储和管理数据，满足各种用户的应用需求，包括信息管理需求和数据操作需求。

3.4.1　数据库设计步骤

数据库设计主要包括需求分析、概念结构设计、逻辑结构设计、物理结构设计、数据库实施、数据库运行和维护。

1. 需求分析

详细调查现实世界要处理的对象(组织、部门、企业等)，充分了解原系统(无论是手工系统还是计算机系统)的工作概况，明确用户的各种需求，并在此基础上确定新系统的功能。新系统必须充分考虑未来可能的扩展和变化。调查的重点是“数据”和“处理”，以获取用户对数据库的需求，并形成用户需求规约。

2. 概念结构设计

依据需求分析结果，对现实世界要处理的对象进行建模，通常用 E-R 模型来描述。

3. 逻辑结构设计

在概念结构设计阶段完成的概念模型，需要转换成选定数据库管理系统(DBMS)支持的数据模型。对于关系型数据库而言是指将 E-R 模型转换为关系模型。在这个过程中，需要具体说明经过对原始数据进行分解、合并后重新组织起来的数据库全局逻辑结构，包括确定的关键字和属性、记录结构和文件结构，以及各文件之间的相互关系。

4. 物理结构设计

在逻辑结构设计阶段形成的 E-R 模型基础上，选取一个最适合应用环境的物理结构。这包括选择合适的数据库管理系统，并根据选定的数据库管理系统的特点设计具体的表、字段、数据类型、索引等。

5. 数据库实施

建立数据库，编制与调试应用程序，组织数据入库，并进行程序试运行。

6. 数据库运行与维护

数据库应用系统正式投入运行后，在数据库应用系统的运行过程中需要对其进行评价、调整与修改。

一般而言，数据库设计更侧重于数据建模，而程序设计更侧重于业务建模。数据库设计是软件开发过程中的重要环节，甚至可以被视为核心环节。在关系数据库数据建模过程中，数据库开发人员经常使用 PowerDesigner、MySQL Workbench 等工具创建 E-R 图，并使用这些工具直接创建数据库或生成 SQL 脚本文件。

3.4.2 需求分析

需求分析简单地说就是分析用户的需求。需求分析是设计数据库的起点，需求分析结果是否准确地反映用户的实际需求，将直接影响后续各阶段的设计，并决定设计结果的合理性和实用性。

1. 需求分析的任务

需求分析是整个开发任务的起点，它通过详细调查现实世界中的对象，充分了解原系统(无论是手工系统或计算机系统)的工作概况，明确用户的需求。在此基础上确定建立数据库的目的与新系统的功能，并最终确定数据库需要保存哪些信息。新系统必须充分考虑未来可能的扩充和变化，不能仅仅满足当前的应用需求。调查的重点是“数据”和“处理”，通过调查、收集与分析，可以获得用户对数据的以下要求。

(1) 信息要求：指用户需要从数据库中获取的信息的内容与性质。通过信息要求可以导出数据要求，即在数据库中需要存储哪些数据。

(2) 处理要求：指用户要完成的数据处理功能，包括对处理功能的要求，如增、删、改、查。

(3) 安全性与完整性要求：包括对数据的保护与保持数据准确一致的需求。

2. 需求分析的方法

进行需求分析首先需要调查清楚用户的实际要求，并与用户达成共识，然后分析和表达这些需求。以下是常用的调查方法。

(1) 跟班作业：实际参与到业务活动中了解情况。

(2) 开调查会：邀请该系统的使用者和开发人员召开座谈，以了解业务活动的需求。

(3) 请专人介绍：邀请相关人员详细介绍系统或业务情况。

(4) 询问：针对调查中的具体问题，可以找专人询问。

(5) 问卷调查：设计调查问卷请用户填写，以收集信息。

(6) 查阅记录：查阅与原系统有关的数据记录。

3.4.3 概念结构设计

概念结构设计是整个数据库设计的关键，它通过对用户需求的综合、归纳与抽象，形成了一个独立于具体 DBMS 的概念模型。描述概念模型的工具通常是实体联系图((E-R 图)。

E-R 图即实体联系图(Entity Relationship Diagram，ERD)，用来表示实体型、属性和联系的结构，用于描述现实世界的概念模型。实体关系模型是由美籍华裔计算机科学家陈品山(Peter Chen)发明的，是概念数据模型的高层描述所使用的数据模型或模式图。它通过图形符号提供了一种形式来表述这种实体关系模式图。

1. E-R 图的基本要素

在 E-R 图中，用“矩形框”表示实体，矩形框内写明实体名称；用“椭圆形框”表示实体的属性，并用连线将其与相应关系的“实体”连接起来；用“菱形框”表示实体型之间的联系，在菱形框内写明联系名称，并用连线分别与相关的实体连接，同时在连线上标出联系的基数(1:1、1:n 或 m:n)。E-R 图的三个基本要素是：实体、属性和联系。

(1) 实体(Entity)：指在现实世界中客观存在并可相互区别的事物，可以是具体的，如一件商品、一个客户、一份订单等，也可以是抽象的，如概念、理念等。

(2) 属性(Attribute)：描述实体在某方面的特性。例如，商品的属性可以包括商品编号、商品类别、商品名称、生产商等。一个实体可由多个属性来刻画。

(3) 联系(Relationship)：指数据对象彼此之间相互连接的方式也称为关系。例如，订单就是客户和商品之间的联系。

在 E-R 图中，用菱形表示联系，联系可分为以下 3 种类型。

(1) 一对一联系(1:1)：例如，一个部门有一个经理，而每个经理只在一个部门任职，则部门与经理的联系是一对一的。

(2) 一对多联系(1:n)：例如，某校教师与课程之间存在一对多的联系“教”，即每位教师可以教多门课程，但是每门课程只能由一位教师来教，如图 3-5 所示。

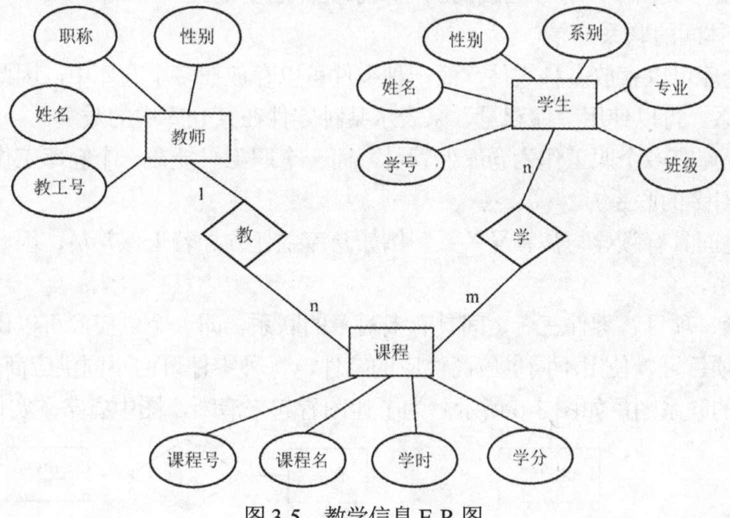

图 3-5 教学信息 E-R 图

(3) 多对多联系(m:n)：例如图 3-5 所示，学生与课程间的联系“学”是多对多的，即一个学生可以学多门课程，而每门课程可以有多个学生来学。联系也可能有属性。例如，学生“学”某门课程所取得的成绩，既不是学生的属性也不是课程的属性，由于“成绩”既依赖于某位特定的学生又依赖于某门特定的课程，因此它是学生与课程之间的联系“学”的属性。

2. E-R 图设计步骤

概念结构设计的第一步就是将需求分析阶段收集到的数据进行分类和组织，确定实体、实体的属性以及实体之间的联系类型。

正确划分实体和属性是概念结构设计的关键。在形式上实体和属性之间并没有明显的界限，通常按照现实世界事物的自然划分来定义实体和属性。例如，对职工的描述中，“职工”是实体，而“姓名”、“年龄”和“民族”等则是职工的属性。

1) 确定实体和属性

确定实体时一般遵循概念单一化“一事一地”的原则，即一张表描述一个实体或实体间的一种联系。

为了简化E-R图的设计，现实世界的事物如果可以作为属性处理，就尽量作为属性处理。确定属性时应遵循以下准则：

(1) 属性不能再具有需要描述的性质。属性必须是不可分割的数据项，不能包括其他属性。

(2) 属性不能与其他实体建立联系。在E-R图中，所有的联系必须是实体间的联系，属性与实体之间的联系是不允许的。

例如，某个工厂物资管理的概念模型涉及的实体和属性可以划分如下。

- 仓库：属性有仓库号、面积、电话号码。
- 零件：属性有零件号、名称、规格、单价、描述。
- 供应商：属性有供应商号、姓名、地址、电话号码、账号。
- 项目：属性有项目号、预算、开工日期。
- 职工：属性有职工号、姓名、年龄、职称。

注意，在实际文档中，有下画线的属性表示实体的主键。

2) 确定实体间的联系

(1) 一个仓库可以存放多种零件，而一种零件可以存放在多个仓库中，因此仓库和零件具有多对多的联系。可以使用“库存量”来表示某种零件在某仓库中的数量。

(2) 一个仓库有多个职工作为仓库保管员，而一个职工只能在一个仓库工作，因此仓库和职工之间是一对多的联系。

(3) 职工之间具有领导与被领导关系，例如仓库主任领导若干保管员，因此职工实体中存在一对多的联系。

(4) 供应商、项目、零件三者之间具有多对多的联系。即一个供应商可以供给若干项目多种零件，每个项目可以使用不同供应商供应的零件，每种零件可由不同供应商供给。

实体之间的联系图，如图3-6所示。为了让图看起来清晰，图中省略了实体的属性。

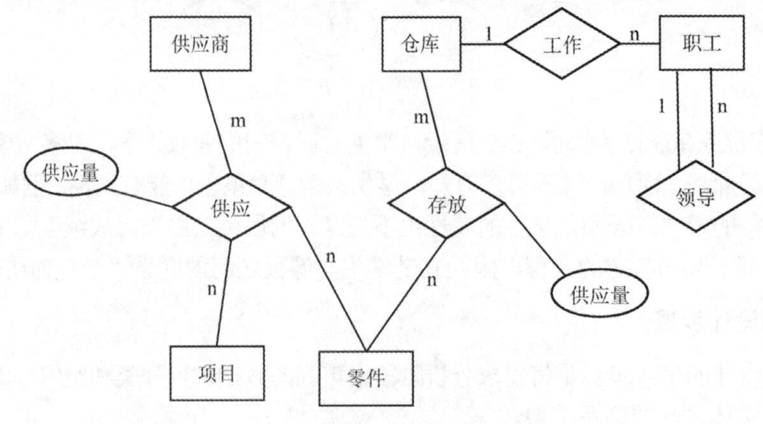

图3-6　实体之间的联系图

3) 画出局部 E-R 图

确定了实体及实体之间的联系之后，就可以用 E-R 图来描述这些关系。同时，每个局部视图必须满足以下要求。

(1) 对用户需求是完整的。

(2) 所有实体、属性、联系都有唯一的名字。

(3) 不允许有异名同义、同名异义的现象。

(4) 无冗余的联系。

4) 合并局部 E-R 图，生成总体 E-R 图

全局 E-R 图设计通常包括两个步骤。

第一步是合并。将局部 E-R 图集成全局 E-R 图时，可能会出现以下几类冲突。

(1) 属性冲突：不同的局部 E-R 图中，同一属性的数据类型、取值范围或取值集合不同。不同的局部 E-R 图中，同一属性的单位不同，例如一个局部图中属性的单位是厘米，而另一个是米。

(2) 命名冲突：不同的局部 E-R 图中具有相同的属性(对象)名，但是意义不一样。不同的局部 E-R 图中，不同的属性(对象)名具有相同的意义。

(3) 结构冲突：同一对象在不同的局部 E-R 图中具有不同的抽象层次，例如在一个图中它是一个实体，而在另一个图中它是一个属性。同一实体在不同的局部 E-R 图中具有不同的属性列，或者属性列顺序不同。实体间的联系在不同的局部 E-R 图中具有不同的类型。

第二步是优化。该步骤的主要目标是消除不必要的冗余，生成基本 E-R 图。

所谓冗余数据是指可由基本数据导出的数据，冗余联系是指可由其他联系推导出的联系。消除冗余主要采用分析方法，即以数据字典和数据流图为依据，根据数据字典中关于数据项之间逻辑关系的说明来消除冗余。

需要注意的是，并不是所有的冗余数据与冗余联系都必须被消除。在某些情况下，为了提高系统的效率，可能需要保留一些冗余信息作为代价。

3.4.4　逻辑结构设计

在逻辑结构设计阶段，需要将概念结构设计阶段完成的概念模型转换成选定数据库管理系统支持的数据模型。对于关系型数据库而言，是指将 E-R 模型转换为关系模型。E-R 图向关系模型转换时，主要需要解决的问题是将实体和实体之间的联系转换为关系模式。

1. E-R 图向关系模型转换

1) 实体转换为关系

实体的属性在关系模型中就是关系的属性，实体的主键就是关系的主键。例如图 3-7 所示 E-R 图，将图中的实体转换为关系模型为：

```
学生(学号，姓名，性别，出生日期，职称，联系电话)
```

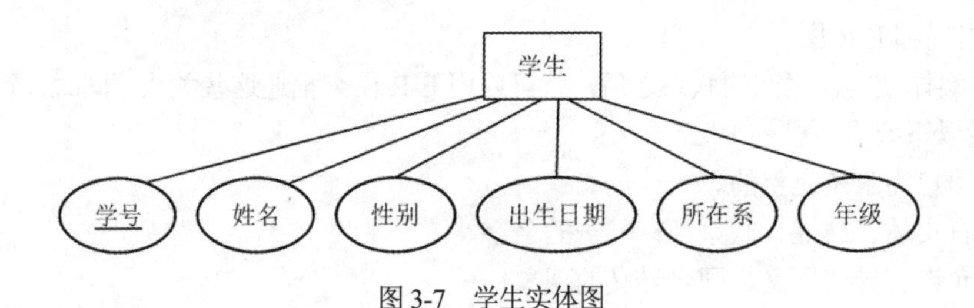

图 3-7　学生实体图

2) 联系转换为关系

需要根据联系的类型进行不同转换，具体方法如下。

(1) 1:1 联系。可以转换为一个独立的关系模式，也可以与任意一端对应的关系模式合并。推荐使用合并的方式进行转换。合并方法是在一个实体中添加另一个实体的关键字及联系的属性。如图 3-8 所示 E-R 图，将图中的联系转换为关系模型为：

```
校长(姓名，职称，性别，出生日期，联系电话，学校代码，任职年限，聘任日期)
学校(学校代码，学校名称，学校地址，学校电话)
```

或者

```
校长(姓名，职称，性别，出生日期，联系电话)
学校(学校代码，学校名称，学校地址，学校电话，姓名，任职年限，聘任日期)
```

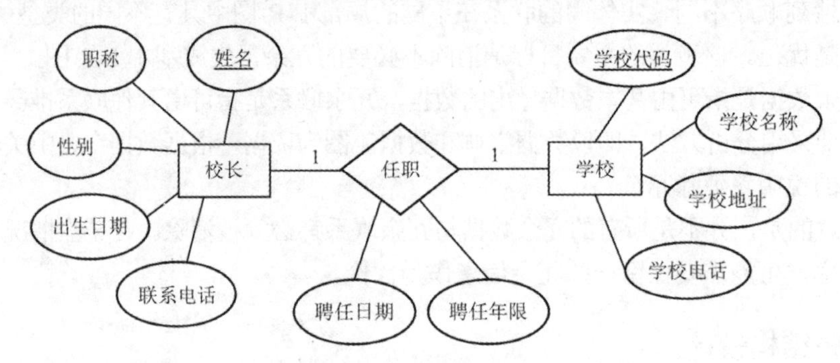

图 3-8　1:1 实体联系图

上述例子中添加下画线的属性是主键，添加下画波浪线的属性是外键。

(2) 1:n 联系。可以转换成一个独立的关系模式，也可以将联系合并到“n”端的关系模式中。推荐使用合并的方式进行转换。合并方法是将“1”端的关键字加入到“n”端的关系模式中，作为外部关键字。“联系”本身的属性也加入到“n”端关系的属性列表中。例如，考虑图 3-9 中的 E-R 图，将图中的联系转换为关系模型为：

```
学生(学号，姓名，性别，出生日期，联系电话，学校代码，入学时间)
学校(学校代码，学校名称，学校地址，学校电话)
```

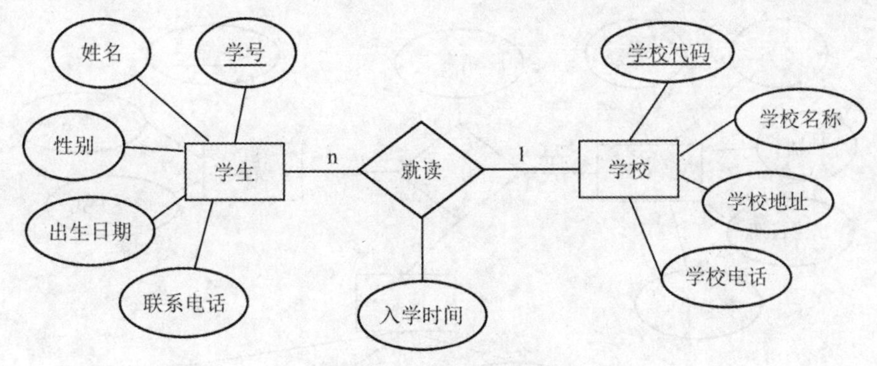

图 3-9　1:n 实体联系图

(3) m:n 联系。必须将联系转换为一个新的关系。这个新的关系将两个实体的主键联合作为关系的关键字，并将联系属性作为新关系的属性。例如，考虑图 3-10 所示的 E-R 图，将图中的联系转换为关系模型为：

学生(学号，姓名，性别，出生日期，联系电话)
课程(课程代码，课程名称，课程性质，学分)
选修(学号，课程代码，成绩)

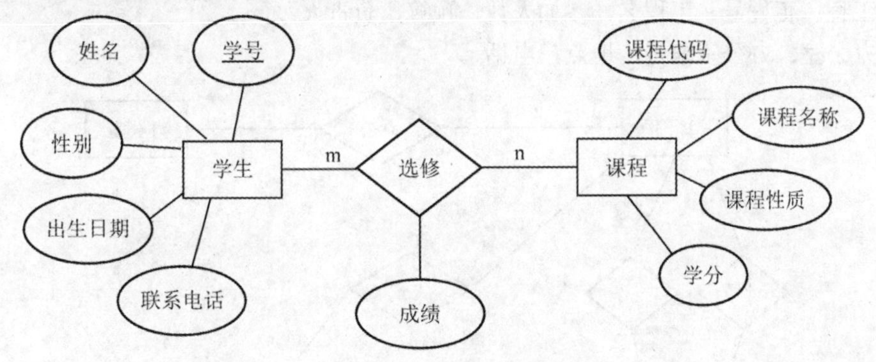

图 3-10　m:n 实体联系图

(4) 同一实体集的实体间的联系(即自联系)，也可按上述 1:1、1:n 和 m:n 三种情况分别处理。例如，如果教师实体集内部存在领导与被领导的 1:n 自联系，可以将该联系与教师实体合并。这时主键“职工号”将多次出现，但作用不同，可以用不同的属性名加以区分，例如：

教师(职工号，姓名，性别，职称，系主任)

(5) 三个或三个以上实体间的一个多元联系转换为一个新的关系模式。这个新的关系模式将与该多元联系相关的各实体的属性以及联系本身的属性作为关系的属性，各实体的主键联合作为关系的主键。

例如，图 3-11 所示多元实体联系图，可以将其转换为如下关系模式(其中“销售”联系是一个三元联系)：

销售员(工号，姓名，性别，出生日期，联系电话)
顾客(身份证号，姓名，联系方式)
商品(商品编号，商品名称，价格)
销售(职工工号，身份证号，商品编号，销量)

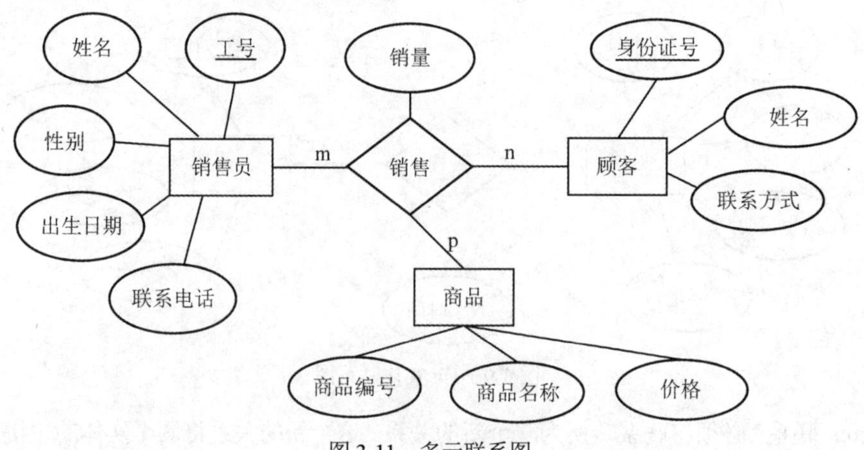

图 3-11　多元联系图

【例 3-7】某工程管理的实体联系图如图 3-12 所示。将图转换为关系模型，其中各实体的属性如下。

- 部门：部门号，名称，领导人号
- 职工：职工号，姓名，性别，工资，职称，照片，简历
- 工程：工程号，工程名，参加人数，预算，负责人
- 办公室：办公室编号，地点，电话

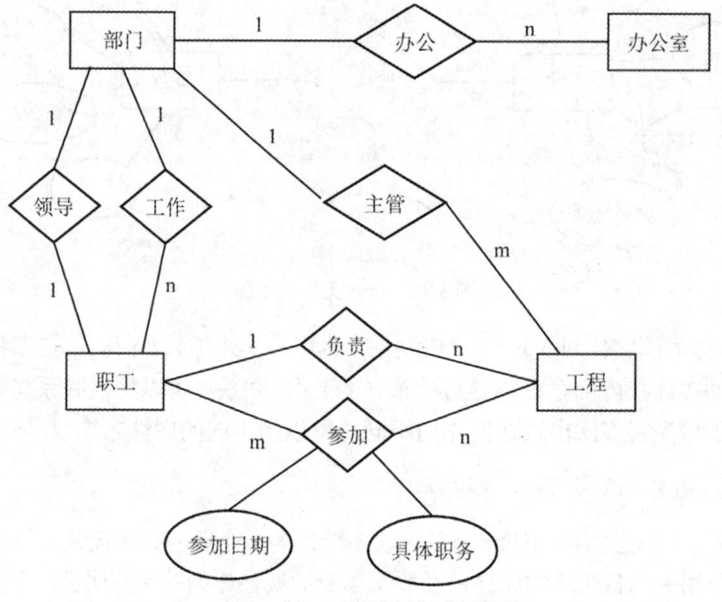

图 3-12　工程管理实体联系图

转换为关系模型结果如下：

职工(<u>职工号</u>，姓名，性别，工资，职称，照片，简历，部门号)
部门(<u>部门号</u>，名称，领导编号，办公室编号)
工程(<u>工程号</u>，工程名，参加人数，预算，负责人号，部门号)
办公室(<u>办公室编号</u>，地点，电话，部门号)
参加(<u>职工号，工程号</u>，参加日期，具体职务)

2. 关系模式规范化

数据库逻辑结构设计的结果不是唯一的。为了进一步提高数据库应用系统的性能，得到初步的关系模型后，还应该适当地修改调整数据模型的结构，这就是数据模型的优化。关系模型的优化通常以规范化理论为指导。具体内容包括：考察关系模式的数据依赖关系，对各模式之间的数据依赖进行极小化处理，消除冗余的联系，确定各关系模式属于第几范式。

1) 数据依赖

(1) 函数依赖

简单地说，如果属性 X 的值决定属性 Y 的值(如果知道 X 的值就可以获得 Y 的值)，则属性 Y 函数依赖于属性 X 或者说 X 决定了 Y，记作 $X \to Y$，若 Y 不函数依赖于 X，则记作 $X \nrightarrow Y$。

函数依赖和其他数据依赖一样是语义范畴的概念，必须根据语义来确定一个函数依赖。例如，“姓名→年龄”这个函数依赖只有在该部门没有同名人的条件下才成立。如果允许有同名人，则年龄就不再函数依赖于姓名。

设计者也可以对现实世界作出强制性规定，例如规定不允许同名人出现，从而使“姓名→年龄”函数依赖成立。在这种情况下，当插入某个元组时，元组上的属性值必须满足规定的函数依赖。若发现有同名人存在，则应拒绝插入该元组。

(2) 完全函数依赖

在关系 R 中，如果 $X \to Y$ 并且对于 X 的任何一个真子集 X'，都有 $X' \nrightarrow Y$，则称 Y 完全函数依赖于 X。例如，“(学号，课程号)→成绩”是完全函数依赖。

(3) 部分函数依赖

在关系 R 中，若 $X \to Y$，但 Y 不完全函数依赖于 X，则称 Y 对 X 部分函数依赖。例如，“(学号，课程号)→成绩”是完全函数依赖，而“(学号，课程号)→姓名”是部分函数依赖，因为“学号→姓名”成立，而学号是(学号，课程号)的真子集。

(4) 传递函数依赖

在关系 R 中，如果 $X \to Y$，$Y \nrightarrow X$，$Y \to Z$，则称 Z 对 X 传递函数依赖。设有如下关系：

```
学生(学号，姓名，性别，所在系，系主任，课程号，课程名称，成绩)
```

则有“学号→所在系”，“所在系→系主任”成立，所以系主任传递函数依赖于学号。

2) 范式和规范化

范式是关系模式满足不同程度的规范化要求的标准。满足最低程度要求的范式属于第一范式，简称 1NF；在第一范式中进一步满足一些要求的关系属于第二范式，简称 2NF，依次类推，还有 3NF、BCNF、4NF、5NF，这些都是关系范式。对关系模式的属性间的函数依赖加以不同的限制就形成了不同的范式。

通常在数据库设计中，一般要求关系模式至少要达到 3NF。3NF 是一个实际可用的关系模式应满足的最低范式。

规范化理论用于改造关系模式，通过分解关系模式来消除其中不合适的数据依赖，以解决数据冗余、插入异常、删除异常等问题。所谓规范化，就是用形式更为简洁、结构更加规范的关系模式取代原有关系的过程。要设计一个好的关系，必须使关系满足一定的约束条件，这些约束条件已经形成规范，分成几个等级，一级比一级要求更严格。满足最低一级要求的关系称为第一范式，在此基础上如果进一步满足某种约束条件，达到第二范式标准，则称该关系属于第二范式，以此类推，直到第五范式。显然，满足较高范式条件的关系必须满足较低范式的条件。

(1) 第一范式(1NF)

如果一个关系模式 *R* 的所有属性都是不可分的基本数据项，则 *R* 属于第一范式(lNF)。

第一范式是对关系模式的最基本的要求。不满足第一范式的数据库模式不能称为关系数据库。

如图 3-13 所示，可以将不满足第一范式员工表中的联系方式属性拆分为地址和邮编，使其满足第一范式要求。

姓名	联系方式	
	地址	邮编
吴聪	北京市海淀区	100083
丁一梅	广东省广州市荔湾区	510012

(a) 不满足第一范式员工表

姓名	地址	邮编
吴聪	北京市海淀区	100083
丁一梅	广东省广州市荔湾区	510012

(b) 满足第一范式员工表

图 3-13 员工表

(2) 第二范式(2NF)

关系模式 *R* 是第一范式(lNF)，并且每个非主属性都完全函数依赖于 *R* 的码，则 *R* 属于第二范式(2NF)。例如，有如下关系：

```
学生(学号，姓名，性别，所在系，系主任，课程号，课程名称，成绩)
```

已知该关系的码是(学号，课程号)，因此，学号、课程号是主属性，姓名、性别、所在系、系主任、课程名称、成绩是非主属性。该关系存在部分函数依赖关系，例如，姓名、性别、所在系和课程名称均部分依赖于主属性，因此该关系不是 2NF。

改进的方法是对该关系进行分解，生成若干关系，以消除部分函数依赖。实际上，这里将描述不同主题的内容分别用不同的关系来表示，形成以下几个关系：

```
学生(学号，姓名，性别，所在系，系主任)
课程(课程号，课程名称)
选修(学号，课程号，成绩)
```

可以看出，在上述几个关系中不存在部分函数依赖，因此问题得到了解决。然而，学生基本信息表仍然存在删除异常、冗余等问题。例如，当新增加一个学生时，系主任的名字会重复出现。这是由于存在传递依赖造成的。

(3) 第三范式(3NF)

如果关系模式 *R* 是第二范式(2NF)，且每个非主属性都不传递函数依赖于主码，则 *R* 属于第三范式(3NF)。也可以说，如果关系 *R* 的每一个非主属性既不部分函数依赖于主码，也不传递函数依赖于主码，则 *R* 属于 3NF。

如下关系：

```
学生(学号，姓名，性别，所在系，系主任)
```

存在系主任传递函数依赖于学号，因此该关系不属于第三范式(3NF)。

改进的方法是对该关系进行分解，生成若干关系，以消除传递依赖。实际上，这里就是将描述不同主题的内容分别用不同的关系来表示，形成以下两个关系：

学生(<u>学号</u>，姓名，性别，所在系)
专业(<u>系编号</u>，系名称，系主任)

这里“所在系”和“系编号”是异名同义的。

可以看出，分解后的关系解决了插入异常、删除异常、数据冗余等问题。

在对关系进行规范化的过程中，一般要将一个关系分解为若干个关系。实际上，规范化的本质是将表示不同主题的信息分解到不同的关系中。如果某个关系包含两个或两个以上的主题，就应该将它分解为多个关系，使每个关系只包含一个主题。然而，分解关系之后，关系数目会增多，需要注意建立起关系之间的关联约束(参照完整性约束)。关系变得更加复杂，对关系的使用也会变得复杂，因此并不是分解得越细越好。一般来说，用户的目标是第三范式(3NF)数据库，因为在大多数情况下，这是进行规范化功能与易用程度的最佳平衡点。在理论上和一些实际使用的数据库中，还有比 3NF 更高的规范化等级，如 BCNF、4NF、5NF 等，但其对数据库设计的要求超过了对功能的要求，本书只讨论到 3NF。

3.4.5　物理结构设计

为一个给定的逻辑结构模型选定一个最合适应用要求的物理结构的过程，称为数据库的物理结构设计。数据库物理结构设计的内容包括表的设计、索引的使用、存储空间的管理以及数据文件的组织等。

1. 表的设计

表是数据库的基本数据结构，是存储数据的容器。在物理结构设计中，表的设计需要考虑以下几个方面。

(1) 确定表的规模：根据系统的需求，确定需要创建多少张表。表的规模应该适中，既能够满足系统的需求，又不至于过多导致管理复杂和存储浪费。

(2) 确定列的数量和类型：根据数据的性质和需求，确定每张表应该包含多少列，以及每列的数据类型。

(3) 确定主键：主键是唯一标识表中每一行的字段，它能够保证数据的一致性和完整性。在设计表时，应该选择合适的字段作为主键。

(4) 确定外键：如果两张表之间存在关联关系，应该在外键列上设置相应的约束，以确保数据的一致性。

在确定了表的规模、列的数量和类型、主键和外键之后，就可以开始设计表的物理结构了。需要考虑的问题包括如何分配存储空间、如何实现并发访问等。

2. 索引的使用

索引是数据库中重要的数据结构，它能够提高数据的访问速度。在物理结构设计时，应该根据数据的访问模式和查询需求，合理地使用索引。

(1) 确定需要创建的索引：根据系统的查询需求，确定需要创建哪些索引。一般来说，应该为经常用于查询和排序的列创建索引。

(2) 选择合适的索引类型：不同的索引类型有不同的性能特点，应该根据实际情况选择合适的索引类型。常见的索引类型包括单列索引、组合索引、全文索引等。

(3) 考虑索引的维护成本：索引的创建和维护需要消耗一定的资源。在设计时，应该考虑这些成本，避免过度创建索引导致系统性能下降。

3. 存储空间的管理

数据库的存储空间管理是物理结构设计的重要组成部分，它涉及到如何分配、回收和优化存储空间的问题。

(1) 确定数据库的存储策略：根据系统的需求和存储资源的情况，制订合适的存储策略，包括分区、分卷、压缩、镜像等。

(2) 合理分配表的空间：为每张表分配足够的存储空间，避免因空间不足导致数据损坏或丢失。同时，也要考虑空间的利用率，避免过度分配空间导致存储资源浪费。

(3) 定期清理无用数据：定期清理不再使用的数据和碎片，可以提高数据库的性能和可用性。

4. 数据文件的组织

数据文件的组织是数据库物理结构设计的重要组成部分，它涉及到数据的备份、恢复和复制等问题。

(1) 确定数据文件的格式：根据系统的需求和存储设备的情况，选择合适的数据文件格式，如BLOB、CLOB等。

(2) 合理组织数据文件：将数据文件组织成目录结构或文件集群，便于数据的访问和管理。同时，也要考虑数据的备份和恢复问题。

(3) 考虑数据的复制和备份：对于需要高可用性和可扩展性的系统，应该考虑数据的复制和备份策略，以确保数据的安全性和完整性。

总之，数据库物理结构设计是数据库设计中的重要部分，它涉及到数据的存储、访问、维护和管理等问题。合理的物理结构设计可以提高系统的性能和可靠性，同时降低维护成本。

3.4.6 数据库实施

1. 数据的载入和应用程序的调试

数据库实施阶段包括数据的载入与应用程序的编码和调试。

通常数据库系统中的数据量都很大，而且数据来源于不同的部门。在现实中，数据的组织方式、结构和格式往往与数据库系统中要求的规范化数据有一定差距。组织数据载入就要将各类源数据从各个局部应用中抽取出来，输入计算机，再分类转换，最后综合成符合数据库规范化要求的结构形式，输入数据库。这种数据转换和组织入库的工作是相当费力和费时的。

为提高数据输入工作的效率和质量，应该针对具体的应用环境设计一个数据录入子系统，由计算机来完成数据入库的任务。在源数据入库之前，应采用多种方法对其进行检验，以防止不正确的数据入库，这部分的工作在整个数据输入子系统中是非常重要的。

现有的关系数据库管理系统一般都提供了不同关系数据库管理系统之间数据转换的工具，若源数据已经存储在某种关系数据库系统之中，应充分利用数据转换工具。

数据库应用程序的设计应该与数据库设计同时进行，因此在组织数据入库的同时，还需要调试应用程序。

2. 数据库的试运行

在部分数据输入数据库后，就可以开始对数据库系统进行联合调试，这称为数据库的试运行。这一阶段要实际运行数据库应用程序，执行对数据库的各种操作，测试应用程序的功能是否满足设计要求。如果不满足，则需要对应用程序进行修改和调整，直到达到设计要求为止。

在数据库试运行时，还要测试系统的性能指标，分析其是否达到设计目标。在对数据库进行物理设计时已初步确定了系统的物理参数值，但也要在试运行阶段实际测量和评价系统性能指标。

(1) 组织数据库入库是一个费时且费力的过程。如果在试运行后还需要修改数据库的设计，可能需要重新组织数据入库。因此，应分期分批地组织数据入库，先输入小批量数据进行调试，待试运行基本合格后，再大批量输入数据，逐步增加数据量，逐步完成运行评价。

(2) 在数据库试运行阶段，由于系统可能不稳定，软硬件故障随时可能发生；同时，系统操作人员对系统可能还不够熟悉，误操作也不可以避免。因此，要做好数据库的转储和恢复工作，以减少对数据库的破坏。

3.4.7　数据库运行与维护

数据库试运行合格后，数据库开发工作基本完成。然而，由于应用环境不断变化，数据库在运行过程中物理存储也会发生变化。因此，对数据库进行评价、调整、修改等维护工作是一个长期的任务，也是设计工作的延续和提高。

数据库的维护工作主要包括以下几项。

1. 数据库的转储和恢复

数据库的转储和恢复是系统正式运行后的重要的维护工作之一。

2. 数据库的安全性和完整性控制

在数据库运行过程中，由于应用环境的变化，对安全性的要求也会发生变化。系统中用户的权限级别也会改变，因此数据库管理员需要不断修正设置以满足用户需求。

3. 数据库性能的监督、分析和改造

在数据库运行过程中，数据库管理员需要监督系统运行情况，对监测数据进行分析，找出改进系统性能的方法。

4. 数据库的重组织与重构造

数据库运行一段时间后，由于记录不断增删改，数据库的物理存储情况可能会恶化，导致数据存取效率低，性能下降。此时，数据库管理员需要对数据库进行重组或部分重组(仅只对频繁增删的表进行重组)。关系数据库管理系统一般提供数据重组的工具，在重组过程中，系统会根据原设计要求重新安排存储位置、回收垃圾、减少指针链等，提高系统性能。

数据库的重组并不改变原设计的逻辑和物理结构，而数据库的重构是指部分修改数据库的模式和内模式。

3.4.8 使用 MySQL Workbench 设计数据库

MySQL Workbench 不仅可以设计 E-R 图，还可以通过 E-R 图创建 MySQL 数据库(正向工程)，也可以反向通过已有的 MySQL 数据库生成 E-R 图(逆向工程)。此外，它还支持在 E-R 图上直接修改，MySQL 数据库会自动同步更新(模式同步)。

完成 MySQL Workbench E-R 图设计时，已经完成了从概念结构模型→逻辑结构模型→物理结构模型的转换过程，本章所说的 E-R 图与前面章节所提到的实体联系模型有区别。这里的“实体”指的是数据库中的表(table)。

1. 在 MySQL Workbench 中设计 E-R 图

(1) 在 MySQL Workbench 主窗口的菜单栏中选择 File | New Model 命令(如图 3-14 所示)，然后单击工作区域中的 Add Diagram 按钮。

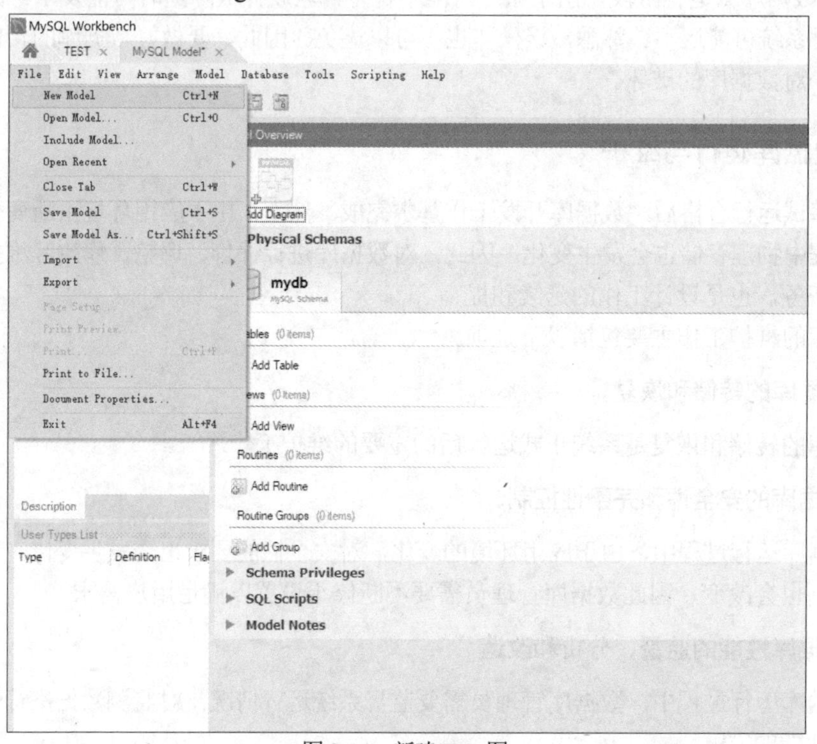

图 3-14　新建 E-R 图

(2) 通过单击工具栏中的形状按钮来添加实体和关系，并设置实体的属性；然后通过单击连接线来定义关系，如图 3-15 所示。

有两种一对多的关系类型：Identifying Relationship 和 Non-Identifying Relationship。其中 Identifying Relationship 是指子表必须依赖主表存在，如“phone_number”(电话号码)实体，用实线表示；Non-Identifying Relationship 是指子表不必依赖母表存在，如“sofa”(沙发)实体，用虚线表示。

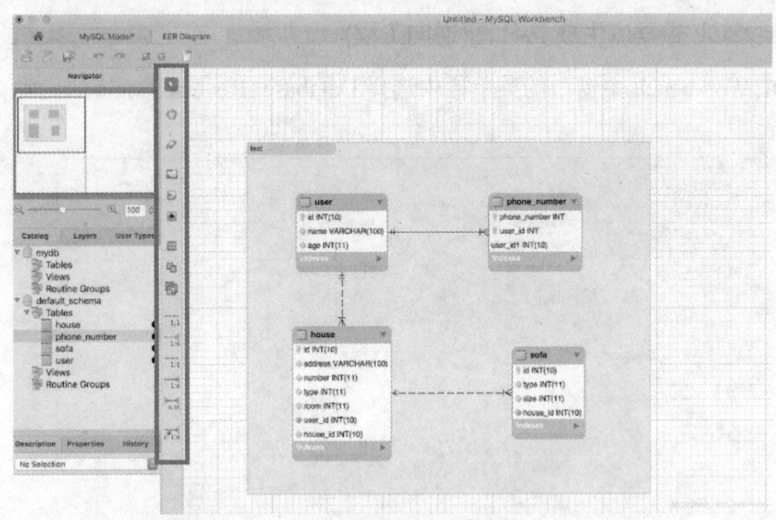

图 3-15　添加实体和关系

2. 通过 E-R 图创建 MySQL 数据库(正向工程)

在 MySQL Workbench 主窗口的菜单栏中选择 File | Export | Forward Engineer SQL Script 命令，打开 Forward Engineer SQL Script 对话框，如图 3-16 所示。

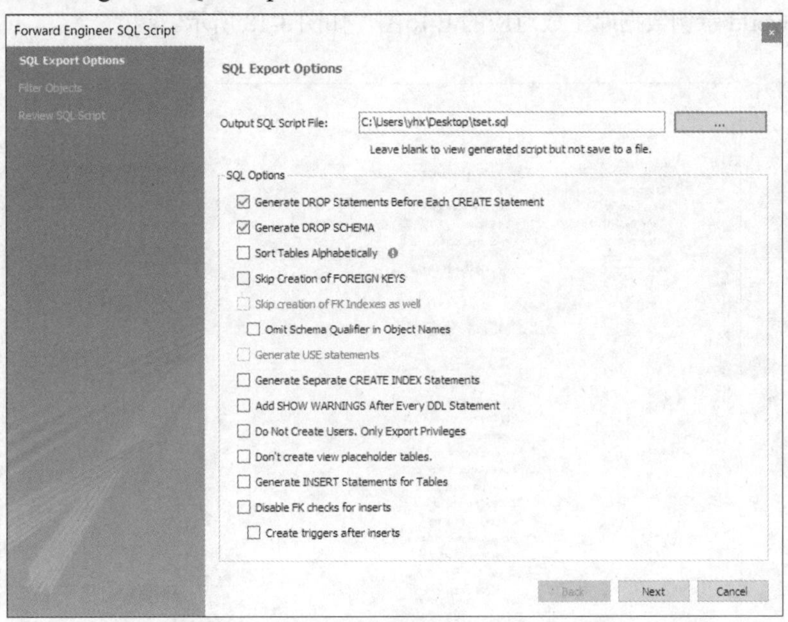

图 3-16　Forwand Engineer SQL Script 对话框

选中 Generate DROP Statements Before Each CREATE Statement 复选框，生成 Drop Table 语句。

选中 Generate DROP SCHEMA 复选框，生成 Drop Schema 语句。

在图 3-16 所示对话框中单击 Next 按钮，打开 Filter Objects 对话框，设置需要生成 SQL 语句的对象之后，根据 E-R 图生成的 SQL 语句脚本文件就会成功生成。

此外，可以在菜单栏中选择 Database | Forward Engineer 命令来生成 SQL 语句脚本文件。

3. 通过 MySQL 数据库生成 E-R 图(逆向工程)

在 MySQL Workbench 主窗口的菜单栏中选择 Database | Reverse Engineer…命令，如图 3-17 所示。

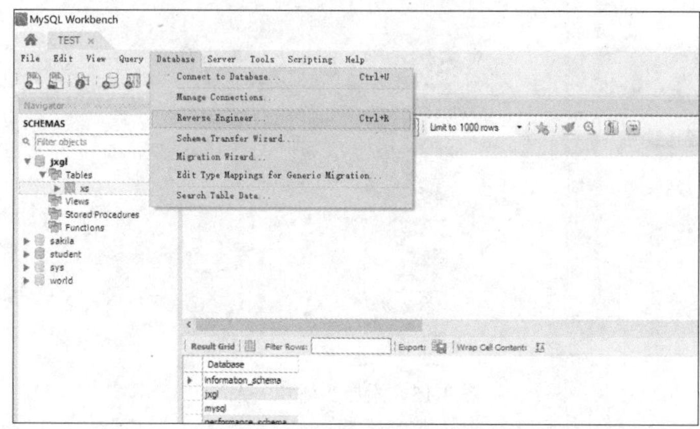

图 3-17　逆向工程生成 E-R 图

在打开的窗口中依次设定 Connection Options(设定连接参数)、Select Schemas(选择需要逆向工程的数据库)和 Select Objects(选择需要逆向工程的数据库对象)等信息。MySQL Workbench 可以将选中的 world 示例数据库生成对应的 E-R 图，如图 3-18 所示。

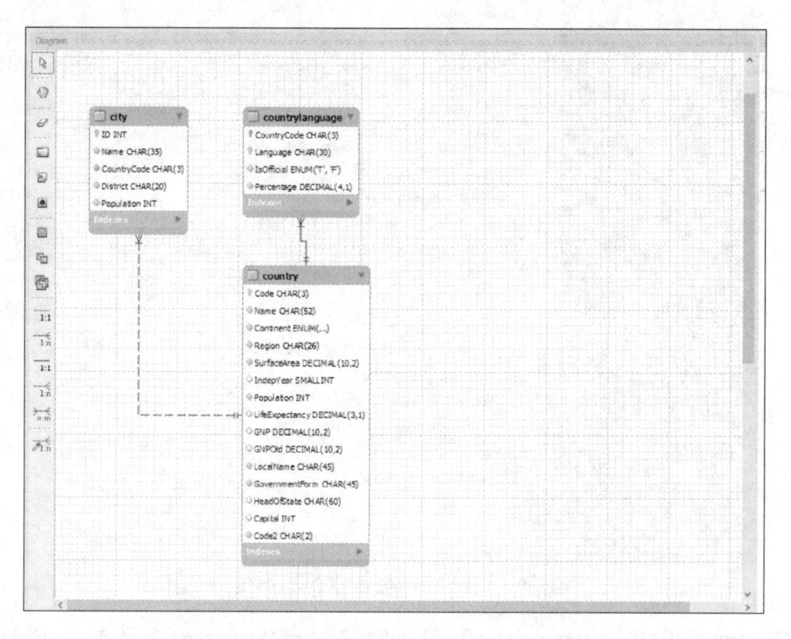

图 3-18　逆向工程生成 world 数据库 E-R 图

4. 模式同步

模式同步是指 MySQL Workbench 会比较 E-R 图和物理数据库中模式结构的差异，并针对这些差异进行双向同步。也就是说，在 E-R 图上创建一个新表并配置好表属性后，物理数据库中的模式也将同步更新。

3.5 本章小结

本章介绍了 MySQL 数据库基础知识和 SQL 语言，涵盖了数据库的创建、打开、查看、修改和删除等基本操作。这些基本操作是进行数据库管理与开发的基础。通过本章的学习，用户应该熟练掌握使用 SQL 语句进行数据库的创建、修改和删除操作的技能，同时掌握使用 MySQL Workbench 创建、修改和删除数据库的方法。了解错误执行删除数据库操作的后果，培养认真严谨的工作态度，坚守良好的职业道德。

数据库设计包括 6 个阶段：需求分析、概念结构设计、逻辑结构设计、物理结构设计、数据库实施、数据库运行与维护。每一个阶段都详细讨论了其相应的任务、方法和步骤。

3.6 本章习题

一、选择题

1. 下列选项中属于修改数据库的语句是(　　)。

A. CREATE DATABSE　　　　B. ALTER DATABSE

C. DROP DATABSE　　　　B. USE DATABSE

2. (　　)数据库主要用于收集数据库服务器性能参数。

A. sys　　　　B. performance_schema

C. mysql　　　　D. information_schema

3. 下列不属于 MySQL 的系统数据库是(　　)。

A. sys　　　　B. performance_schema

C. mysql　　　　D. pubs_schema

4. 在数据库中可以添加、编辑和删除表记录，这是因为数据库管理系统提供了(　　)。

A. 数据定义功能　　　　B. 数据操纵功能

C. 数据维护功能　　　　D. 数据控制功能

5. 为了合理地组织数据，应遵循的数据库设计原则是(　　)。

A. 一张表描述一个实体或实体间的一种联系

B. 表中的字段必须是原始数据和基本数据元素，并避免在表中出现重复字段

C. 用外部关键字保证有关联的表之间的关系

D. A、B 和 C 全对

6. 函数依赖是(　　)。

A. 对函数关系的描述　　　　B. 对元组之间关系的一种描述

C. 对数据库之间关系的一种描述　　　　D. 对数据依赖的一种描述

7. 规范化理论是关系数据库进行逻辑设计的理论依据。根据这个理论，关系数据库中的关系必须满足，每一个属性都是(　　)。

A. 不相关的　　　　B. 不可分解的

C. 长度可变的　　　　D. 有关联的

8. 消除了非主属性对码的部分函数依赖的lNF的关系模式必定是(　　)。

A. 1NF　　　　B. 2NF

C. 3NF　　　　D. 4NF

9. 2NF(　　)规范为3NF。

A. 消除非主属性对码的部分函数依赖　　B. 消除非主属性对码的传递函数依赖

C. 消除主属性对码的部分函数依赖　　D. 消除主属性对码的传递函数依赖

10. 数据库系统的数据独立性是指(　　)。

A. 不会因为数据的变化而影响应用程序

B. 不会因为系统数据存储结构与数据逻辑结构的变化而影响应用程序

C. 不会因为存储策略的变化而影响存储结构

D. 不会因为某些存储结构的变化而影响其他的存储结构

二、填空题

1. MySQL的系统数据库为______、______、______、和______。

2. MySQL 数据库对象有______、______、______、______、______、______、______、______、______。

3. 创建数据库除可以使用图形界面操作外，还可以使用______语句创建数据库。

4. 在MySQL中，用______语句来打开或切换至指定的数据库。

5. ______是表、视图、存储过程、触发器等数据库对象的集合，是数据库管理系统的核心内容。

6. 实体之间的联系可以有______、______和______3种。

7. 如果在一个关系中，存在多个属性(或属性组合)都能用来唯一标识该关系的元组，这些属性(或属性组合)都称为该关系的______。

8. 关系模型由______、______和______3部分组成。

9. 关系模型允许定义的3类完整性约束是______完整性、______完整性和______完整性和用户定义完整性。

10. 实体完整性要求主码中的主属性不能为______。

三、简答题

1. 试述SQL语言的特点。

2. 关系系统中，当操作违反实体完整性、参照完整性和用户定义的完整性约束条件时，一般是如何分别进行处理的？

3. 数据库设计的基本步骤是什么？

4. 用E-R图举例说明学生管理系统中，实体型之间具有一对一、一对多和多对多等不同的联系。

5. 在教学工作中，一位教师可以承担多门课程的教学，一门课程的教学也可由多位教师承担。设计教师的属性有：工号、姓名、职称、所属院系。课程的属性有：课程号、课程名、课时、课程简介。教师与课程关联的属性有：工号、课程号、考核结果。试画出其E-R图，并将这个E-R图转换为关系模式。

ꕤ 第4章 ꕤ

表的创建与管理

掌握在 MySQL 数据库中创建和管理表的基本技能，对于数据库管理员和开发人员来说都非常重要。掌握这些内容可以更好地存储和查询数据，从而满足实际业务需求。

4.1 表概述

表是数据库中用于存储数据的基本对象，是数据库中存储数据的主要工具。它可以类比于一个电子表格或纸质记录表，用于记录信息。表是存储有结构数据的基础对象。

表由列(Columns)和行(Rows)组成。列代表实体的属性，如姓名、年龄等，而行则代表具体的数据记录。每个列都有固定的数据类型，如整数、字符串、日期等，这决定了可以存储在列中的数据种类。

4.1.1 表的命名规则

在 MySQL 数据库中，表的命名需要遵循以下规则。

(1) 表名的长度：表名可以包含最多 64 个字符。然而，为了方便管理和记忆，建议使用较短的名称。过长的表名可能会导致在查询和管理时出现不便。

(2) 字符种类：表名可以包含字母、数字、下画线以及其他一些特殊字符(如“$”和“#”)。这意味着可以使用这些字符来创建有意义的表名，以便更好地描述表中的数据。

(3) 区分大小写：在不同的操作系统上，MySQL 的表名对大小写的敏感程度是不同的。在 Linux 和其他 Unix-like 系统上，MySQL 的表名是区分大小写的；而在 Windows 系统上，表名是不区分大小写的。为了避免在不同系统上出现潜在的问题，建议总是使用小写字母来命名表。这样可以确保在不同的操作系统上，表名的行为是一致的。

(4) 避免使用 MySQL 的关键字作为表名：关键字是 MySQL 内部使用的关键字，如果使用它们作为表名，可能会导致解析错误或意外的结果。

(5) 使用有意义的表名：表名应该能够准确地描述表中存储的数据内容，这样可以帮助其他开发人员更容易地理解和使用数据库。

(6) 保持一致性：在整个数据库中使用一致的命名规则，可以提高代码的可读性和可维护性。

注意：

表名应以字母或下划线开头。不能以数字开头。

4.1.2 常用数据类型

为每一个数据表的每个字段选择合适的数据类型是数据库设计过程中的一个重要步骤。MySQL 数据库中的表支持多种数据类型，常用的类型可以大致分为以下几类。

1. 数值类型

数值类型用于存储数字数据。数值类型包括 TINYINT、SMALLINT、MEDIUMINT、INT、BIGINT 等整数类型，以及 FLOAT、DOUBLE、DECIMAL 等浮点数和精确数值类型。每种类型都有其特定的取值范围和存储空间需求。常用的数值类型如表 4-1 所示。

表 4-1 常用的数值类型

数据类型	存储需求	特点	适用场景
TINYINT	1 字节	有符号：-128~127； 无符号：0~255	小范围整数的场景，例如存储年龄、月份、星期等
SMALLINT	2 字节	有符号：-32,768~32,767 无符号：0~65,535	存储稍大一些的整数的场景，例如年份、人口数量等
INT	4 字节	有符号：-2,147,483,648~2,147,483,647 无符号：0~4,294,967,295	适用于常见大小的整数，如用户 ID、订单数量
BIGINT	8 字节	有符号：-9,223,372,036,854,775,808 ~9,223,372,036,854,775,807； 无符号：0~18,446,744,073,709,551,615	适用于非常大的整数值，如地理坐标、科学计算
FLOAT	4 字节	单精度浮点数，精确度约 7 位小数	适用于较小范围且对精度要求不高的浮点数计算
DOUBLE	8 字节	双精度浮点数，精确度约 15 位小数	适用于大范围的高精度浮点数计算，如财务数据
DECIMAL(M,D)	M+2 字节	固定精度和小数位数，适合精确计算	适用于要求精确计算的数值，如货币计算

关于 DECIMAL(M,D)数据类型的使用方法说明如下：

- M 是最大位数，范围是 1 到 65，不包含小数点(可不指定，默认值是 10)。
- D 是小数点右边的位数(即小数位数)，范围是 0 到 30，并且 D 不能大于 M(可不指定，默认值是 0)。

例如，将字段 salary 设置为 DECIMAL(5,2)，则能够存储具有五位数字和两位小数的任何值。因此，可以存储在 salary 列中的值的范围是从-999.99 到 999.99。

2. 字符串类型

字符串类型用于存储字符串数据。常见的字符串类型包括 CHAR、VARCHAR、TINYTEXT、TEXT、MEDIUMTEXT、LONGTEXT 等。它们在不同长度和存储需求下有各自的用途。例如，CHAR 适合存储固定长度的字符串，而 VARCHAR 适合存储可变长度的字符串。常用的字符串类型如表 4-2 所示。

表 4-2　常用的字符串类型

数据类型	存储需求	适用场景
CHAR	固定长度	适用于存储固定长度的字符串，如密码、代码等
VARCHAR	可变长度	适用于存储长度可变的字符串，如姓名、地址等
TINYTEXT	可变长度	适用于存储较短的文本内容
TEXT	可变长度	适用于存储较长的纯文本内容
BLOB	二进制形式长字符串	适用于存储二进制形式的数据，如图片或音频文件

注意：

上述描述中的“字符”一词在不同的上下文中有不同的含义。在字符类型(如 CHAR 和 VARCHAR)中，它指的是字符数；而在二进制类型(如 BLOB)中，它指的是字节数。

选择适当的字符串类型取决于所需存储的数据类型(字符或二进制)、大小(长度)，以及是否需要对存储空间进行优化。在实际使用中，还需要考虑其他因素，如性能、内存使用、存储效率和兼容性等。因此，在选择数据类型时，应综合考虑这些因素，并根据实际需求做出决策。

3. 日期和时间类型

用于存储日期和时间信息的数据类型包括 DATE、TIME、DATETIME、TIMESTAMP、YEAR 等，它们适用于不同的日期和时间格式及精度要求。常用的日期和时间类型如表 4-3 所示。

从形式上看，日期类型的表示方法与字符串表示方法相同(使用单引号括起来)，但本质上日期类型的数据是数值类型，可以参与简单的加、减运算。

表 4-3　日期和时间类型

数据类型	存储需求	格式	适用场景
DATE	3 字节	YYYY-MM-DD	存储日期值
TIME	3 字节	HH:MM:SS	存储时间值
DATETIME	8 字节	YYYY-MM-DD HH:MM:SS	存储日期和时间值
YEAR	1 字节	YYYY	存储年份值

注意：

在 MySQL 中，字符串类型和日期类型的值都要用单引号括起来，例如'Joker'、'2024-01-01'。

TIME 类型的取值范围很广，可以表示从负数到正数的时间，这可能不适用于所有应用场景。

4. 复合类型

MySQL 数据库支持两种复合数据类型：SET 和 ENUM，它们扩展了 SQL 规范。

SET 类型的字段允许从一个集合中取得多个值，类似于复选框的功能。例如，一个人的兴趣爱好可以从集合{'看电影'，'购物'，'听音乐'，'旅游'，'游泳'}中取值，且可以取多个值。

ENUM 类型的字段只允许从一个集合中取得某一个值，类似于单选按钮的功能。例如，一个人的性别从集合{'男'，'女'}中取值，且只能取其中一个值。

使用这两种数据类型的方法如下：

```
-- 创建表示例
CREATE TABLE color_palette (
    id INT NOT NULL AUTO_INCREMENT,
    cname VARCHAR (50) NOT NULL,
    primary_color SET ('red', 'blue', 'green', 'yellow') NOT NULL,
    secondary_color ENUM ('black', 'white', 'gray') NOT NULL,
    PRIMARY KEY (id)
);
-- 插入数据示例
INSERT INTO color_palette (cname, primary_color, secondary_color)
VALUES ('default', 'red, blue', 'black'),
    ('user defined', 'green', 'white');
```

在这个例子中，首先创建了一个名为 color_palette 的表，其中包含 id、cname、primary_color 和 secondary_color 字段。primary_color 字段使用了 SET 数据类型，允许存储一个或多个集合中的多个值(在这个例子中是 red、blue、green 和 yellow)。secondary_color 字段使用了 ENUM 数据类型，仅允许从预定义的列表中选择一个值。接着，代码插入了两条记录，展示了如何向这张表插入数据。

4.2 创建和管理表

在 MySQL 中创建表是数据库设计的一个基本操作。它涉及到定义表的结构，包括列名、数据类型，以及可能的约束。

4.2.1 表的设计原则和建表步骤

1. 设计数据表的原则

合理的数据表设计能够提高数据库的性能和可维护性，对系统的稳定运行起着重要作用。以下是设计数据表时应遵循的重要原则。

1) 单一职责原则

在设计数据表时，每个数据表应该只负责一个实体或联系。遵循单一职责原则可以使数据表更加清晰、易于理解和维护。如果一个数据表负责多个实体或联系，可能会导致数据冗余、数据异常和操作复杂化。

2) 数据表命名规范

良好的命名规范可以提高代码的可读性和可维护性。在设计数据表时，应遵循以下命名规范。

- 使用有意义的表名：表名应具有描述性，能够清晰地表达表的内容。
- 使用小写字母和下画线：表名应使用小写字母和下画线，以增加可读性和一致性。
- 避免使用保留字：表名不应使用 MySQL 的保留字，以免引起冲突和错误。

3) 数据字段设计

在设计字段时，需要遵循一些重要的原则，以确保数据库的性能、可靠性和可维护性。以下是重要的字段设计原则：

- 使用合适的数据类型：选择适当的数据类型可以有效减小数据存储空间、提高查询性能，并确保数据完整性。例如，使用整数类型存储整数值，使用字符串类型存储文本。

- 使用适当的字段长度：字段长度应根据实际需求进行设置。过长的字段会浪费存储空间，而过短的字段可能导致数据被截断。
- 避免使用保留字段名：避免使用 MySQL 的保留字作为字段名称，以防引起冲突和错误。
- 使用合适的主键：每个数据表都应有一个主键，用于唯一标识表中的每一行数据。主键可以是单个字段，也可以是多个字段的组合。
- 添加索引以提高查询性能：对于经常被用于查询的字段，可以添加索引以加快查询速度。但过多的索引会增加写入操作的开销。

4) 规范化和反规范化

数据库的规范化是指将数据表拆分成多个关联的数据表，以消除数据冗余。规范化可以提高数据的一致性和可维护性。然而，过度规范化可能会导致查询复杂化和性能下降。因此，在设计数据表时，需要根据实际需求权衡规范化和反规范化的利弊。

5) 完整性约束

在设计数据表时，应添加适当的完整性约束以确保数据的正确性和完整性。常用的完整性约束包括：主键约束、外键约束、唯一约束和非空约束。

- 主键约束：确保主键字段的唯一性和非空性。
- 外键约束：确保外键字段的引用完整性，即外键字段的值必须是引用表中主键字段的有效值。
- 唯一约束：确保字段的唯一性，即字段的值在表中是唯一的。
- 非空约束：确保字段的非空性，即字段的值不能为 NULL。

6) 性能优化

性能是数据库设计的重要考虑因素。在设计数据表时，应考虑以下性能优化原则。

- 避免过度规范化：过度规范化会增加表之间的关联和查询的复杂度，降低性能。根据具体查询场景，可以适当反规范化以提高查询性能。
- 合理使用索引：为常用的查询字段添加索引可以提高查询速度。然而，过多的索引会增加写入操作的开销。因此，应根据查询需求和写入频率合理选择索引。
- 避免全表查询：尽量避免全表查询，可以通过合适的索引和分页查询来提高查询性能。
- 合理分区：对于大型数据表，可以考虑使用分区来提高查询性能和维护性。

在设计数据表时，遵循上述原则可以提高数据库的性能、可维护性和扩展性。良好的数据表设计不仅可以减少数据冗余，还可以提高查询性能，并减少开发和维护工作量。通过合理应用规范化和反规范化、添加完整性约束以及进行性能优化，可以设计出高效、稳定且易于维护的 MySQL 数据表结构。

2. 创建数据表的步骤

创建数据表的具体步骤如下。

(1) 确定表名和字段：确定数据表的名称以及表中需要包含的字段。

(2) 选择数据库：在创建表之前，选择一个数据库，以便在其中创建新表。

(3) 编写创建表的 SQL 语句：使用 CREATE TABLE 语句定义表的结构，包括字段名、字段类型以及相关约束。

(4) 执行 SQL 语句：在数据库管理系统中执行上述 SQL 语句，以完成表的创建过程。

(5) 验证表结构：使用 SHOW CREATE TABLE 语句来检查已创建表的结构，以确保其符合预期。

在实际操作中，可能还需要根据具体需求添加更多的字段、设置字段的约束条件(如非空、唯一性等)，以及创建索引来优化查询性能。

4.2.2 创建数据表

创建数据表的过程包括规定数据列的属性和实施关系完整性约束(包括实体完整性、引用完整性和域完整性)。以下是创建 MySQL 数据表的 SQL 语句结构：

```
CREATE TABLE table_name (
    column1 DATATYPE CONSTRAINT,
    column2 DATATYPE CONSTRAINT,
    ...
);
```

参数说明：

- CREATE TABLE 是 SQL 命令，用于创建新表。
- table_name 是要创建的表的名称。
- column1 和 column2 是表中列的名称。
- DATATYPE 是列的数据类型。
- CONSTRAINT 是约束条件，用于定义对列中数据的限制，常见的约束如下。
    - ◆ PRIMARY KEY：定义主键，确保列中的数据唯一且非空。
    - ◆ FOREIGN KEY：定义外键，用于与其他表建立关系。
    - ◆ NOT NULL：确保列必须有值，不能为 NULL。
    - ◆ UNIQUE：确保列中的值唯一。
    - ◆ DEFAULT：指定列的默认值。
    - ◆ AUTO_INCREMENT：自动递增列的值，通常用于主键。
    - ◆ CHECK：对列中的值进行条件约束。

【例 4-1】建立一个学生表 student，它由学号(Sno)、姓名(Sname)、性别(Ssex)、出生年月(Sbirth)、专业号(Zno)、所在班(Sclass)组成。其中学号为主键，姓名为非空字段，性别的默认值为“男”。

SQL 语句如下：

```
CREATE TABLE student (
   Sno VARCHAR(10) NOT NULL,
   Sname VARCHAR(20) NOT NULL,
   Ssex CHAR(2) DEFAULT '男',
   Sbirth DATE,
   Zno VARCHAR(4),
   Sclass VARCHAR(10),
   PRIMARY KEY (Sno)
);
```

【例 4-2】建立课程表 course。其中课程号 Cno 是主键，课程名不能为空。

SQL 语句如下：

```
CREATE TABLE course(
  Cno VARCHAR(8) NOT NULL,
  Cname VARCHAR(50) NOT NULL,
  Ccredit INT(11),
  Cdept VARCHAR(20),
  PRIMARY KEY (Cno)
);
```

【例 4-3】建立专业表 specialty。其中专业号 Cno 是主键，专业名不能为空。

SQL 语句如下：

```
CREATE TABLE specialty (
  Zno VARCHAR(4) NOT NULL,
  Zname VARCHAR(50) NOT NULL,
  PRIMARY KEY(Zno)
);
```

【例 4-4】建立选课表 sc。其中主键是(Sno,Cno)，外键 Sno 参照学生表中的主键，外键 Cno 参照课程表中的主键 Cno。

SQL 语句如下：

```
CREATE TABLE sc(
  Sno VARCHAR(10) NOT NULL,
  Cno VARCHAR(8) NOT NULL,
  Grade INT(11) NOT NULL,
  PRIMARY KEY (Sno, Cno),
  CONSTRAINT fCno FOREIGN KEY (Cno) REFERENCES course(Cno),
  CONSTRAINT fSno FOREIGN KEY (Sno) REFERENCES student(Sno)
);
```

或者

```
CREATE TABLE sc(
  Sno VARCHAR(10) NOT NULL REFERENCES student(Sno),
  Cno VARCHAR(8) NOT NULL REFERENCES course(Cno),
  Grade INT(11) NOT NULL,
  PRIMARY KEY (Sno, Cno)
);
```

4.2.3　查看数据表信息

1. 查看数据库中所有表的信息

使用 SHOW TABLES 命令可以列出当前数据库中的所有表，每个表名占一行。

【例 4-5】查看 student 数据库中所有表的信息。

SQL 语句如下：

```
SHOW TABLES;
```

2. 查看表结构

查看表结构可以通过 DESCRIBE 或 EDSC 语句查看表的列信息及其属性，使用 SHOW COLUMNS 语句显示表的列信息，或使用 SHOW CREATE TABLE 语句查看表的完整创建语句及其所有结构信息。

【例 4-6】 查看 jxxx 数据库中 student 表结构的详细信息。

SQL 语句如下：

```
DESC student;
```

或者

```
SHOW COLUMNS FROM student;
```

或者

```
SHOW CREATE TABLE student;
```

4.2.4 修改数据表

当数据库中的表创建完成后，用户在使用过程中可能需要根据实际需求更改变表中原先定义的许多选项，如对表的结构、约束和字段属性进行修改。表的修改与表的创建一样，可以通过 SQL 语句来实现。用户可进行的修改操作包括更改表名、增加字段、删除字段，以及修改已有字段的属性(如字段名、字段数据类型、字段长度、精度、小数位数，是否允许为空等)。

ALTER TABLE 语句用于修改表结构，其语法格式如下：

```
ALTER TABLE table_name
[alter_action options], ...;
```

参数说明：

其中 alter_action 是一个修改动作。

(1) ADD 关键字可用来添加列、索引、约束等。

- ADD [COLUMN]：添加列。
- ADD INDEX：添加索引。
- ADD PRIMARY KEY：添加主键。
- ADD FOREIGN KEY：添加外键。
- ADD UNIQUE INDEX：添加唯一索引。
- ADD CHECK：添加检查约束。

(2) DROP 关键字可用来删除列、索引、约束等。

- DROP [COLUMN] col_name：删除列。
- DROP INDEX index_name：删除索引。

- DROP PRIMARY KEY：删除主键。
- DROP FOREIGN KEY fk_name：删除外键。
- DROP CHECK check_name：删除检查约束。

(3) MODIFY 关键字用来修改列的定义。与 CHANGE 关键字不同，它不能重命名列。

MODIFY [COLUMN] col_name column_definition：修改字段属性。

(4) CHANGE 关键字用来修改列的定义。与 MODIFY 关键字不同，它可以重命名列。

CHANGE [COLUMN] old_col_name new_col_name column_definition。

(5) RENAME 关键字可以重命名列、索引和表。

- RENAME COLUMN old_col_name TO new_col_name：重命名列。
- RENAME INDEX old_index_name TO new_index_name：重命名索引。
- RENAME new_tbl_name：重命名表。

【例 4-7】在 student 表中增加入学时间(Scome)列，其数据类型为日期时间类型。

SQL 语句如下：

```
ALTER TABLE student
ADD Scome DATETIME;
```

不论表中原来是否已有数据，新增加的列一律为空值(不允许设为 NOT NULL)，且新增加的列位于表结构的结尾。

【例 4-8】将 student 表中 Scome 字段的数据类型修改为日期。

SQL 语句如下：

```
ALTER TABLE student
MODIFY Scome DATE;
```

【例 4-9】删除 student 表中的 Scome 字段。

SQL 语句如下：

```
ALTER TABLE student
DROP COLUMN Scome;
```

【例 4-10】将 student 表更名为 stu。

SQL 语句如下：

```
ALTER TABLE student
RENAME AS stu;
```

参数说明：

- 在添加列时，不需要带关键字 COLUMN；在删除列时，通常在字段名前要带上关键字 COLUMN。因为在默认情况下可能认为是删除约束。
- 在添加列时，需要带数据类型和长度；在删除列时，不需要带数据类型和长度，只需指定字段名。
- 如果在该列定义了约束，在修改时会进行限制，如果确实要修改该列，先必须删除该列上的约束，然后再进行修改。

- 如果将原表名更名为新表，原表名就不存在了。

4.2.5 删除数据表

在 MySQL 中，删除数据表使用 DROP TABLE 语句，其语法格式如下：

```
DROP TABLE [IF EXISTS] table_name;
```

其中 table_name 是需要删除的表的名称。

【例 4-11】删除 jxxx 数据库中的 stu 表。
SQL 语句如下：

```
DROP TABLE stu;
```

4.3 创建和管理索引

索引是一种数据库中用于提高数据检索速度的数据结构。索引的主要作用是加快数据库查询的速度。它通过对表中一列或多列的值进行排序，使数据库能够快速定位到满足条件的行，而不必扫描整张表。这就像书籍的目录一样，可以帮助读者快速找到想要阅读的内容，而不必逐页翻阅整本书。

4.3.1 索引概述

MySQL 官方对索引的定义为：索引是帮助 MySQL 高效获取数据的数据结构。在数据之外，数据库系统还维护着满足特定查找算法的数据结构，这些数据结构以某种方式引用数据，这样就可以在这些数据结构上实现高级查找算法，这种数据结构就是索引。

索引在数据库系统中扮演着至关重要的角色。通过索引，数据库可以快速过滤和定位到满足查询条件的行，从而显著减少需要处理的数据量。索引还可以帮助数据库更快地进行排序(ORDER BY)和分组(GROUP BY)操作，因为索引本身可以是有序的。某些类型的索引(如聚簇索引)可以支持高效的事务处理和行级锁定，这对于保持数据的一致性和完整性至关重要。

索引已经成为关系数据库中非常重要的部分。它们被用作包含所关心数据的表指针。通过一个索引，能从表中直接找到一个特定的记录，而不必连续顺序扫描整张表逐行查找。对于大的表，索引是必要的。没有索引，要想得到一个结果可能要等好几个小时、好几天，而不是几秒钟。

然而，索引并不是没有代价的。它们需要额外的存储空间来存放索引结构，并且在插入、更新和删除数据时，索引本身也需要被维护，这会产生一定的维护成本。因此，在设计数据库时，需要权衡索引带来的好处和维护成本，合理地选择和使用索引。

1. 索引的优点和缺点

索引的优点有以下几个。

(1) 提高查询效率。通过创建索引，可以快速定位数据，减少数据库的 I/O 操作，尤其是对于大型数据库，这种加速效果非常明显。

(2) 加速表与表之间的连接。在实现数据参考完整性方面特别有意义。

(3) 保证数据唯一性。通过创建唯一索引，可以确保数据库表中每一行数据的某个字段(如ID或邮箱)的唯一性。

(4) 减少排序和分组操作的时间。因为索引中的数据是排序的，所以在执行包含排序和分组操作的查询时，可以利用索引直接减少这些操作的成本，降低CPU资源的消耗。

索引的缺点有以下几个。

(1) 占用额外的物理空间。索引需要占用存储空间，随着表中数据的增加，索引的大小也会增长，需要更多的存储空间。

(2) 降低写入速度。在插入、更新和删除数据时，需要调整和维护索引，这可能会降低写入速度。

(3) 增加查询时间。如果索引使用不当，可能会增加查询时间，因为需要检查多个索引。

(4) 增加维护成本。创建和维护索引需要时间，特别是当数据量增加时，维护成本也会增加。

总的来说，虽然索引可以显著提高某些类型的数据库操作效率，但它同时也增加了存储空间的占用和维护的复杂性。因此，在创建和使用索引时需要权衡其优缺点。

2. 索引的分类

索引的类型和存储引擎有关，每种存储引擎所支持的索引类型不一定完全相同。MySQL中的索引可以从存储方式、逻辑角度和实际使用的角度来进行分类。根据索引的具体用途，MySQL中的索引在逻辑上分为以下几类。

(1) 普通索引：普通索引是MySQL中最基本的索引类型，它主要的任务是加快系统对数据的访问速度。普通索引允许在定义索引的列中插入重复值和空值。创建普通索引时，通常使用的关键字是INDEX。

(2) 唯一索引：唯一索引与普通索引类似，不同的是创建唯一性索引的目的不是为了提高访问速度，而是为了避免数据出现重复。唯一索引列的值必须唯一，允许有空值。如果是组合索引，则列值的组合必须唯一。创建唯一索引通常使用UNIQUE关键字。

(3) 主键索引：主键索引是专门为主键字段创建的索引，属于一种特殊的唯一索引。主键索引不允许值重复或者值为空。创建主键索引通常使用 PRIMARY KEY 关键字。不能使用CREATE INDEX语句创建主键索引。

(4) 全文索引：全文索引主要用来查找文本中的关键字，可以在CHAR、VARCHAR或TEXT类型的列上创建。创建全文索引使用FULLTEXT关键字。在MySQL中只有MyISAM存储引擎支持全文索引。全文索引允许在索引列中插入重复值和空值。对于大容量的数据表，生成全文索引非常消耗时间和硬盘空间(因为其占用很大的物理空间和降低了记录修改性，因此较为少用)。

(5) 空间索引：空间索引用于空间数据类型的字段，使用SPATIAL关键字进行创建。创建空间索引的列必须将其声明为NOT NULL，并且空间索引只能在存储引擎为MyISAM的表中创建。空间索引主要用于地理空间数据类型 GEOMETRY。对于初学者来说，这类索引很少会用到。

索引在逻辑上分为以上5类，但在实际使用中，索引通常被创建为单列索引和组合索引。

(1) 单列索引：单列索引是指索引只包含原表的一个列。在表中的单个字段上创建索引即为单列索引。单列索引可以是普通索引、唯一索引或全文索引。只要该索引只涉及一个字段即可。

(2) 组合索引：组合索引也称为复合索引或多列索引。相对于单列索引来说，组合索引是将原表的多个列共同组成一个索引。多列索引是在表的多个字段上创建一个索引。该索引指向创建时对应的多个字段，可以通过这几个字段进行查询。只有在查询条件中使用了这些字段的最左边字段(或字段组合)时，索引才会被使用。例如，为id、name和age这3个字段创建组合索引时，索引行按id/name/age的顺序存放。这个索引可以用于以下字段组合的查询：(id，name，age)、(id，name)或(id)。如果查询条件中的字段不构成索引的最左前缀，那么索引将不会被使用。例如，age或者(name, age)组合时，索引不会被使用。

3. 创建索引需要考虑的因素

一般情况，可以选择对查询性能有积极影响的列进行索引创建。选择索引列时应考虑以下因素。

(1) 列的选择性：选择性是指列中不同值的数量与总行数的比例。如果某列具有较高的选择性(即不同的值较多)，那么为该列创建索引可能会有更好的效果。例如，在表示性别的列上创建索引可能没有太大的帮助，因为性别只有两个可能的值，选择性低。

(2) 查询频率：如果某个列经常用于搜索、过滤或连接操作，那么为该列创建索引可以提高查询性能。

(3) 数据表的大小：对于大型表，创建索引的影响可能更加显著，因为全表扫描的开销相对较大。对于较小的表不需要太多的索引，因为全表扫描的开销相对较小。

(4) 数据更新频率：索引的创建和维护会增加写操作的开销。如果某个列的数据经常发生变化，那么为该列创建索引可能会带来额外的性能开销。

(5) 查询性能优化需求：通过分析查询执行计划，可以确定是否存在潜在的性能瓶颈。利用执行计划可以发现哪些查询受索引影响，并考虑为相关列创建索引以改善查询性能。

过多的索引可能会带来维护开销和存储成本，因此需要在索引数量和性能提升之间找到平衡点。定期监控和评估索引的使用情况是非常重要的。定期检查索引的使用情况可以确保索引对数据库性能产生积极影响。

4. 不适合创建索引的情况

虽然在某些情况下创建索引可以提高查询性能，但并不是所有列都适合创建索引。以下是一些不适合创建索引的情况。

(1) 低选择性列：如果某个列的选择性很低，即该列的不同值较少，创建索引可能不会带来明显的性能提升。例如，性别这样的列只有几个可能的值，选择性很低。在这种情况下，创建索引可能不会有太大的实际意义。

(2) 经常更新的列：如果某个列的值经常被修改，那么为该列创建索引可能会带来额外的维护成本和性能开销。每次对数据的更新操作都需要更新相关的索引，这可能会影响写入性能。在这种情况下，需要仔细评估是否真的需要为该列创建索引。

(3) 存储大文本或大二进制数据的列：对于存储大文本或大二进制数据的列(如长文本字段或图像字段)创建索引的效果通常较差。这是因为索引本身需要占用额外的存储空间，并且对于大型数据的索引操作可能变得非常耗时。

(4) 不常用的列：为很少用于查询的列创建索引可能没有太大的实际意义。如果一个列很少用于查询条件或连接操作，那么为其创建索引可能只会增加额外的存储和维护开销，而不带来实际的性能提升。

需要注意的是，以上列举的情况只是一般性的指导原则。具体是否适合创建索引还需根据具体的数据库结构、查询模式和性能需求来综合评估。在设计和创建索引时，应结合实际情况进行详细评估，并通过性能测试和优化以确保索引的有效性。

4.3.2　索引的定义与管理

1. 普通索引

普通索引是数据库中最基本的索引类型，它允许在索引列中存在重复值。普通索引的主要特点是它不强制要求索引列的值具有唯一性，这与唯一索引不同。普通索引的主要作用是加快数据的查询速度，尤其是在大型数据库中，普通索引可以显著减少检索数据所需的时间。

在 MySQL 中，创建普通索引的语法格式如下：

```
CREATE INDEX index_name ON table_name (column_name);
```

参数说明：

- CREATE INDEX：创建普通索引的关键词。
- index_name：为索引指定的名称。这是一个可选参数，如果不指定，MySQL 会自动生成一个名称。
- table_name：想要创建索引的表的名称。
- column_name：想要创建索引的列的名称。可以是一列或多列。如果是多列，可以用逗号分隔。

注意：

虽然普通索引允许在索引列中存在重复值，但在设计数据库和选择索引类型时，应考虑到数据的特性和查询需求，以确定是否需要使用普通索引、唯一索引或其他类型的索引。

【例 4-12】创建一个 student1 表，包含 int 型的 Sid 字段、varchar(20)类型的 Sname 字段和 int 型的 Sage 字段。在表的 Sname 字段的前 10 个字符上建立普通索引。

SQL 语句如下：

```
CREATE TABLE student1(
    Sid INT NOT NULL PRIMARY KEY,
    Sname VARCHAR (20),
    Sage INT,
    INDEX name_index (Sname (10))
);
```

【例 4-13】使用 CREATE INDEX 命令为 student1 表的 Sage 字段添加普通索引。

SQL 语句如下：

```
CREATE INDEX Sage_index
ON student1(Sage);
```

2. 唯一索引

唯一索引是数据库中的一种索引类型，它要求索引列中的每个值都是唯一的。唯一索引的主要特点是强制添加了唯一索引的数据列的值要保持唯一性，即使是组合唯一索引，也要求组合键的值是唯一的。这意味着任何尝试插入重复值的操作都会被数据库拒绝。以下是唯一索引的一些关键点。

- 确保数据唯一性：唯一索引不仅提高了查询效率，还保证了数据的唯一性，这对于某些业务场景至关重要，例如用户 ID、身份证号等。
- 避免数据冗余：通过强制唯一性，唯一索引有助于避免数据冗余，保持数据的整洁和一致性。
- 复合唯一索引：可以创建跨多个列的唯一索引，这种索引要求组合列的值整体唯一，而不是单个列值的唯一。
- 支持快速查找：与普通索引类似，唯一索引也支持快速查找操作，因为它提供了一种快速定位到特定行的方法。

注意：

应根据实际业务需求和数据特性来决定否使用唯一索引。如果业务逻辑要求某字段或字段组合的值必须是唯一的，那么可以使用唯一索引。

创建唯一索引的语法格式如下：

```
CREATE UNIQUE INDEX index_name ON table_name (column_name);
```

参数说明：

- CREATE UNIQUE INDEX：创建唯一索引的关键词是 UNIQUE INDEX。
- index_name：为唯一索引指定一个名称，以便在后续的管理和维护中引用。如果不指定，数据库系统会自动生成一个名称。
- ON table_name：指定唯一索引要创建在哪张表上。
- column_name：指定要创建唯一索引的列的名称。如果是组合唯一索引，可以列出多个列名，并用逗号隔开。

注意：

如果表中已经存在一个普通索引和一个唯一索引，并且它们是基于同一列的，那么数据库通常会优先使用唯一索引。

【例 4-14】创数据表 student1，在表中的 Sid 字段上建立名为 id_index 的唯一索引，以升序排列。

SQL 语句如下：

```
CREATE TABLE student1(
    Sid INT NOT NULL PRIMARY KEY,
    Sname VARCHAR (20),
    Sage INT,
    UNIQUE INDEX id_index (Sid ASC)
);
```

【例 4-15】使用 CREATE INDEX 命令在表 student1 的 Sname 字段上创建唯一索引。

SQL 语句如下：

```
CREATE UNIQUE INDEX name_index
ON student1(Sname);
```

3 全文索引

全文索引是一种优化文本数据检索的数据结构，它允许数据库系统快速查找包含特定词汇的文本字段。全文索引的核心优势在于其对文本数据的高效处理能力，尤其是在大量数据的情况下，全文索引的效率远高于传统的 LIKE 操作符。全文索引通过创建词索引来提高搜索效率，使得基于文本内容的查询变得更加迅速和准确。

创建全文索引的关键词是 FULLTEXT INDEX。

【例 4-16】创建表 student2，并指定 char(20)类型的字段 info 为全文索引。

SQL 语句如下：

```
CREATE TABLE student2(
    id INT NOT NULL PRIMARY KEY AUTO_INCREMENT,
    info CHAR (20),
    FULLTEXT INDEX info_index(info)
);
```

4 复合索引

复合索引也称为联合索引或多列索引，是建立在两个或更多列上的索引。复合索引的主要作用是优化涉及多个列的查询条件的性能。在使用复合索引时，需要遵循一些原则以确保索引的有效性。

(1) 最左匹配原则：查询条件必须包含复合索引的最左侧列，否则复合索引不会被完全利用。例如，如果有一个由列 A、B、C 组成的复合索引，查询条件必须包含列 A，才能使整个索引有效。

(2) 中间不可中断原则：在复合索引中，如果中间的某个列没有出现在查询条件中，那么该列之后的所有列也不会被用于过滤条件。具体来说，如果复合索引是(A,B,C)，而查询条件只包含了列 B 和列 C(而不包含列 A)，则该索引不会生效。

此外，复合索引的效率还受到查询条件中使用的逻辑连接符(AND 或 OR)的影响。通常，AND 连接的条件更容易利用索引，而 OR 连接的条件可能导致索引失效，因为它可能需要单独评估每个条件。

注意：

复合索引是一种强大的工具，可以显著提高特定类型查询的性能，但它们的使用需要仔细考虑查询模式和索引列的顺序。

【例 4-17】创建表 student3，并在 char(20)类型的 Sname 字段上和 int 类型的 Sage 字段上创建复合索引。

SQL 语句如下：

```
CREATE TABLE student3(
    Sid INT NOT NULL PRIMARY KEY,
    Sname CHAR(20),
    Sage INT,
    INDEX name_age_index(Sname, Sage)
);
```

4.3.3 查看索引

要查看 MySQL 数据库中的索引，可以使用 SHOW INDEX 语句。该语句提供了关于表中索引的详细信息，包括索引名称、索引类型、是否唯一、索引列等。

SHOW INDEX 语句的语法格式如下：

```
SHOW INDEX FROM table_name;
```

其中 table_name 是要查看索引的表的名称。

【例 4-18】查看 student1 表中索引的详细信息。

SQL 语句如下：

```
SHOW INDEX FROM student1;
```

4.3.4 删除索引

要删除 MySQL 数据库中的索引，可以使用 DROP INDEX 语句。该语句允许从表中删除指定的索引。

DROP INDEX 语句的语法格式如下：

```
ALTER TABLE table_name
DROP INDEX index_name;
```

其中 table_name 是要删除索引的表的名称，index_name 是要删除的索引的名称。

注意：

如果不确定要删除哪个索引，可以使用 SHOW INDEX 语句查看表中的所有索引，并根据需要选择要删除的索引。

【例 4-19】删除 student1 中的索引 name_index。

SQL 语句如下：

```
DROP INDEX name_index
ON student1;
```

4.4 关系完整性的实现

关系完整性是指数据在其整个生命周期中的准确性和一致性。由于各种原因，向数据库中输入数据时可能会发生输入无效或错误数据的情况。例如，如果录入一条学生成绩记录时课程信息尚未录入到数据库中，就会违反数据的一致性约束。

关系完整性是为了防止不符合语义规定的数据输入到数据库中而提出的。关系完整性可以通过各种技术和措施来保障，包括使用数据库约束(如主键、外键、唯一性约束等)、实施数据校验规则、采用加密技术以及进行定期的数据审计等。

关系完整性约束是一系列规则和条件，它们被设计用来确保数据库中的数据正确、一致和准确。关系完整性约束可以分为几种类型，每种类型都针对不同的关系完整性问题提供了解决方案：实体完整性，参照完整性，域完整性和用户定义完整性。这些约束在数据库管理系统(DBMS)中自动执行，当用户尝试插入、修改或删除数据时，数据库会自动检查这些操作是否违反了已定义的完整性约束。如果操作违反了约束，系统将拒绝执行该操作，从而保护关系完整性。

1 实体完整性

实体完整性确保每条记录在表中都是唯一的，通常通过主键约束来实现。主键是一个或多个字段的组合，它们能够唯一标识表中的每一行记录。主键约束可以通过以下几种方式实现。

(1) 在创建表的语句中直接指定主键，语法格式如下：

```
CREATE TABLE table_name (
    column1 DATATYPE,
    column2 DATATYPE,
    ...
    PRIMARY KEY (column_name)
);
```

其中 table_name 是要创建的表的名称，column1, column2, ...是表中的列名，DATATYPE 是每列的数据类型，column_name 是主键的列名。

(2) 在已有表中添加主键。如果表已经存在但尚未定义主键，可以使用 ALTER TABLE 语句来添加主键约束，语法格式如下：

```
ALTER TABLE table_name
ADD PRIMARY KEY (column_name);
```

(3) 在已有表中删除主键。如果需要删除表中的主键约束，可以使用 ALTER TABLE 语句，结合 DROP PRIMARY KEY 关键字来完成，语法格式如下：

```
ALTER TABLE table_name
DROP PRIMARY KEY;
```

(4) 在创建表时添加自动递增列(AUTO_INCREMENT)。在某些数据库系统中，可以设置主键的自增属性，这样每次插入新记录时，主键的值会自动递增。可以在创建表的同时指定自动递增主键，语法格式如下：

```
CREATE TABLE table_name (
    column1 DATATYPE,
    column2 DATATYPE,
    ...
    id INT AUTO_INCREMENT,
    PRIMARY KEY (id)
);
```

其中 table_name 是要创建的表的名称，column1, column2, ...是表中的列名，DATATYPE 是每列的数据类型，id 是作为主键的列名，AUTO_INCREMENT 为设置自增属性的关键字。

【例 4-20】创建一个与 student 表结构相同的表 student_new，以列的完整性约束方式定义主键。

SQL 语句如下：

```
CREATE TABLE student_new (
     Sid INT NOT NULL AUTO_INCREMENT,
     Sno VARCHAR (10) NOT NULL,
     Sname VARCHAR (20) NOT NULL,
     Ssex CHAR(2) DEFAULT '男',
     Sbirth DATE NULL,
     Zon VARCHAR (4) NULL,
     Sclass VARCHAR (10) NULL,
     PRIMARY KEY (Sid),
     UNIQUE (Sno)
);
```

2 参照完整性

参照完整性维护表之间的关系的一致性，通常通过外键约束来实现。外键是一个或多个字段的组合，它们指向另一张表的主键，确保了表之间关系的合法性。外键约束可以通过以下几种方式实现。

(1) 在创建表的语句中直接指定外键，语法格式如下：

```
CREATE TABLE table_name (
    column1 DATATYPE,
    column2 DATATYPE,
    ...
    FOREIGN KEY (column_name) REFERENCES referenced_table(referenced_column)
);
```

其中 table_name 是要创建的表的名称，column1, column2, ...是表中的列名，DATATYPE 是每列的数据类型，column_name 是作为外键的列名，referenced_table 是被引用的表的名称，referenced_column 是被引用的表中的主键列名。

(2) 如果表已经存在，但尚未定义外键，可以使用 ALTER TABLE 语句来添加外键约束，语法格式如下：

```
ALTER TABLE table_name
ADD FOREIGN KEY (column_name) REFERENCES referenced_table(referenced_column);
```

(3) 删除表中的外键约束，可以使用 ALTER TABLE 语句结合 DROP FOREIGN KEY 关键字，语法格式如下：

```
ALTER TABLE table_name
DROP FOREIGN KEY constraint_name;
```

其中 table_name 是要操作的表的名称，constraint_name 是要删除的外键约束的名称。

【例 4-21】 建立选课表，其主键是(Sno，Cno)，外键 Sno 参照学生表中的主键，外键 Cno 参照课程表中的主键。

SQL 语句如下：

```
CREATE TABLE sc (
    Sno VARCHAR (10) NOT NULL,
    Cno VARCHAR (8) NOT NULL,
    Grade INT (11) NOT NULL,
    PRIMARY KEY (Sno, Cno),
    CONSTRAINT fcno FOREIGN KEY (Cno) REFERENCES course (Cno),
    CONSTRAINT fsno FOREIGN KEY (Sno) REFERENCES student (Sno)
);
```

3 用户定义完整性

用户定义的完整性根据应用的具体业务规则来定义的完整性约束，比如某个字段的值必须在一个特定的范围内。用户定义完整性通常涉及以下几个方面。

(1) 非空约束：确保某列不允许空值，比如一个“邮箱”字段必须填写内容。

(2) 唯一约束：保证某列每条记录的值都是唯一的，例如学生 ID 或员工编号。

(3) 检查约束：对字段的取值范围进行限制，如学生成绩必须在 0 到 100 之间。

(4) 主键约束：确保表中记录的唯一性，并作为表的主要标识。

(5) 外键约束：用于维护不同表之间的关系完整性，确保数据的一致性和引用合法性。

添加检查(CHECK)约束的语法格式如下：

```
CREATE TABLE table_name (
    column1 DATATYPE CHECK (condition),
    column2 DATATYPE CHECK (condition),
    ...
);
```

如果表已经存在，可以使用 ALTER TABLE 语句添加检查约束：

```
ALTER TABLE table_name
ADD CONSTRAINT constraint_name CHECK (condition);
```

参数说明：

- table_name 是要创建或修改的表的名称。
- column1, column2, ...是表中的列名。
- DATATYPE 是每列的数据类型。
- condition 是要应用的条件，通常是一个返回布尔值(TRUE 或 FALSE)的表达式。
- constraint_name 是为检查约束定义的名称，这是一个可选参数，如果不指定名称，系统会自动生成一个。

【例 4-22】在 jxxx 数据库中创建一个名为 student4 的数据表，该表包含三个属性：学号(Sno)、姓名(Sname)和年龄(Sage)。其中，Sno 为主键，且要求 Sage 的值必须大于等于 18 且小于等于 22。

SQL 语句如下：

```
CREATE TABLE student4 (
    Sno VARCHAR (10) NOT NULL,
    Sname VARCHAR (20) NOT NULL,
    Sage INT CHECK (Sage >= 18 AND Sage <= 22),
    PRIMARY KEY (Sno)
);
```

【例 4-23】在 jxxx 数据库中创建一个名为 sc_test 的选修表，其结构与选修表 sc 的结构相同。要求表 Grade 字段的值大于 0 且小于等于 100。

SQL 语句如下：

```
CREATE TABLE sc_test (
    Sno VARCHAR (10) NOT NULL,
    Cno VARCHAR (8) NOT NULL,
    Grade INT CHECK (Grade > 0 AND Grade <= 100),
    PRIMARY KEY (Sno, Cno),
    CONSTRAINT fCno FOREIGN KEY (Cno) REFERENCES course (Cno),
    CONSTRAINT fSno FOREIGN KEY (Sno) REFERENCES student (Sno)
);
```

4.5 表数据操作

数据操纵语言(Data Manipulation Language，DML)是用于对数据库中的对象和数据进行操作的编程语句。通常，它是 SQL 语言之中的一个子集，以 INSERT、UPDATE、DELETE 三种指令为核心，分别代表插入、更新和删除数据。

1. 插入数据

创建表之后，数据库中仅创建了一个表结构，包括字段名、数据类型、约束条件等信息，但表内并没有实际存储数据。要在表内添加数据，需要使用 INSERT INTO 语句将数据插入到表中。

INSERT INTO 语句的语法格式如下：

```
INSERT INTO table_name (column1, column2, ...)
VALUES (value1, value2, ...);
```

2. 更新数据

修改表中的数据使用 UPDATE 语句，语法格式如下：

```
UPDATE table_name
SET column1 = value1, column2 = value2, ...
[WHERE condition];
```

注意：

在使用 UPDATE 语句时，如果没有使用 WHERE 子句，则对表中所有记录进行修改。

3. 删除数据

删除表中的数据使用 DELETE 语句，语法格式如下：

```
DELETE FROM table_name
[WHERE condition];
```

注意：

在使用 DELETE 语句时，如果没有使用 WHERE 子句，表中的所有记录将被删除。

在上面介绍的各种操作中 table_name 是要操作的表的名称，column1, column2, ...是表中列的名称，value1, value2, ...是要插入或更新的数据值，condition 是用于筛选数据的条件。通过使用这些基本的 SQL 语句，可以对 MySQL 数据库中的表数据进行各种操作。

【例 4-24】在 student 表中插入表 4-4 所示数据。

SQL 语句如下：

```
INSERT INTO student (Sno, Sname, Ssex, Sbirth, Zno, Sclass)
VALUES (20231042, '景文青', '女', '2005-01-08', 1002, '计算机 2301'),
   (20231043, '谢鑫', '男', '2005-02-14', 1002, '计算机 2301'),
   (20231156, '田润卓', '男', '2005-10-11', 1002, '计算机 2302'),
   ……;
```

或者

```
INSERT INTO student
VALUES(20231042, '景文青', '女','2005-01-08', 1002, '计算机 2301'),
          (200231043, '谢鑫', '男', '2005-02-14', 1002, '计算机 2301'),
          (20231156, '田润卓', '男', '2005-10-11', 1002, '计算机 2302'),
……;
```

本书中用到的 student 表数据如表 4-4 所示。

表 4-4　student 表数据

Cno	Sname	Ssex	Sbirth	Zno	Sclass
20231042	景文青	女	2005-01-08	1002	计算机 2301
20231043	谢鑫	男	2005-02-14	1002	计算机 2301
20231156	田润卓	男	2005-10-11	1002	计算机 2302
20231160	唐晓	男	2004-11-05	1002	计算机 2302
20231220	张敏	女	2004-09-02	1002	计算机 2302
20232123	王梅	女	2004-06-18	1409	网媒 2301
20232131	赵胤腾	男	2005-09-07	1409	网媒 2301
20232144	郭爽	女	2005-02-14	1409	网媒 2302
20232145	曹小娟	女	2004-12-14	1409	网媒 2302
20233133	王承飞	男	2004-10-06	1201	会计 2301
20233232	刘红梅	女	2005-06-12	1201	会计 2301
20234412	聂鹏飞	男	2004-08-25	1214	通信 2301
20234415	李东旭	男	2004-06-08	1214	通信 2301
20233214	李旺	男	2004-01-17	1201	会计 2301
20233221	王琦	男	2004-06-14	1201	会计 2301
20234425	刘子涵	女	2003-07-20	1214	通信 2302

本书中用到的 course 表数据如表 4-5 所示。

表 4-5　course 表数据

Cno	Cname	Ccredit	Cdept
11110140	信号与系统	3	电信系
11110470	通信原理	3	电信系
11110930	电子商务	2	管理系
11111260	客户关系管理	2	管理系
11140260	新闻学概述	2	传播系
18110140	新闻传播伦理与法规	3	传播系
18111850	广告学概论	3	传播系
18112820	网站设计与开发	2	计算机系
18130320	Internet 技术及应用	2	计算机系
18132220	数据库技术及应用	2	计算机系
18132370	Java 程序设计	2	计算机系
18132600	Linux 操作系统	3	计算机系
58130060	Python 程序设计	3	计算机系
58130540	C 语言程序设计	3	计算机系

本书中用到的 specialty 表数据如表 4-6 所示。

表 4-6　specialty 表数据

Zno	Zname
1102	计算机科学与技术
1201	会计学
1214	通信工程
1409	网络与新媒体

本书中用到的 sc 表数据如表 4-7 所示。

表 4-7　sc 表数据

Sno	Cno	Grade
20231042	18132370	95
20231043	18132600	70
20231156	18132220	96
20231160	18132220	90
20231220	18112820	88
20232123	18110140	73
20232131	18110140	77
20232144	11140260	60
20232145	18111850	75
20233214	11110930	86
20233221	11111260	75
20231042	11110140	84
20234415	11110140	55
20234425	11110470	NULL

【例 4-25】在 sc 表插入一条选课记录。

SQL 语句如下：

```
INSERT INTO sc(Sno, Cno)
VALUES(20232144,18132370);
```

【例 4-26】将“田润卓”从“计算机 2302”转到“通信 2301”。

SQL 语句如下：

```
UPDATE student
SET Sclass='通信 2001'
WHERE Sname ='田润卓';
```

【例 4-27】将所有课程的学分增加 1。

SQL 语句如下：

```
UPDATE course
SET Ccredit =Ccredit+1;
```

【例 4-28】将每个学生在选修课中的成绩提高五分。

SQL 语句如下：

```
UPDATE sc
SET Grade =Grade+5;
```

【例 4-29】删除名为“唐晓”的学生记录。

SQL 语句如下：

```
DELETE FROM student
WHERE Sname ='张晓';
```

【例 4-30】从 student 表中删除所有属于会计 2301 班的学生记录。

SQL 语句如下：

```
DELETE FROM student
WHERE Sclass ='会计 2301';
```

【例 4-31】清空 sc 表中的所有数据。

SQL 语句如下：

```
TRUNCATE TABLE sc;
```

注意：

使用 TRUNCATE TABLE 语句之前，应多次检查确认，以避免误操作导致不可逆的数据丢失。DELETE 语句支持带条件的删除，而 TRUNCATE 只能删除整张表的数据。

4.6 本章小结

掌握 MySQL 数据库中表的创建与管理是数据库管理员和开发人员必备的技能。通过学习本章内容，可以理解数据库表的基本概念，熟练进行表的创建和管理，精通表数据的操作，以及创建和管理索引。这些都是确保数据高效存储和查询的关键。同时，维护数据的完整性是保障信息真实可靠的基石。在学习和应用这些技术时，我们应注重保护个人和组织的数据安全，以科技力量促进社会和谐与进步。

4.7 本章习题

一、选择题

1. SQL 语言中用于创建新表的语句是(　　)。

A. CREATE TABLE　　B. ALTER TABLE
C. DROP TABLE　　D. SELECT

2. 若要在已存在的表中添加一个新列，应使用(　　)命令。

A. CREATE COLUMN　　B. ALTER TABLE
C. ADD COLUMN　　D. UPDATE

3. (　　)约束用于确保表中的每一行都具有唯一值。

A. PRIMARY KEY　　B. FOREIGN KEY
C. UNIQUE　　D. CHECK

4. 在 SQL 中，如果要在插入新记录时忽略某些列，并让数据库为这些列使用默认值，以下哪个语句是正确的？(　　)

A. INSERT INTO table_name (column1, column2) VALUES (value1);
B. INSERT INTO table_name (column1) VALUES (value1, value2);
C. INSERT INTO table_name (column1, column2) DEFAULT VALUES;
D. INSERT INTO table_name DEFAULT VALUES;

5. 如果需要删除一个已经存在的数据表，应该使用(　　)命令。

A. REMOVE TABLE　　B. DELETE TABLE
C. DROP TABLE　　D. CLEAN TABLE

6. 主键(Primary Key)的作用是(　　)。

A. 加快查询速度　　B. 确保实体完整性
C. 建立表之间的关系　　D. 限制数据类型

7. 如果需要在两张表之间建立关系，通常使用(　　)命令。

A. RELATE　　B. JOIN
C. REFERENCES　　D. FOREIGN KEY

8. 在数据库中，索引不能用来做什么？(　　)

A. 加快数据的检索速度　　B. 确保数据记录的唯一性
C. 加快排序或分组操作的速度　　D. 减少存储空间的使用

9. 在关系型数据库中，用于删除数据表中的一条或多条记录的命令是(　　)。

A. DELETED　　B. DELETE
C. DROP　　D. UPDATE

10. 在关系型数据库中，用于确保数据表中的每一行都具有唯一标识的约束是(　　)。

A. 主键约束(PRIMARY KEY)　　B. 外键约束(FOREIGN KEY)
C. 唯一约束(UNIQUE)　　D. 检查约束(CHECK)

二、填空题

1. 在 SQL 中，用于定义一个字段为主键的关键字是______。

2. 若要在创建表时设置某个字段的值不能为空，应在该字段后加上约束______。

3. 当需要修改表结构(比如添加或删除字段时)，应使用______ SQL 命令。

4. 在 SQL 中，若要删除整张表及其所有数据，应使用______命令。

5. 在 SQL 中，用于向现有表中插入新记录的命令是______。

6. 如果需要向表中插入一条新记录，但省略某些字段的值，希望让这些字段使用默认值或保持为空，应使用关键字______。

7. 当需要一次插入多条记录到表中时，各个记录之间通常用______分隔。

8. 在 SQL 中，用于创建索引以提高查询效率的命令是______。

9. 如果希望在创建表的同时为表中的某个字段创建索引，应使用关键字______。

10. 在关系型数据库中，用来确保一张表中的外键值必须对应另一张表的主键值的约束称为______。

三、综合题

1. 创建本章提到的 student(学生表)、course(课程表)、specialty(专业表)和 sc(选课表)，并建立表间关联关系(每张表输入不少于 3 条记录)。

2. 建立表 student1，该表包含以下属性：学号(Sno)、姓名(Sname)、性别(Ssex)、出生年月(Sbirth)和所在班级(Sclass)。其中学号为主键，姓名为非空字段，性别的默认值为“男”。

3. 在 student1 表中添加一个名为入学时间(Scome)的列，其数据类型为日期型。

4. 删除 student1 表中的入学时间(Scome)字段。

5. 显示 student1 表的结构。

6. 将所有课程的学分增加 1。

7. 删除“张晓”同学的记录。

8. 使用 CREATE INDEX 语句在表 student1 的 Sname 字段上创建唯一索引。

9. 查看 student1 表中索引的详细信息。

10. 删除 student1 表。

ꙮ 第5章 ꙮ

数据查询与视图管理

数据查询是数据库系统中最常用，也是最重要的功能之一，它允许用户根据特定的条件和需求，从数据库中提取相关的信息。在关系型数据库中，通常使用 SELECT 语句来实现数据查询。查询可以非常简单(比如检索一张表中的所有记录)，也可以非常复杂(比如涉及到多张表的联合查询、过滤和排序等操作)。视图是根据用户的需求定义的，从基本表导出的虚表。通过本章的学习，要求用户掌握单表查询，能够灵活运用单表查询和多表连接查询，并掌握分组与排序的方法，理解子查询和联合查询的使用规则，掌握视图的创建和管理。

5.1 SELECT 语句

SELECT 语句是 SQL 语言中使用最为频繁的语句，它能够满足各种复杂的数据检索需求。掌握 SELECT 语句的使用对于进行有效的数据分析和管理至关重要。

SELECT 语句的完整结构包含了多个可选和必需的组件，这些组件可以通过不同的组合来执行各种复杂的查询。SELECT 语句的完整结构如下：

```
SELECT [ALL | DISTINCT]
    [TOP (expression) [PERCENT]]
    [column_name(s)[…]]
    [*]
    [INTO new_table]
FROM table_name
    [JOIN ... ON ...]
    [WHERE CONDITION]
    [GROUP BY column_name(s)[…]]
    [HAVING CONDITION]
    [ORDER BY column_name(s)[ASC | DESC][…]];
```

参数说明：

- [ALL | DISTINCT]：指定是否返回所有匹配的行(ALL)或只返回不重复的行(DISTINCT)，ALL 是默认选项。
- TOP (expression) [PERCENT]]：限制返回的行数或百分比。
- [column_name(s)[…]]：指定要选择的列。可以使用*来选择所有列。

- [INTO new_table]：创建一个新表，并将查询结果插入其中。
- FROM table_name：指定要查询的表或视图。
- [JOIN ... ON ...]：用于结合其他表的数据。
- [WHERE CONDITION]：过滤结果集的条件。
- [GROUP BY column_name(s)[…]]：对结果集进行分组。
- [HAVING CONDITION]：过滤分组后的结果集。
- [ORDER BY column_name(s)[ASC | DESC][…]]：对结果集进行排序。

5.2 简单查询

简单查询是指只涉及一张表的查询，且不需要使用 JOIN 子句来结合其他表的数据。

1. 使用通配符查询所有字段

使用星号(*)通配符查询时，将返回所有列。

【例 5-1】查询全体学生的详细信息。

SQL 语句如下：

```
SELECT *
FROM student;
```

执行结果如图 5-1 所示。

询问 +
自动完成：[Tab]-> 下一个标签，[Ctrl+Space]-> 列出所有标签，[Ctrl+Enter]-> 列出匹配标签

```
1    SELECT *
2    FROM student;
```

1 结果　2 个配置文件　3 信息　4 表数据　5 信息

(只读)

Sno	Sname	Ssex	Sbirth	Zno	Sclass
20231042	景文青	女	2005-01-08	1002	计算机2301
20231043	谢鑫	男	2005-02-14	1002	计算机2301
20231156	田润卓	男	2005-10-11	1002	计算机2302
20231160	唐晓	男	2004-11-05	1002	计算机2302
20231220	张敏	女	2004-09-02	1002	计算机2302
20232123	王梅	女	2004-06-18	1409	网媒2301
20232131	赵胤腾	男	2005-09-07	1409	网媒2301
20232144	郭爽	女	2005-02-14	1409	网媒2302
20232145	曹小娟	女	2004-12-14	1409	网媒2302
20233133	王承飞	男	2004-10-06	1201	会计2301
20233214	李旺	男	2004-01-17	1201	会计2301
20233221	王琦	男	2004-06-14	1201	会计2301
20233232	刘红梅	女	2005-06-12	1201	会计2301
20234412	聂鹏飞	男	2004-08-25	1214	通信2301
20234415	李东旭	男	2004-06-08	1214	通信2301
20234425	刘子涵	女	2003-07-20	1214	通信2302

图 5-1　查询全体学生的详细信息

一般情况下，除非需要使用表中所有的字段数据，最好不要使用星号(*)通配符。虽然使用星号(*)通配符可以节省输入查询语句的时间，但获取不需要的列数据通常会降低查询效率和应用程序的性能。使用星号(*)通配符的优点是，当不知道所需列的名称时，可以通过它一次性获取所有列的数据。

2. 查询指定字段

使用 SELECT 语句，可以获取多个字段下的数据，只需要在关键字 SELECT 后面指定要查询的字段的名称，不同字段名称之间用逗号(,)分隔(最后一个字段后面不需要加逗号)。

【例 5-2】查询全体学生的学号与姓名。

SQL 语句如下：

```
SELECT Sno, Sname
FROM student;
```

执行结果如图 5-2 所示。

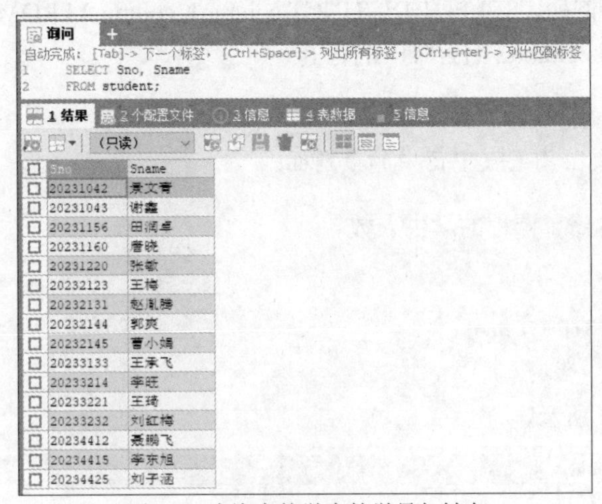

Sno	Sname
20231042	景文青
20231043	谢鑫
20231156	田润卓
20231160	詹晓
20231220	张敏
20232123	王梅
20232131	赵胤腾
20232144	郭爽
20232145	曹小娟
20233133	王承飞
20233214	李旺
20233221	王琦
20233232	刘红梅
20234412	聂鹏飞
20234415	李东旭
20234425	刘子涵

图 5-2　查询全体学生的学号与姓名

【例 5-3】查询全体学生的姓名、学号和班级。

SQL 语句如下：

```
SELECT Sname, Sno, Sclass
FROM student;
```

执行结果如图 5-3 所示。

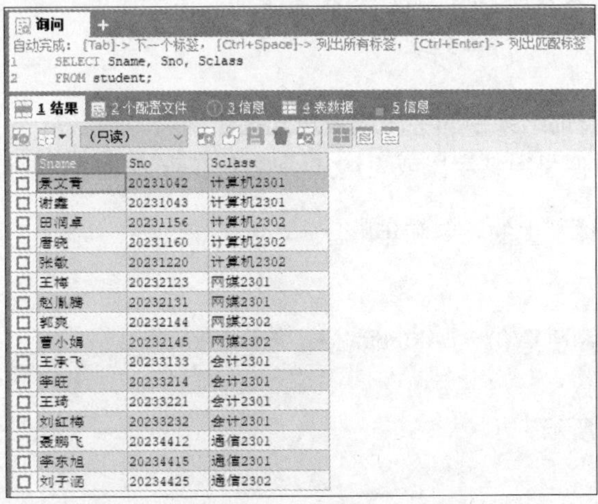

Sname	Sno	Sclass
景文青	20231042	计算机2301
谢鑫	20231043	计算机2301
田润卓	20231156	计算机2302
詹晓	20231160	计算机2302
张敏	20231220	计算机2302
王梅	20232123	网媒2301
赵胤腾	20232131	网媒2301
郭爽	20232144	网媒2302
曹小娟	20232145	网媒2302
王承飞	20233133	会计2301
李旺	20233214	会计2301
王琦	20233221	会计2301
刘红梅	20233232	会计2301
聂鹏飞	20234412	通信2301
李东旭	20234415	通信2301
刘子涵	20234425	通信2302

图 5-3　查询全体学生的姓名、学号和班级

3. 查询结果不重复

DISTINCT 关键字用于去除 SELECT 语句返回结果中的重复行。当执行一条查询语句时，可能会遇到结果集中包含重复数据的情况。为了获取唯一的记录，可以使用 DISTINCT 关键字来确保查询结果中的每行都是独一无二的。具体来说，DISTINCT 包括单列去重和多列去重。

- 单列去重：当使用 DISTINCT 对单个列进行去重时，它会返回该列中所有不重复的值。例如，SELECT DISTINCT column_name FROM table_name;将返回 column_name 列中的所有唯一值。
- 多列去重：如果想要根据多个列的组合来去重，可以在 DISTINCT 后面列出所有需要去重的列名。例如，SELECT DISTINCT column1, column2 FROM table_name;将返回所有 column1 和 column2 组合唯一的行。

注意：

DISTINCT 必须放在 SELECT 语句的最前面。

【例 5-4】查询选修了课程的学生人数。

SQL 语句如下：

```
SELECT COUNT(DISTINCT Sno)
FROM sc;
```

执行结果如图 5-4 所示。

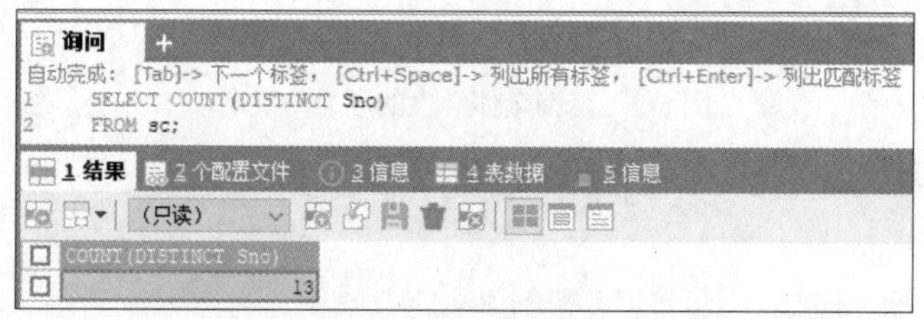

图 5-4　查询选修了课程的学生人数

注意：

本书后面的章节中会介绍 COUNT( )聚合函数。

4. 为字段取别名

AS 关键字用于为查询结果中的字段或表达式指定别名。别名是一个临时的、可自定义的名称，用于在查询时方便引用某字段或表达式(别名只在查询期间有效)。

【例 5-5】查询全体学生的姓名和年龄。

SQL 语句如下：

```
SELECT Sname, YEAR(NOW())-YEAR(Sbirth) AS '年龄'
FROM student;
```

执行结果如图 5-5 所示。

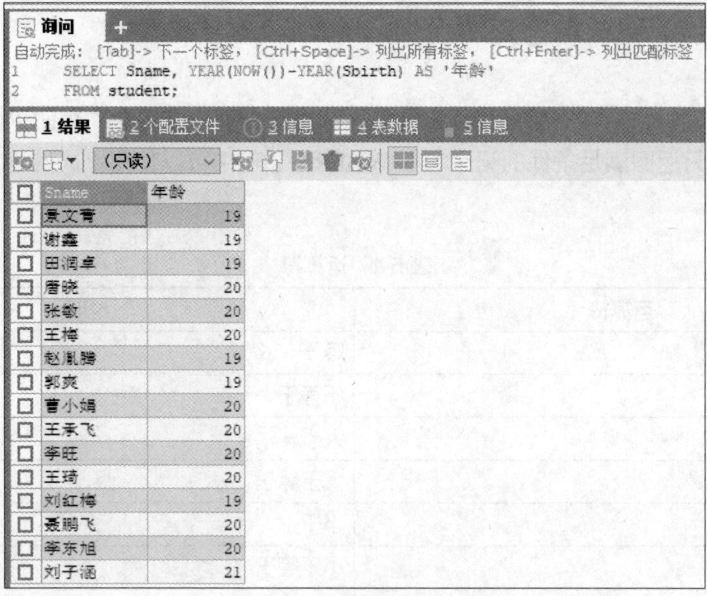

Sname	年龄
景文青	19
谢鑫	19
田润卓	19
唐晓	20
张敏	20
王梅	20
赵胤腾	19
郭爽	19
曹小娟	20
王承飞	20
李旺	20
王琦	20
刘红梅	19
聂鹏飞	20
李东旭	20
刘子涵	21

图 5-5　查询全体学生的姓名和年龄

5. 使用 YEAR 函数

YEAR( )函数的功能是返回一个日期参数对应的年份。

【例 5-6】查询全体学生的姓名和出生年份。

SQL 语句如下：

```
SELECT Sname AS 学生姓名, YEAR(Sbirth) AS 出生年份
FROM student;
```

执行结果如图 5-6 所示。

学生姓名	出生年份
景文青	2005
谢鑫	2005
田润卓	2005
唐晓	2004
张敏	2004
王梅	2004
赵胤腾	2005
郭爽	2005
曹小娟	2004
王承飞	2004
李旺	2004
王琦	2004
刘红梅	2005
聂鹏飞	2004
李东旭	2004
刘子涵	2003

图 5-6　查询全体学生的姓名和出生年份

6. 查询满足条件的记录

1) 运算符

进行数据查询时，通常需要根据特定条件筛选出符合要求的记录。WHERE 子句的作用是设定筛选条件，只返回满足条件的记录。在 WHERE 子句中可以使用不同的运算符。运算符如表 5-1 所示。

表 5-1　运算符

运算符	说明
=	等于
<> 或 !=	不等于
>	大于
>=	大于等于
<	小于
<=	小于等于
<=>	安全等于

【例 5-7】 查询“计算机 2301”班的学生名单。

SQL 语句如下：

```
SELECT Sname
FROM student
WHERE Sclass='计算机 2301';
```

执行结果如图 5-7 所示。

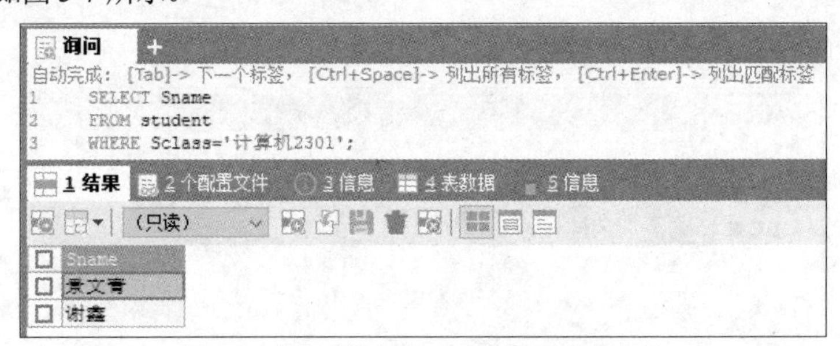

图 5-7　查询“计算机 2301”班的学生名单

【例 5-8】 查询 2004 年以前出生的学生姓名和出生日期。

SQL 语句如下：

```
SELECT Sname, Sbirth
FROM student
WHERE Sbirth<'2004-01-01';
```

执行结果如图 5-8 所示。

图 5-8　查询 2004 年以前出生的学生姓名和出生日期

【例 5-9】查询成绩不及格的学生学号。

SQL 语句如下：

```
SELECT DISTINCT Sno
FROM sc
WHERE Grade <60;
```

执行结果如图 5-9 所示。

图 5-9　查询有不及格成绩的学生学号

2) 逻辑连接符

在 WHERE 子中，可以使用逻辑连接符来组合多个条件，以实现更复杂的条件设定。逻辑连接符有四种，分别是 NOT、AND、OR 和 XOR。其中，NOT 表示对条件的否定；AND 用于连接两个条件，当两个条件都满足时返回 TRUE，否则返回 FALSE；OR 用于连接两个条件，只要有一个条件满足时就返回 TRUE；XOR 用于连接两个条件，只有一个条件满足时才返回 TRUE，当两个条件都满足或都不满足时返回 FALSE。逻辑连接符如表 5-2 所示。

表 5-2　逻辑连接符

逻辑连接符	描述
NOT	非
AND	并且
OR	或者
XOR	异或

【例 5-10】查询“计算机 2302”班的男生的姓名和学号。

SQL 语句如下：

```
SELECT Sname, Sno
FROM student
WHERE Sclass ='计算机 2302' AND Ssex= '男';
```

执行结果如图 5-10 所示。

图 5-10　查询“计算机 2302”班男生的姓名和学号

7. 带 BETWEEN AND 的范围查询

BETWEEN AND 用于在给定的范围内筛选结果集，它允许选择在某个最小值和最大值之间的数据行。要选取不在指定范围内的行，可以使用 NOT BETWEEN AND。

注意：

BETWEEN AND 是包括边界值的；NOT BETWEEN AND 是不包括边界值的。

【例 5-11】 查询在出生日期在“2003-01-01”和“2004-12-31”之间学生的姓名、班级和出生日期。

SQL 语句如下：

```
SELECT Sname, Sclass, Sbirth
FROM student
WHERE Sbirth BETWEEN '2003-01-01' AND '2004-12-31';
```

执行结果如图 5-11 所示。

询问
自动完成：[Tab]-> 下一个标签，[Ctrl+Space]-> 列出所有标签，[Ctrl+Enter]-> 列出匹配标签

```
1 SELECT Sname, Sclass, Sbirth
2 FROM student
3 WHERE Sbirth BETWEEN '2003-01-01' AND '2004-12-31';
```

1 结果　2 个配置文件　3 信息　4 表数据　5 信息

(只读)

Sname	Sclass	Sbirth
唐晓	计算机2302	2004-11-05
张敏	计算机2302	2004-09-02
王梅	网媒2301	2004-06-18
曹小娟	网媒2302	2004-12-14
王承飞	会计2301	2004-10-06
李旺	会计2301	2004-01-17
王琦	会计2301	2004-06-14
聂鹏飞	通信2301	2004-08-25
李东旭	通信2301	2004-06-08
刘子涵	通信2302	2003-07-20

图 5-11　查询在出生日期在指定范围内的学生信息

8. 带 IN 关键字的查询

IN 关键字用于指定多个值的列表，并在查询中筛选出与列表中任意一个值匹配的行。IN 关键字提供了一种简洁的方式来编写多个 OR 条件的查询，使得 SQL 查询更加易读和易于管理。此外，IN 关键字也可以与子查询结合使用，以根据另一个查询的结果来筛选行。相对的，NOT IN 关键字用于筛选出不在给定值列表中的行。

【例 5-12】查询“计算机 2301”和“通信 2301”班学生的姓名和性别。

SQL 语句如下：

```
SELECT Sname, Ssex
FROM student
WHERE Sclass IN (
    '计算机 2301', '通信 2301'
);
```

执行结果如图 5-12 所示。

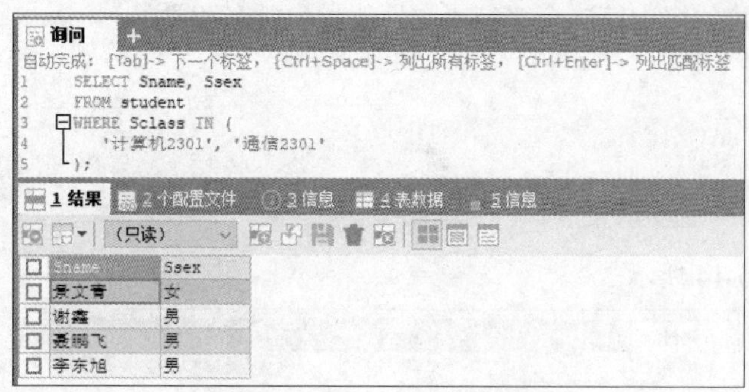

图 5-12　带 IN 关键字的查询

9. 模式匹配

1) 带 LIKE 的字符匹配查询

在前面的检索操作中讲述了如何查询多个字段的记录，如何进行比较查询，或者查询一个条件范围内的记录。如果要查找所有姓“王”的学生的信息，该如何查找呢？简单的比较操作在这里已经行不通了，需要使用通配符进行匹配查找，通过创建查找模式对表中的数据进行比较。执行这个任务的关键字是 LIKE。

LIKE 关键字用于筛选出符合指定模式的行，而 NOT LIKE 则是用于筛选出不符合指定模式的行。LIKE 关键字通常与通配符一起使用。常用的通配符有百分号(%)和下划线(_)。

- %：匹配任意长度字符的字符串。
- _：匹配任意单个字符。

【例 5-13】查询所有姓“王”的学生姓名和学号。

SQL 语句如下：

```
SELECT Sname, Sno
FROM student
WHERE Sname LIKE '王%';
```

执行结果如图 5-13 所示。

例 5-13 的语句查询的结果返回所有以“王”开头的学生姓名和学号，百分号(%)告诉 MySQL 返回所有姓名列以“王”开头的记录。

下划线通配符(_)和百分号(%)通配符用法相似，区别是百分号(%)可以匹配多个字符，而下划线(_)只能匹配任意单个字符。

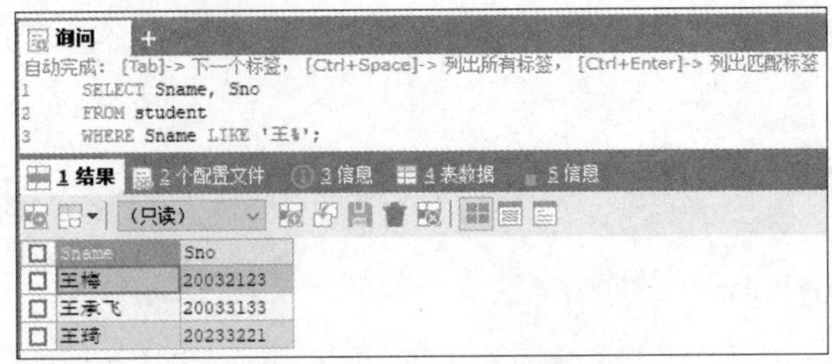

图 5-13　查询所有姓“王”的学生姓名和学号

【例 5-14】查询姓名中第二个字是“文”的学生姓名和学号。

SQL 语句如下：

```
SELECT Sname, Sno
FROM student
WHERE Sname LIKE '_文%';
```

执行结果如图 5-14 所示。

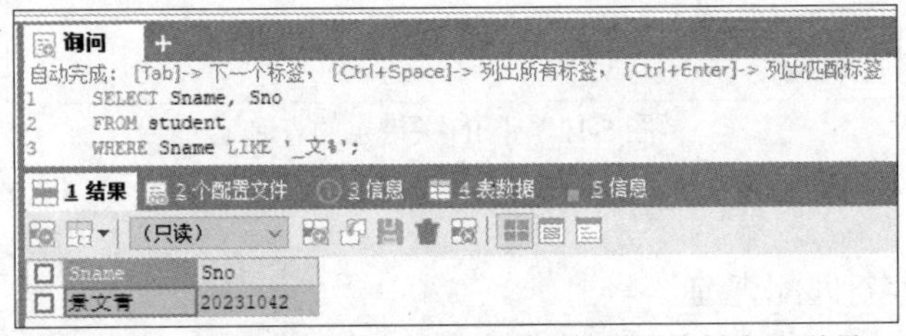

图 5-14　查询姓名中第二个字是“文”的学生姓名和学号

【例 5-15】查询不姓“王”的学生姓名和学号。

SQL 语句如下：

```
SELECT Sname, Sno
FROM student
WHERE Sname NOT LIKE '王%';
```

执行结果如图 5-15 所示。

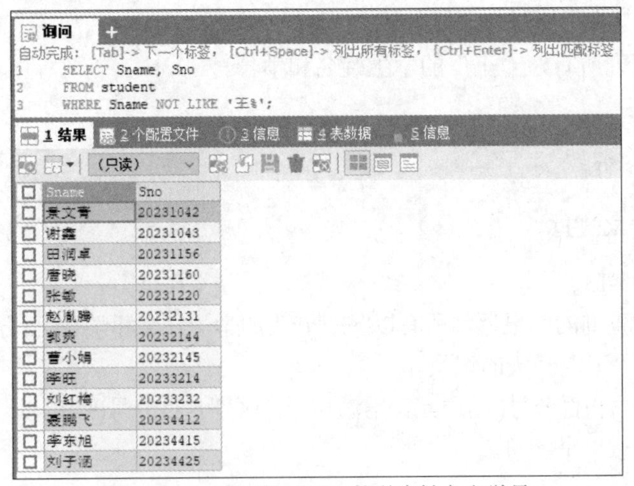

图 5-15　查询不姓“王”的学生姓名和学号

2) REGEXP 运算符

MySQL 内置了 REGEXP 关键字，提供了强大的正则表达式功能，可以更加灵活和高效地进行数据匹配和处理。默认情况下，REGEXP 是不区分大小写的。如果需要进行区分大小写的匹配，可以使用 REGEXP BINARY。

在 MySQL 中，支持一些常见的正则表达式元字符，具体如下。

- .：匹配任意单个字符。
- ^：匹配字符串的开头。
- $：匹配字符串的结尾。
- *：匹配前一个字符零次或多次。
- +：匹配前一个字符一次或多次。
- ?：匹配前一个字符零次或一次。
- []：匹配括号内的任意一个字符。
- [^]：匹配不在括号内的任意一个字符。

【例 5-16】查询所有姓“王”的学生姓名和学号。

SQL 语句如下：

```
SELECT Sname, Sno
FROM student
WHERE Sname REGEXP '^王';
```

或者

```
SELECT Sname, Sno
FROM student
WHERE Sname REGEXP '王+';
```

10. 空值查询

创建数据表时，可以指定某列中是否包含空值(NULL)。空值不同于 0，也不同于空字符串。空值一般表示数据未知、不适用或将在未来添加数据。在 SELECT 语句中，可以使用 IS NULL 子句来查询某字段内容为空的记录。

【例 5-17】某些学生选修了某门课程后没有参加考试，因此他们有选课记录但没有考试成绩。假设这些学生的成绩为空值(NULL)。查询成绩为空的选课信息。

SQL 语句如下：

```
SELECT *
FROM sc
WHERE Grade IS NULL;
```

执行结果如图 5-16 所示。

注意：

在 SQL 语句中，IS 不能用“=”替代。

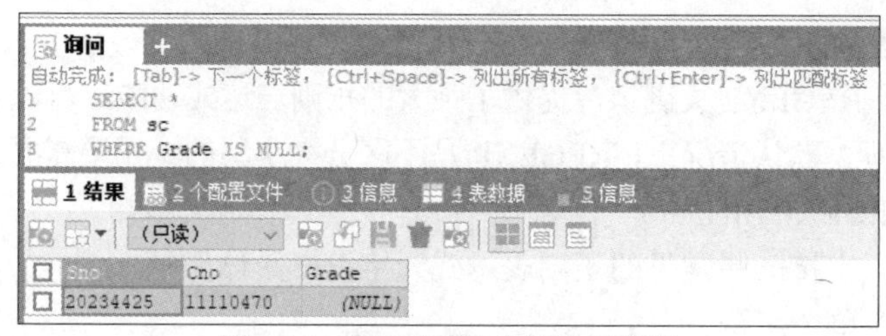

图 5-16　查询成绩为空的选课信息

【例 5-18】查询成绩不为空的选课信息。

SQL 语句如下：

```
SELECT *
FROM sc
WHERE Grade IS NOT NULL;
```

执行结果如图 5-17 所示。

询问
自动完成：[Tab]-> 下一个标签，[Ctrl+Space]-> 列出所有标签，[Ctrl+Enter]-> 列出匹配标签

```
1 SELECT *
2 FROM sc
3 WHERE Grade IS NOT NULL;
```

1 结果　2 个配置文件　3 信息　4 表数据　5 信息

(只读)

Sno	Cno	Grade
20231042	11110140	84
20231042	18132370	95
20231043	18132600	70
20231156	18132220	96
20231160	18132220	90
20231220	18112820	88
20232123	18110140	73
20232131	18110140	77
20232144	11140260	60
20232145	18111850	75
20233214	11110930	86
20233221	11111260	75
20234415	11110140	55

图 5-17　查询成绩不为空的选课信息

11. 对查询结果排序

ORDER BY 用于对查询结果进行排序，允许根据一个或多个列的值以升序或降序方式排列返回的数据行。默认情况下，排序是按升序进行的。ASC 关键字表示按升序排序，DESC 关键字表示按降序排序。

【例 5-19】查询选修课程号为 18110140 的学生学号和成绩，并将查询结果按成绩降序排列。

SQL 语句如下：

```
SELECT Sno, Grade
FROM sc
WHERE Cno='18110140' ORDER BY Grade DESC;
```

执行结果如图 5-18 所示。

图 5-18　将查询结果按成绩降序排序

【例 5-20】查询全体学生的信息。查询结果按所在班级升序排列，在同一班级中，按出生日期降序排列。

SQL 语句如下：

```
SELECT *
FROM student
ORDER BY Sclass, Sbirth DESC;
```

执行结果如图 5-19 所示。

询问

自动完成：[Tab]-> 下一个标签，[Ctrl+Space]-> 列出所有标签，[Ctrl+Enter]-> 列出匹配标签

```
1 SELECT *
2 FROM student
3 ORDER BY Sclass, Sbirth DESC;
```

1 结果　2 个配置文件　3 信息　4 表数据　5 信息

（只读）

Sno	Sname	Ssex	Sbirth	Zno	Sclass
20233232	刘红梅	女	2005-06-12	1201	会计2301
20233133	王承飞	男	2004-10-06	1201	会计2301
20233221	王琦	男	2004-06-14	1201	会计2301
20233214	李旺	男	2004-01-17	1201	会计2301
20231043	谢鑫	男	2005-02-14	1002	计算机2301
20231042	景文青	女	2005-01-08	1002	计算机2301
20231156	田润卓	男	2005-10-11	1002	计算机2302
20231160	唐晓	男	2004-11-05	1002	计算机2302
20231220	张敏	女	2004-09-02	1002	计算机2302
20234412	聂鹏飞	男	2004-08-25	1214	通信2301
20234415	李东旭	男	2004-06-08	1214	通信2301
20234425	刘子涵	女	2003-07-20	1214	通信2302
20232131	赵胤腾	男	2005-09-07	1409	网媒2301
20232123	王梅	女	2004-06-18	1409	网媒2301
20232144	郭爽	女	2005-02-14	1409	网媒2302
20232145	曹小娟	女	2004-12-14	1409	网媒2302

图 5-19　将查询结果按班级和出生日期排序

5.3 使用聚合函数查询

有时查询的目的并不是返回表中的数据，而是要对数据进行统计汇总。MySQL 提供一些聚合函数，用于对指定的数据进行分析和汇总。这些函数的功能有：计算数据表中记录行数的总数、计算某个字段的数据总和，以及计算某个字段数据中的最大值、最小值或平均值。聚合函数可以与 GROUP BY 子句结合使用，以便在分组的数据上执行聚合操作。聚合函数的名称和功能说明如表 5-3 所示。

表 5-3　聚合函数功能说明

聚合函数	说明
COUNT	返回指定列中的非 NULL 值的行数
SUM	返回指定列的总和
AVG	返回指定列的平均值
MIN	返回指定列的最小值
MAX	返回指定列的最大值

【例 5-21】 查询选修课程的学生人数。

SQL 语句如下：

```
SELECT COUNT(DISTINCT Sno)
FROM sc;
```

执行结果如图 5-20 所示。

图 5-20　查询选修课程的学生人数

【例 5-22】 查询课程号为 18132220 的课程的考试成绩情况(显示该课程的最高分、最低分和平均分)。

SQL 语句如下：

```
SELECT MAX(Grade), MIN(Grade), AVG(Grade)
FROM sc
WHERE Cno='18132220';
```

执行结果如图 5-21 所示。

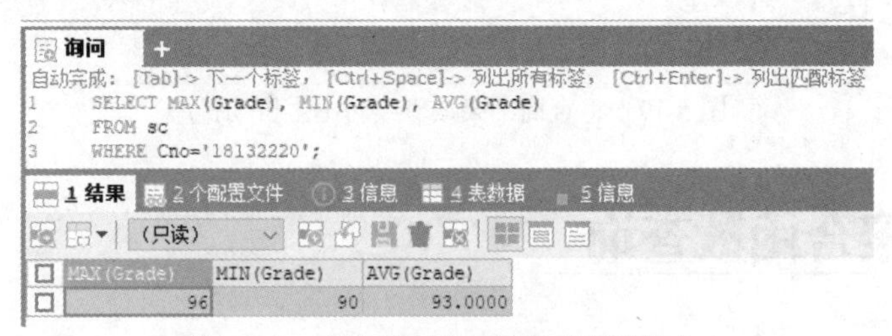

图 5-21　查询最高分、最低分和平均分

GROUP BY 用于对结果集进行分组。其主要用途是将数据集划分为若干个小区域，然后对这些小区域进行数据处理。GROUP BY 通常与聚合函数(如 SUM、COUNT、AVG、MIN、MAX)结合使用，以便对每个分组执行聚合操作。GROUP BY 也可以与 ORDER BY 结合使用，以便对分组后的结果进行排序。HAVING 子句用于对分组后的结果进行筛选，类似于 WHERE 子句，

但 WHERE 子句在数据分组前进行筛选，而 HAVING 子句在分组后进行筛选。

【例 5-23】查询每门课程的课程号与选课人数。

SQL 语句如下：

```
SELECT Cno, COUNT(Sno) AS  选课人数
FROM sc
GROUP BY Cno;
```

执行结果如图 5-22 所示。

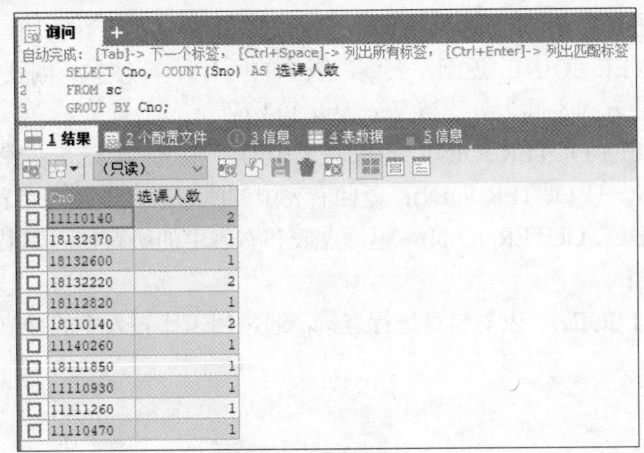

图 5-22　查询每门课程的课程号与选课人数

【例 5-24】查询选修课程不足两门的学生学号及选课数量。

SQL 语句如下：

```
SELECT Sno, COUNT(Cno) AS  选课数量
FROM sc
GROUP BY Sno
HAVING COUNT(Cno)<2;
```

执行结果如图 5-23 所示。

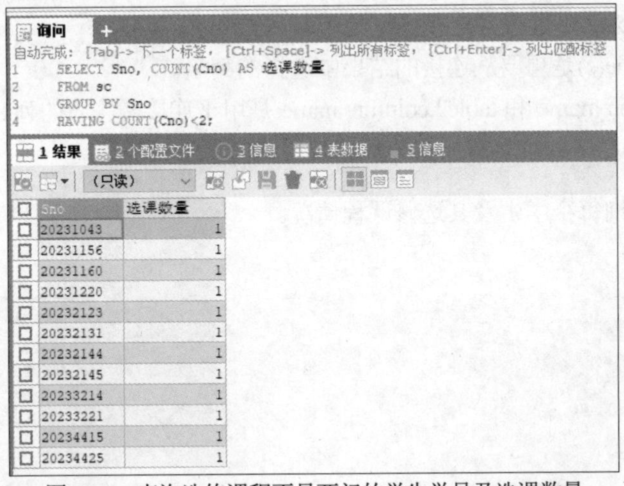

图 5-23　查询选修课程不足两门的学生学号及选课数量

5.4 连接查询

连接查询是一项重要的数据库操作，它允许从多个表中检索和组合数据，以便进行更复杂的查询和分析。以下是几种常见的连接类型。

(1) 内连接(INNER JOIN)：仅返回左表(left table)和右表(right table)中匹配的行。如果在两张表中存在相匹配的值，则返回这些行。

(2) 自然连接(NATURAL JOIN)：是内连接的一种特例，它会自动找到两张表中相同名称的列，并基于这些列进行连接。

(3) 外连接(OUTER JOIN)：返回左表或右表中的所有行(即使另一侧表中没有匹配的行)。根据处理非匹配行的方式不同，外连接又分为以下 3 种。

- 左外连接(LEFT OUTER JOIN)：返回左表中的所有行，即使在右表中没有匹配的行。
- 右外连接(RIGHT OUTER JOIN)：返回右表中的所有行，即使在左表中没有匹配的行。
- 全外连接(FULL OUTER JOIN)：返回左表和右表中的所有行，如果没有匹配的行，则结果为 NULL。

(4) 自连接(SELF JOIN)：表与自身进行连接，通常用于比较表中的行或者根据一些条件来获取数据。

5.4.1 内连接

内连接合并具有同一列的两个以上的表的行，结果集中不包含一张表与另一张表不匹配的行。内连接的语法格式如下：

```
SELECT column_name(s)
FROM table1
INNER JOIN table2
ON table1.column_name = table2.column_name
[WHERE condition];
```

参数说明：

- table1 和 table2 是要进行连接操作的表名。
- column_name(s)是想要从连接的结果中选择的列名。
- table1.column_name 和 table2.column_name 是用于连接两张表的列名。这些列必须在两张表中都存在，并且具有相同的数据类型和值。

【例 5-25】查询每个学生及其选修课程情况。

SQL 语句如下：

```
SELECT *
FROM student
INNER JOIN sc
ON student.Sno = sc.Sno;
```

执行结果如图 5-24 所示。

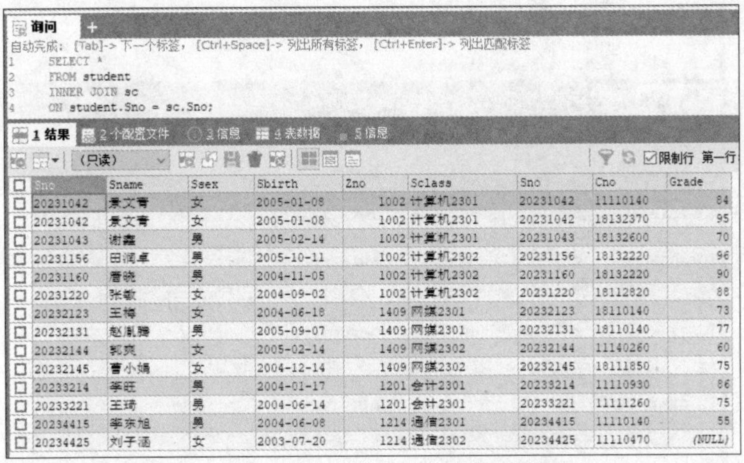

询问

自动完成：[Tab]-> 下一个标签，[Ctrl+Space]-> 列出所有标签，[Ctrl+Enter]-> 列出匹配标签

```
1    SELECT *
2    FROM student
3    INNER JOIN sc
4    ON student.Sno = sc.Sno;
```

1 结果　2 个配置文件　3 信息　4 表数据　5 信息

（只读）　☑限制行　第一行

Sno	Sname	Ssex	Sbirth	Zno	Sclass	Sno	Cno	Grade
20231042	景文青	女	2005-01-08	1002	计算机2301	20231042	11110140	84
20231042	景文青	女	2005-01-08	1002	计算机2301	20231042	18132370	95
20231043	谢鑫	男	2005-02-14	1002	计算机2301	20231043	18132600	70
20231156	田润卓	男	2005-10-11	1002	计算机2302	20231156	18132220	96
20231160	詹晓	男	2004-11-05	1002	计算机2302	20231160	18132220	90
20231220	张敏	女	2004-09-02	1002	计算机2302	20231220	18112820	88
20232123	王梅	女	2004-06-18	1409	网媒2301	20232123	18110140	73
20232131	赵胤腾	男	2005-09-07	1409	网媒2301	20232131	18110140	77
20232144	郭爽	女	2005-02-14	1409	网媒2302	20232144	11140260	60
20232145	曹小娟	女	2004-12-14	1409	网媒2302	20232145	18111850	75
20233214	李旺	男	2004-01-17	1201	会计2301	20233214	11110930	86
20233221	王琦	男	2004-06-14	1201	会计2301	20233221	11111260	75
20234415	李东旭	男	2004-06-08	1214	通信2301	20234415	11110140	55
20234425	刘子涵	女	2003-07-20	1214	通信2302	20234425	11110470	(NULL)

图 5-24　查询每个学生及其选修课程情况

本例语句的等价写法如下：

```
SELECT *
FROM student, sc
WHERE student.Sno =sc.Sno;
```

5.4.2　自然连接

自然连接是一种特殊的等值连接，其要求两个关系中进行比较的列必须具有相同的列名和数据类型并且在结果中把重复的属性列去掉。

【例 5-26】自然连接 student 表和 sc 表。

SQL 语句如下：

```
SELECT student.Sno, Ssex, Sbirth, Sclass, Cno, Grade
FROM student, sc
WHERE student.Sno = sc.Sno;
```

执行结果如图 5-25 所示。

注意：

当查询涉及到多张表且这些表中存在相同名称的列时，需要在列名前加上表名或别名，以明确指出数据来源。

【例 5-27】查询选修课程号为 1813 2220 且成绩在 90 分以上的所有学生的学号、性别、出生日期、班级、课程号和成绩。

SQL 语句如下：

```
SELECT Student.Sno, Ssex, Sbirth, Sclass, Cno, Grade
FROM student, sc
WHERE student.Sno = sc.Sno AND sc.Cno='18132220' AND Grade>=90;
```

Sno	Ssex	Sbirth	Sclass	Cno	Grade
20231042	女	2005-01-08	计算机2301	11110140	84
20231042	女	2005-01-08	计算机2301	18132370	95
20231043	男	2005-02-14	计算机2301	18132600	70
20231156	男	2005-10-11	计算机2302	18132220	96
20231160	男	2004-11-05	计算机2302	18132220	90
20231220	女	2004-09-02	计算机2302	18112820	88
20232123	女	2004-06-18	网媒2301	18110140	73
20232131	男	2005-09-07	网媒2301	18110140	77
20232144	女	2005-02-14	网媒2302	11140260	60
20232145	女	2004-12-14	网媒2302	18111850	75
20233214	男	2004-01-17	会计2301	11110930	86
20233221	男	2004-06-14	会计2301	11111260	75
20234415	男	2004-06-08	通信2301	11110140	55
20234425	女	2003-07-20	通信2302	11110470	(NULL)

图 5-25　自然连接 student 表和 sc 表

执行结果如图 5-26 所示。

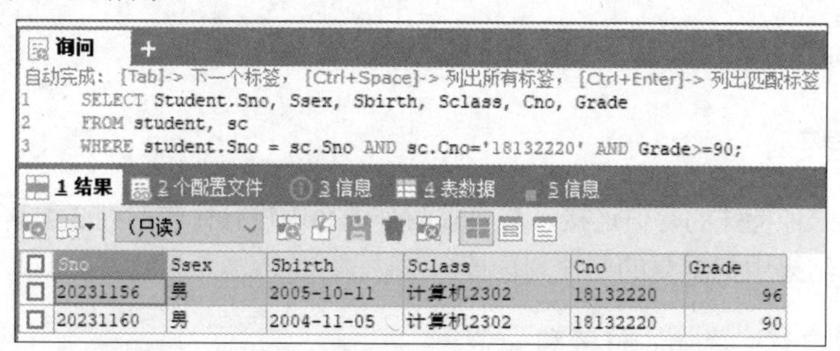

Sno	Ssex	Sbirth	Sclass	Cno	Grade
20231156	男	2005-10-11	计算机2302	18132220	96
20231160	男	2004-11-05	计算机2302	18132220	90

图 5-26　查询指定课程号成绩在 90 分以上的学生信息

本例语句的等价写法如下：

```
SELECT Student.Sno, Ssex, Sbirth, Sclass, Cno, Grade
FROM student
JOIN sc
ON student.Sno = sc.Sno
WHERE sc.Cno='18132220'AND sc.Grade>90;
```

【例 5-28】 查询学生的学号、姓名、选修课程名称和成绩。

SQL 语句如下：

```
SELECT Student.Sno, Sname, Cname, Grade
FROM student, sc, course
WHERE student.Sno = sc.Sno AND sc.Cno=course.Cno;
```

执行结果如图 5-27 所示。

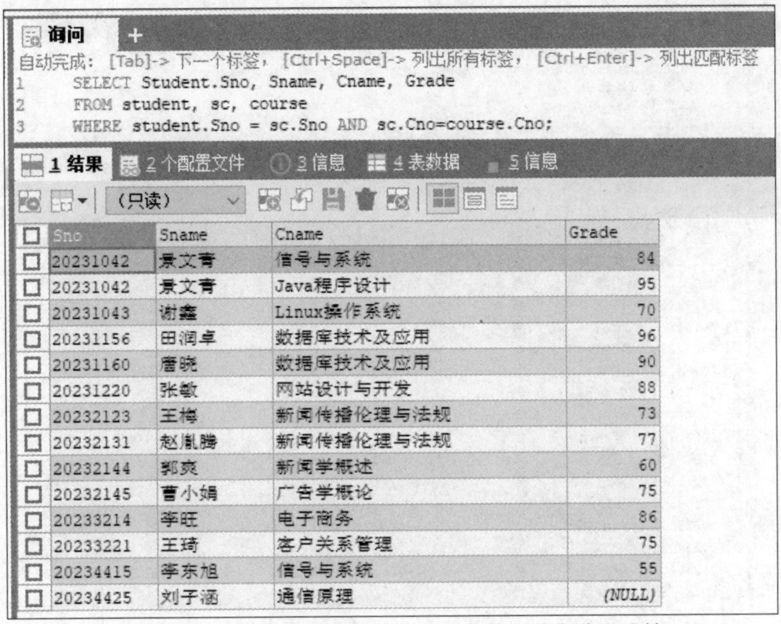

询问 +
自动完成：[Tab]-> 下一个标签，[Ctrl+Space]-> 列出所有标签，[Ctrl+Enter]-> 列出匹配标签

```
1    SELECT Student.Sno, Sname, Cname, Grade
2    FROM student, sc, course
3    WHERE student.Sno = sc.Sno AND sc.Cno=course.Cno;
```

1 结果　2 个配置文件　3 信息　4 表数据　5 信息

（只读）

Sno	Sname	Cname	Grade
20231042	景文青	信号与系统	84
20231042	景文青	Java程序设计	95
20231043	谢鑫	Linux操作系统	70
20231156	田润卓	数据库技术及应用	96
20231160	唐晓	数据库技术及应用	90
20231220	张敏	网站设计与开发	88
20232123	王梅	新闻传播伦理与法规	73
20232131	赵胤腾	新闻传播伦理与法规	77
20232144	郭爽	新闻学概述	60
20232145	曹小娟	广告学概论	75
20233214	李旺	电子商务	86
20233221	王琦	客户关系管理	75
20234415	李东旭	信号与系统	55
20234425	刘子涵	通信原理	(NULL)

图 5-27　查询学生的学号、姓名、选修课程名称和成绩

5.4.3　外连接

内连接的缺点是如果希望查询出不满足条件的数据，内连接无法实现这种需求。因此，需要引入外连接。下面介绍外连接的用法。

1. 左外连接

以左表为基准，按条件连接，将左表中没有对应项的右表列显示为NULL，使用关键词 LEFT OUTER JOIN 或 LEFT JOIN。语法格式如下：

```
SELECT column_name(s)
FROM table1
LEFT OUTER JOIN table2
ON table1.column_name = table2.column_name;
```

在这个查询中，即使 table2 中没有匹配的记录，table1 中的记录仍会被返回。如果 table2 中没有匹配的记录，则结果集中的 table2 列将包含 NULL 值。

【例 5-29】查询全体学生的信息及选课情况。

SQL 语句如下：

```
SELECT student.Sno, Sname, Ssex, Sbirth, Sclass, Cno, Grade
FROM student
LEFT OUTER JOIN sc
ON student.Sno=sc.Sno;
```

执行结果如图 5-28 所示。

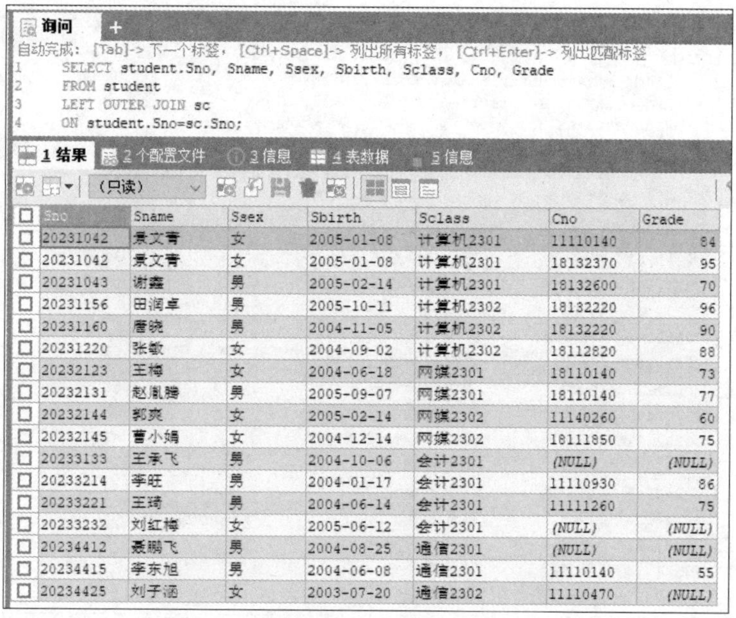

询问 +

自动完成：[Tab]-> 下一个标签，[Ctrl+Space]-> 列出所有标签，[Ctrl+Enter]-> 列出匹配标签

```
1    SELECT student.Sno, Sname, Ssex, Sbirth, Sclass, Cno, Grade
2    FROM student
3    LEFT OUTER JOIN sc
4    ON student.Sno=sc.Sno;
```

1 结果　2 个配置文件　3 信息　4 表数据　5 信息

(只读)

Sno	Sname	Ssex	Sbirth	Sclass	Cno	Grade
20231042	景文青	女	2005-01-08	计算机2301	11110140	84
20231042	景文青	女	2005-01-08	计算机2301	18132370	95
20231043	谢鑫	男	2005-02-14	计算机2301	18132600	70
20231156	田润卓	男	2005-10-11	计算机2302	18132220	96
20231160	唐晓	男	2004-11-05	计算机2302	18132220	90
20231220	张敏	女	2004-09-02	计算机2302	18112820	88
20232123	王梅	女	2004-06-18	网媒2301	18110140	73
20232131	赵胤腾	男	2005-09-07	网媒2301	18110140	77
20232144	郭爽	女	2005-02-14	网媒2302	11140260	60
20232145	曹小娟	女	2004-12-14	网媒2302	18111850	75
20233133	王承飞	男	2004-10-06	会计2301	(NULL)	(NULL)
20233214	李旺	男	2004-01-17	会计2301	11110930	86
20233221	王琦	男	2004-06-14	会计2301	11111260	75
20233232	刘红梅	女	2005-06-12	会计2301	(NULL)	(NULL)
20234412	聂鹏飞	男	2004-08-25	通信2301	(NULL)	(NULL)
20234415	李东旭	男	2004-06-08	通信2301	11110140	55
20234425	刘子涵	女	2003-07-20	通信2302	11110470	(NULL)

图 5-28　查询全体学生的信息及选课情况

2. 右外连接

以右表为基准，按条件连接，将右表中没有对应项的左表列显示为 NULL，使用关键词 RIGHT OUTER JOIN 或 RIGHT JOIN。语法格式如下：

```
SELECT column_name(s)
FROM table1
RIGHT OUTER JOIN table2
ON table1.column_name = table2.column_name;
```

在这个查询中，即使 table1 中没有匹配的记录，table2 中的记录仍会被返回。如果 table1 中没有匹配的记录，则结果集中的 table1 列将包含 NULL 值。

【例 5-30】查询所有课程的选课情况。

SQL 语句如下：

```
SELECT Sno,Grade,course.*
FROM sc
RIGHT OUTER JOIN course
ON course.Cno=sc.Cno;
```

执行结果如图 5-29 所示。

3. 全外连接

当一张表中的某行在另一张表中没有匹配行时，另一张表的列将显示为 NULL。如果两张表之间有匹配行，则结果集中的行包含两个表的数据值，使用关键词 FULL OUTER JOIN。语法格式如下：

```
SELECT column_name(s)
```

```
FROM table1
FULL OUTER JOIN table2
ON table1.column_name = table2.column_name;
```

在这个查询中，只要 table1 或 table2 中有记录匹配，就会返回记录。如果某张表中没有匹配的记录，则结果集中的列将包含 NULL 值。

Sno	Grade	Cno	Cname	Ccredit	Cdept
20234415	55	11110140	信号与系统	3	电信系
20231042	84	11110140	信号与系统	3	电信系
20234425	(NULL)	11110470	通信原理	3	电信系
20233214	86	11110930	电子商务	2	管理系
20233221	75	11111260	客户关系管理	2	管理系
20232144	60	11140260	新闻学概述	2	传播系
20232131	77	18110140	新闻传播伦理与法规	3	传播系
20232123	73	18110140	新闻传播伦理与法规	3	传播系
20232145	75	18111850	广告学概论	3	传播系
20231220	88	18112820	网站设计与开发	2	计算机系
(NULL)	(NULL)	18130320	Internet技术及应用	2	计算机系
20231160	90	18132220	数据库技术及应用	2	计算机系
20231156	96	18132220	数据库技术及应用	2	计算机系
20231042	95	18132370	Java程序设计	2	计算机系
20231043	70	18132600	Linux操作系统	3	计算机系
(NULL)	(NULL)	58130060	Python程序设计	3	计算机系
(NULL)	(NULL)	58130540	C语言程序设计	3	计算机系

图 5-29　查询所有课程的选课情况

【例 5-31】查询所有学生的信息及其选课情况。

SQL 语句如下：

```
SELECT student.Sno, Sname, Ssex, Sbirth, Sclass, Cno, Grade
FROM student
FULL OUTER JOIN sc
ON student.Sno = sc.Sno;
```

MySQL 8 不支持全外连接查询，可以通过结合使用 UNION 和 LEFT JOIN 以及 RIGHT JOIN 来实现全外连接的功能：

```
SELECT student.Sno, Sname, Ssex, Sbirth, Sclass, Cno, Grade
FROM student
LEFT OUTER JOIN sc ON student.Sno = sc.Sno
UNION
SELECT student.Sno, Sname, Ssex, Sbirth, Sclass, Cno, Grade
FROM student
RIGHT OUTER JOIN sc ON student.Sno = sc.Sno;
```

执行结果如图 5-30 所示。

询问 +

自动完成：[Tab]-> 下一个标签，[Ctrl+Space]-> 列出所有标签，[Ctrl+Enter]-> 列出匹配标签

```
1 SELECT student.Sno, Sname, Ssex, Sbirth, Sclass, Cno, Grade
2 FROM student
3 LEFT OUTER JOIN sc ON student.Sno = sc.Sno
4 UNION
5 SELECT student.Sno, Sname, Ssex, Sbirth, Sclass, Cno, Grade
6 FROM student
7 RIGHT OUTER JOIN sc ON student.Sno = sc.Sno;
```

1 结果 2 个配置文件 3 信息 4 表数据 5 信息

（只读）

Sno	Sname	Ssex	Sbirth	Sclass	Cno	Grade
20231042	景文青	女	2005-01-08	计算机2301	11110140	84
20231042	景文青	女	2005-01-08	计算机2301	18132370	95
20231043	谢鑫	男	2005-02-14	计算机2301	18132600	70
20231156	田润卓	男	2005-10-11	计算机2302	18132220	96
20231160	唐晓	男	2004-11-05	计算机2302	18132220	90
20231220	张敏	女	2004-09-02	计算机2302	18112820	88
20232123	王梅	女	2004-06-18	网媒2301	18110140	73
20232131	赵胤腾	男	2005-09-07	网媒2301	18110140	77
20232144	郭爽	女	2005-02-14	网媒2302	11140260	60
20232145	曹小娟	女	2004-12-14	网媒2302	18111850	75
20233133	王承飞	男	2004-10-06	会计2301	(NULL)	(NULL)
20233214	李旺	男	2004-01-17	会计2301	11110930	86
20233221	王琦	男	2004-06-14	会计2301	11111260	75
20233232	刘红梅	女	2005-06-12	会计2301	(NULL)	(NULL)
20234412	聂鹏飞	男	2004-08-25	通信2301	(NULL)	(NULL)
20234415	李东旭	男	2004-06-08	通信2301	11110140	55
20234425	刘子涵	女	2003-07-20	通信2302	11110470	(NULL)

图 5-30　查询所有学生的信息及其选课情况

根据图 5-30 所示，全外连接的结果为：左右表中匹配的数据+左表中没有匹配到的数据+右表中没有匹配到的数据。

5.4.4　自连接

自连接是在同一张表的不同实例之间进行连接的查询。它通常用于查询表内部的某种层级或关联结构。例如，自连接通常用于处理具有父子关系的数据，如分类表、组织结构图或树形结构的数据。

在自连接中，一张表被视为两张不同的表，并分别用不同的别名来标识。然后，在后续子句中使用这些别名，将它们连接起来，以创建一种与自身关联的视图。自连接的语法格式如下：

```
SELECT column_name(s)
FROM table_name AS alias1
INNER JOIN table_name AS alias2
ON alias1.column_name = alias2.column_name;
```

参数说明：

- table_name 是要进行自连接操作的表名。
- alias1 和 alias2 是表的别名，用于在查询中区分同一张表的不同实例。
- column_name 是在两张表的两个实例之间进行匹配的列名。

通过自连接，可以在单张表中关联行，从而检索出有关数据层次或关联信息的数据。

【例 5-32】查询同时选修了课程编号为 18132370 和 11110140 的学生学号。

SQL 语句如下：

```
SELECT s1.Sno
FROM sc AS s1
JOIN sc AS s2
ON s1.Sno = s2.Sno
WHERE s1.Cno ='18132370' AND s2.Cno='11110140';
```

执行结果如图 5-31 所示。

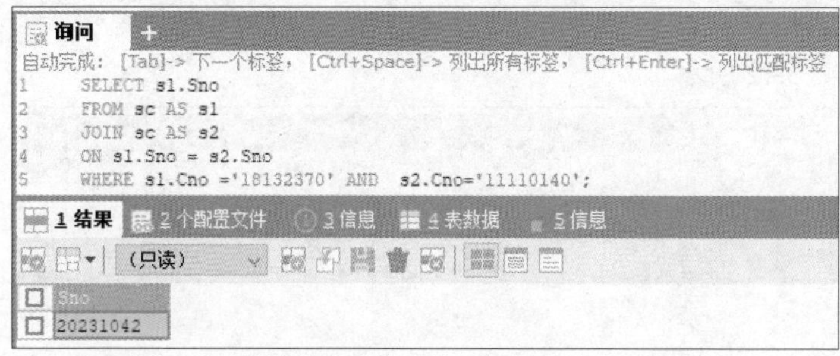

图 5-31　查询同时选修了某两门课程的学生的学号

5.5 子查询

子查询也被称为嵌套查询，是 SQL 中一种强大的查询技术，它允许在一个查询内部执行另一个查询，从而可以描述更为复杂的查询条件。子查询是嵌入在另一个查询中的 SELECT 语句。它可以出现在多种 SQL 语句中，如 SELECT、INSERT、UPDATE、DELETE 等。

根据子查询出现的位置，子查询可以分为在 WHERE 子句中使用的子查询和在 HAVING 子句中使用的子查询，它们用于提供更复杂的数据检索功能。当一个包含子查询的 SQL 语句被执行时，首先会执行子查询，并将其结果集返回给外部查询。接下来，外部查询会根据子查询的结果进行进一步的处理。

子查询返回单个值时，可以使用比较运算符进行比较；如果返回多个值，则需要使用 ANY 或 ALL 关键词进行修饰。

5.5.1　带有 ANY 或者 SOME 关键字的子查询

带有 ANY 或 SOME 关键字的子查询用于将主查询中的某个值与子查询返回的结果集中的值进行比较。如果主查询中的值与子查询结果集中的任何(ANY)或某些(SOME 等同于 ANY)值满足比较条件，则返回 TRUE。

注意：

ANY 和 SOME 的行为与它们在英语中的含义不同。在 SQL 中，ANY 和 SOME 是同义的，并且通常与比较运算符一起使用，如=、>、<、>=、<=或<>。

【例 5-33】使用 ANY 关键字查询选课表中成绩大于任意一门课程成绩的学生信息。

SQL 语句如下：

```
SELECT * FROM student
WHERE Sno IN (
    SELECT Sno
    FROM sc
    WHERE Grade > ANY (
        SELECT Grade
        FROM sc
    )
);
```

执行结果如图 5-32 所示。

Sno	Sname	Ssex	Sbirth	Zno	Sclass
20231042	景文青	女	2005-01-08	1002	计算机2301
20231043	谢鑫	男	2005-02-14	1002	计算机2301
20231156	田润卓	男	2005-10-11	1002	计算机2302
20231160	唐晓	男	2004-11-05	1002	计算机2302
20231220	张敏	女	2004-09-02	1002	计算机2302
20232123	王梅	女	2004-06-18	1409	网媒2301
20232131	赵胤腾	男	2005-09-07	1409	网媒2301
20232144	郭爽	女	2005-02-14	1409	网媒2302
20232145	曹小娟	女	2004-12-14	1409	网媒2302
20233214	李旺	男	2004-01-17	1201	会计2301
20233221	王琦	男	2004-06-14	1201	会计2301

图 5-32　带有 ANY 关键字的子查询

【例 5-34】使用 SOME 关键字查询选课表中的成绩大于至少一门课程成绩的学生信息。SQL 语句如下：

```
SELECT *
FROM student
WHERE Sno IN (
    SELECT Sno
    FROM sc
    WHERE Grade > SOME (
        SELECT Grade
        FROM sc
    )
);
```

执行结果如图 5-33 所示。

询问　+

自动完成：[Tab]-> 下一个标签，[Ctrl+Space]-> 列出所有标签，[Ctrl+Enter]-> 列出匹配标签

```
1    SELECT *
2    FROM student
3    WHERE Sno IN (
4        SELECT Sno
5        FROM sc
6        WHERE Grade > SOME (
7            SELECT Grade
8            FROM sc
9        )
10   );
```

1 结果　2 个配置文件　3 信息　4 表数据　5 信息

（只读）

Sno	Sname	Ssex	Sbirth	Zno	Sclass
20231042	景文青	女	2005-01-08	1002	计算机2301
20231043	谢鑫	男	2005-02-14	1002	计算机2301
20231156	田润卓	男	2005-10-11	1002	计算机2302
20231160	唐晓	男	2004-11-05	1002	计算机2302
20231220	张敏	女	2004-09-02	1002	计算机2302
20232123	王梅	女	2004-06-18	1409	网媒2301
20232131	赵胤腾	男	2005-09-07	1409	网媒2301
20232144	郭爽	女	2005-02-14	1409	网媒2302
20232145	曹小娟	女	2004-12-14	1409	网媒2302
20233214	李旺	男	2004-01-17	1201	会计2301
20233221	王琦	男	2004-06-14	1201	会计2301

图 5-33　带有 SOME 关键字的子查询

5.5.2　带有 ALL 关键字的子查询

带有 ALL 关键字的子查询用于将主查询中的值与子查询返回的所有值进行比较。当使用 ALL 关键字时，主查询中的值必须与子查询结果集中所有的值满足比较条件，只有这样，相关的行才会被包含在最终结果中。这种类型的子查询通常与比较运算符(如 >、<、>=、<=)结合使用。

【例 5-35】查询出生日期早于所有男生的女生信息。

SQL 语句如下：

```
SELECT *
FROM student
WHERE Ssex='女' AND Sbirth > ALL (
    SELECT Sbirth
    FROM student
    WHERE Ssex = '男'
);
```

执行结果如图 5-34 所示。

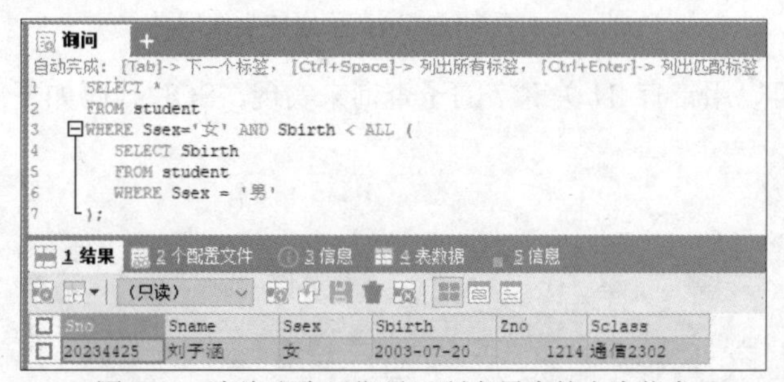

图 5-34　查询出生日期早于所有男生的女生信息

5.5.3 带有 IN 关键字的子查询

IN 关键字用于子查询时，内层查询语句仅返回一个数据列，这个数据列里的值将用于与外层查询语句进行比较操作。

【例 5-36】查询与“谢鑫”在同一个班级学习的学生信息。

该查询分为以下两步。

第一步，判定谢鑫所在的班级，SQL 代码如下：

```
SELECT Sclass
FROM student
WHERE Sname='谢鑫';
```

执行结果如图 5-35 所示。

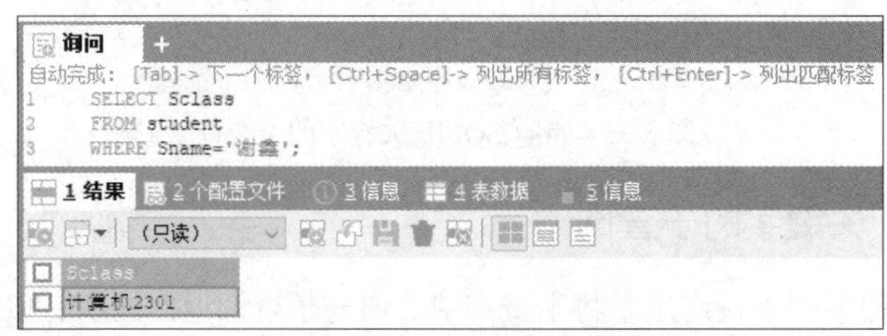

图 5-35 判定谢鑫所在的班级

第二步，查询谢鑫所在班级(“计算机 2301”班)的学生信息，SQL 代码如下：

```
SELECT *
FROM student
WHERE Sclass='计算机 2301';
```

执行结果如图 5-36 所示。

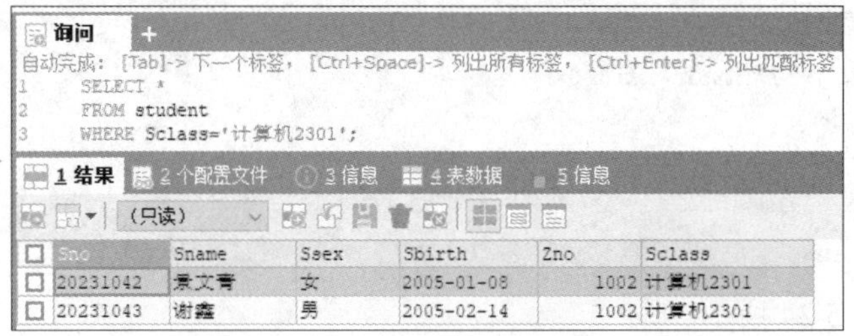

图 5-36 查询谢鑫所在班级的学生信息

以上两个步骤可以用带有 IN 关键字的子查询来实现，SQL 代码如下：

```
SELECT *
FROM student
WHERE Sclass IN(
    SELECT Sclass
    FROM student
    WHERE Sname='谢鑫'
);
```

5.5.4　带有比较运算符的子查询

在前面介绍的使用 ANY 和 ALL 关键字的子查询时，除了使用了“>”比较运算符，还可以使用其他的比较运算符(如<、<=、=、>=和!=)。

【例 5-37】用比较运算符查询与“谢鑫”在同一个班级的学生。

SQL 语句如下：

```
SELECT *
FROM student
WHERE Sclass=(
    SELECT Sclass
    FROM student
    WHERE Sname='谢鑫'
);
```

执行结果如图 5-37 所示。

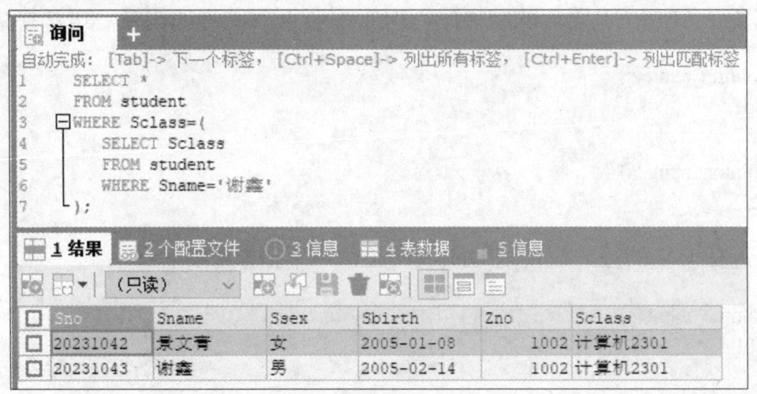

图 5-37　带有比较运算符的子查询

5.5.5　带有 EXISTS 关键字的子查询

EXISTS 关键字用于检查子查询是否至少返回了一行数据，即判断子查询的结果集是否非空(这是一个非常有用的工具，尤其是在需要验证某些条件下是否存在相关记录时)。

【例 5-38】查询所有选修了课程编号为 18132220 的学生姓名。

```
SELECT Sname
FROM student
WHERE EXISTS (
    SELECT *
    FROM sc
    WHERE student.Sno =sc.Sno AND Cno='18132220'
);
```

执行结果如图 5-38 所示。

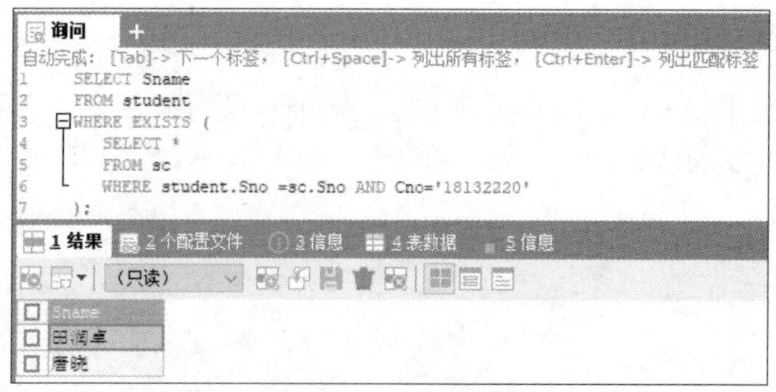

图 5-38　带有 EXISTS 关键字的子查询

5.6 联合查询

联合查询是使用 UNION 操作符将多个查询的结果集合并成一个结果集。UNION 操作符用于合并两个或多个 SELECT 语句的结果集，但它不会返回重复的记录。语法格式如下：

```
SELECT column_name(s)
FROM table1
UNION
SELECT column_name(s)
FROM table2;
```

如果需要包括重复的行，应使用 UNION ALL，语法格式如下：

```
SELECT column_name(s)
FROM table1
UNION ALL
SELECT column_name(s)
FROM table2;
```

参数说明：

- column_name(s)是要从每张表中选择的列名。在 UNION 操作中，每个 SELECT 语句必须具有相同数量的列。
- table1 和 table2 是要从中检索数据的表名。
- UNION 关键字用于合并两个 SELECT 语句的结果集。
- UNION ALL 也会合并结果集，但会保留所有记录，包括重复的行。

注意：

为了能够使用 UNION 操作符，每个 SELECT 语句中的列必须具有相似的数据类型。另外，每个 SELECT 语句中的列的顺序也必须相同。

【例 5-39】查询 2005 年以前出生的学生和全体女生信息。

SQL 语句如下：

```
SELECT * FROM student
```

```
WHERE Sbirth<='2005-1-1'
UNION
SELECT * FROM student
WHERE Ssex='女';
```

执行结果如图 5-39 所示。

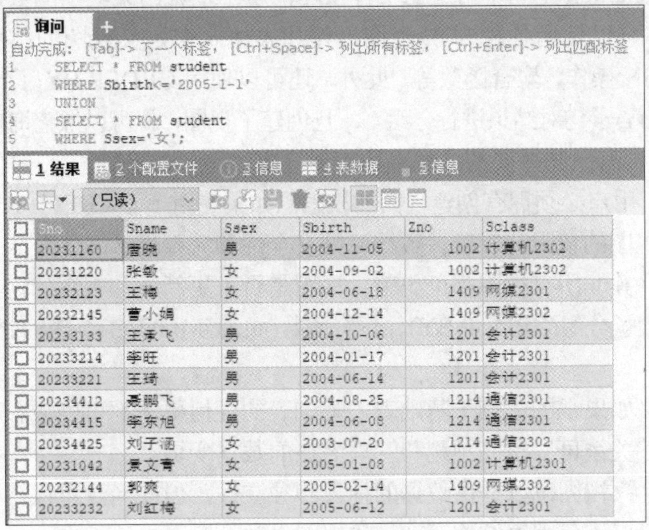

```
SELECT * FROM student
WHERE Sbirth<='2005-1-1'
UNION
SELECT * FROM student
WHERE Ssex='女';
```

Sno	Sname	Ssex	Sbirth	Zno	Sclass
20231160	唐晓	男	2004-11-05	1002	计算机2302
20231220	张敏	女	2004-09-02	1002	计算机2302
20232123	王梅	女	2004-06-18	1409	网媒2301
20232145	曹小娟	女	2004-12-14	1409	网媒2302
20233133	王承飞	男	2004-10-06	1201	会计2301
20233214	李旺	男	2004-01-17	1201	会计2301
20233221	王琦	男	2004-06-14	1201	会计2301
20234412	聂鹏飞	男	2004-08-25	1214	通信2301
20234415	李东旭	男	2004-06-08	1214	通信2301
20234425	刘子涵	女	2003-07-20	1214	通信2302
20231042	景文青	女	2005-01-08	1002	计算机2301
20232144	郭爽	女	2005-02-14	1409	网媒2302
20233232	刘红梅	女	2005-06-12	1201	会计2301

图 5-39　联合查询

5.7 视图管理

视图(View)是一个虚拟的表，它是根据一个或多个实际表(也称为基表)的结果集创建的。视图包含行和列，但这些行和列实际上是由定义视图时指定的查询生成的。视图不存储实际的数据，而是在每次查询视图时动态地执行其定义中的 SQL 语句并返回结果。

视图一经定义便存储在数据库中，但与数据表中的数据不同，视图并不在数据库中再存储一份数据。视图通过查询基表的数据来显示数据。对视图的操作与对表的操作类似，可以对其进行查询、修改和删除。当对通过视图看到的数据进行修改时，相应的基表中的数据也会发生变化；同时，若基表的数据发生变化，这些变化也会自动反映到视图中。

视图可以帮助用户屏蔽实际表结构变化带来的影响。

1. 创建视图

视图包含基于 SELECT 查询语句结果的行和列，因此视图的创建是基于 SELECT 语句和已存在的表。视图可以基于一张表创建，也可以基于多张表的联合或连接创建。创建视图的语法格式如下：

```
CREATE VIEW view_name
AS
SELECT column1, column2, ...
FROM table_name
[WHERE condition];
```

参数说明：

- view_name 是要创建的视图的名称。
- column1, column2, ...是在视图中显示的列名。
- table_name 是用于生成视图结果集的表名。
- WHERE condition 是一个可选的条件子句，用于过滤结果集中的数据。

创建视图时，可以使用各种 SQL 查询语句和表达式来定义视图的结果集，包括简单的 SELECT 语句、JOIN 操作、聚合函数等。此外，还可以使用 ORDER BY 子句对结果进行排序，以及使用 GROUP BY 子句对结果进行分组。一旦创建了视图，就可以像查询普通表一样查询它。

在创建视图时，有一些重要的注意事项需要遵守。

- 权限要求：用户必须拥有创建视图的权限。如果使用了 OR REPLACE 子句，用户还需要有删除视图的权限，以确保数据库的安全性和完整性。
- 可更新性：并非所有视图都可更新。视图是否可更新还与视图的定义相关，如果视图定义中包含了分组(GROUP BY)、聚合函数(如 SUM, AVG)、DISTINCT 等，则视图不可更新。
- 级联更新：如果视图依赖于基础表，基础表的任何更新都可能会影响视图的内容。了解这些依赖关系可以帮助预测和管理潜在的数据变更。
- 数据独立性：视图可以提供数据的抽象和独立性，但应当注意保持视图与基本表结构同步更新，以避免因表结构变动导致视图失效。

【例 5-40】基于 student 表创建一个简单的视图，视图名称为 student_view1。

SQL 语句如下：

```
CREATE VIEW student_view1
AS
SELECT *
FROM student;
```

【例 5-41】基于 student 表创建一个名为 student_view2 的视图，该视图包含学生的姓名、课程名以及对应的成绩。

SQL 语句如下：

```
CREATE VIEW student_view2(Sname, Cname, Grade)
AS
SELECT Sname, Cname, Grade
FROM student s, course c, sc
WHERE s.Sno=sc.Sno AND c.Cno=sc.Cno;
```

【例 5-42】在查询学生“谢鑫”所有已修课程的成绩时，可以借助视图方便地完成查询。

SQL 语句如下：

```
SELECT *
FROM student_view2
WHERE Sname='谢鑫';
```

2. 查看视图定义

查看视图需要具有 SHOW VIEW 的权限。在 MySQL 数据库中，user 表保存了与权限相关的信息。用户可以使用 DESCRIBE 语句或 SHOW CREATE VIEW 语句来查看视图的定义。

使用 SHOW CREATE VIEW 语句查看视图定义的语法格式如下：

```
SHOW CREATE VIEW view_name;
```

其中，view_name 是需要查看的视图名称。

【例 5-43】查看视图 student_view2 的定义。

SQL 语句如下：

```
SHOW CREATE VIEW student_view2;
```

或者可以使用 DESCRIBE(DESC)语句：

```
DESC student_view2;
```

查看视图的定义包括字段定义、字段的数据类型、是否为空、是否为主/外键、默认值和额外信息。使用 DESCRIBE(DESC)语句可以获得视图的结构信息， DESCRIBE 和 DESC 的执行结果是相同的。

3. 修改视图定义

使用 CREATE OR REPLACE VIEW 语句可以在不删除现有视图的情况下修改视图定义。如果视图已经存在，它将被替换为新的视图定义；如果视图不存在，则会创建一个新的视图。使用 CREATE OR REPLACE VIEW 语句创建新的视图定义时，可以指定所需的列、表和条件等。语法格式如下：

```
CREATE OR REPLACE VIEW my_new_view
AS
SELECT column1, column2
FROM table_name
[WHERE condition];
```

参数说明：

- column1 和 column2 是要选择的列名。
- table_name 是包含所需数据的表名。
- condition 是可选的条件子句，用于过滤数据。

注意：

修改视图定义可能会影响依赖于该视图的其他查询或应用程序。

【例 5-44】使用 CREATE OR REPLACE VIEW 修改视图 student_view2 的列名为姓名、选修课和成绩。

SQL 语句如下：

```
CREATE OR REPLACE VIEW student_view2(姓名, 选修课, 成绩)
```

```
AS
SELECT Sname, Cname, Grade
FROM student s, course c, sc
WHERE s.Sno=sc.Sno AND c.Cno=sc.Cno;
```

4. 删除视图

执行删除视图操作需要拥有删除视图的权限。此外，如果视图正在被其他数据库对象(如存储过程或触发器)引用，可能需要先删除或修改这些对象才能成功删除视图。在删除视图时，应谨慎操作，确保不会误删或影响到其他依赖该视图的数据库对象或应用程序。删除视图操作的语法格式如下：

```
DROP VIEW view_name;
```

其中，view_name 是需要删除的视图名称。执行这个语句将删除指定的视图及其定义。

【例 5-45】删除视图 student_view1。

SQL 语句如下：

```
DROP VIEW IF EXISTS student_view1;
```

5.8 本章小结

掌握数据查询技能对于数据库管理员和开发人员至关重要。通过学习本章内容，用户不仅能够深入理解 SELECT 语句的结构，熟练掌握简单查询、连接查询、子查询、联合查询以及视图管理等关键操作，还能培养严谨的逻辑思维和细致的工作态度。在学习本章介绍的专业技能的过程中，用户应树立正确的数据观念，确保数据的安全与合法使用。

5.9 本章习题

一、选择题

1. 在 SQL 中，要查询表中所有的记录和字段，应使用(　　)语句。

   A. SELECT　　B. SELECT *

   C. SELECT ALL　　D. SELECT EVERYTHING

2. 如果要从表中选取不重复的记录，应该使用(　　)关键字。

   A. DISTINCT　　B. UNIQUE

   C. ONLY　　D. SINGLE

3. 在 SQL 中，用于对查询结果进行排序的子句是(　　)。

   A. GROUP BY　　B. ORDER BY

   C. HAVING　　D. LIMIT

4. 如果在两张表之间进行查询，希望仅返回匹配的记录，应该使用(　　)语句。

A. INNER JOIN　　B. LEFT JOIN

C. RIGHT JOIN　　D. FULL JOIN

5. 在执行多表查询时，(　　)语句可以用来返回所有表中的所有记录，包括没有匹配的记录。

A. OUTER JOIN　　B. LEFT OUTER JOIN

C. RIGHT OUTER JOIN　　D. FULL OUTER JOIN

6. 在 SQL 中，子查询是指(　　)。

A. 在另一个查询中的查询　　B. 一个被其他查询调用的存储过程

C. 在一个查询中多次使用的表别名　　D. 一个查询中的临时表

7. (　　)可用于测试表中是否存在某条记录。

A. EXISTS 子查询　　B. IN 子查询

C. 比较子查询　　D. 任何类型的子查询都可以

8. 在数据库中，视图是(　　)。

A. 物理存储的表

B. 可视化的数据库结构图

C. 虚拟的表，基于一个或多个实际表的查询结果

D. 用于存储临时数据的表

9. 下列哪项是使用视图的优点？(　　)

A. 提高数据安全性　　B. 降低数据冗余

C. 加快查询性能　　D. 所有以上答案

10. 如何创建一个新的视图？(　　)

A. 使用 CREATE TABLE 语句　　B. 使用 SELECT INTO 语句

C. 使用 CREATE VIEW 语句　　D. 使用 ALTER TABLE 语句

二、填空题

1. 在 SQL 中，SELECT 语句用于________。

2. 若要在 SELECT 语句中选择所有列，可以使用通配符关键字________。

3. 使用 WHERE 子句可以过滤出满足特定条件的记录，该子句通常与 SELECT 语句一起使用以限制________。

4. ORDER BY 子句用于对查询结果进行排序，如果需要按照降序排列结果，可以使用关键字________。

5. 在 SQL 中，SELECT 语句用于查询数据，与之配合使用的子句 FROM 指定了________。

6. WHERE 子句在 SELECT 语句中用于设置筛选条件，而 GROUP BY 子句则用于将结果集按照一列或多列进行________。

7. 若需要在 JOIN 操作的基础上筛选出满足特定条件的记录，可以使用 ON 子句来指定________条件。

8. 在数据库中，视图是一个虚拟的表，它是基于一个或多个实际表的查询结果集。与物理表不同，视图仅存储它的________，而不是数据本身。

9. 在数据库中，视图是一个虚拟的表，它是基于一个或多个实际表的________结果集。

10. 创建视图时，可以使用 CREATE VIEW 语句，而更新视图定义则需要使用________语句。

三、综合题

基于 jxxx 数据库，完成以下操作。

1. 查询全体学生的详细信息。
2. 查询选修了课程的学生人数。
3. 查询全体学生的姓名及其年龄。
4. 查询“计算机 2001”班级的全体学生名单。
5. 查询在“2001-01-01”至“2003-12-31”期间出生的学生姓名、所在班级以及出生日期。
6. 使用 IN 操作符查询“计算机 2001”班和“通信 2001”班学生的姓名和性别。
7. 查询所有不姓“王”的学生姓名和学号。
8. 查询选修课程号“18132220”的学生的最高分、最低分及平均分。
9. 查询选修了两门以上选修课的学生的学号以及选课数。
10. 用两种方式查询选修课程号为“18132220”课程成绩在 90 分以上的所有学生的学号、性别、出生日期、班级、课程号和成绩。
11. 查询与“谢鑫”在同一个班学习的学生信息。
12. 查询所有选修课程号为“18132220”课程的学生姓名。
13. 查询选修课程号为“18112820”和“18132220”的所有学生的信息。
14. 借助视图查询学生“谢鑫”的所有已修课程的成绩。
15. 查看第 14 题的视图定义。

第6章

MySQL编程基础

MySQL 不仅支持数据的增、删、改、查功能，还提供了系统函数、用户定义函数、变量和流程控制语句，用于编写程序。本章将详细介绍 MySQL 编程技术。

6.1 函数

函数由函数名、参数、返回值和函数体组成，用于实现特定的功能。MySQL 数据库提供了大量功能丰富的系统函数和用户自定义函数供开发者使用。用户在进行数据库管理和操作时，使用函数，可以增强数据库功能，使操作更加灵活、管理更加高效，从而满足不同的需求。MySQL 系统函数包括数学函数、字符串函数、日期和时间函数和系统信息函数等类型。本节将介绍 MySQL 函数的功能和用法。

6.1.1 数学函数

数学函数用于处理数值运算。数学函数包括绝对值函数、三角函数(包含正弦函数、余弦函数、正切函数、余切函数等)、对数函数和随机函数等。如果在使用数学函数的过程中发生错误，该函数将返回空值 NULL。表 6-1 列举了一部分 MySQL 常用数学函数及功能。

表 6-1 MySQL 常用数学函数

数学函数	功能说明
ABS(x)	返回 x 的绝对值
PI()	返回圆周率(3.141593)
SQRT(x)	返回非负数 x 的二次方根
MOD(x,y)或%	返回 x 除以 y 的余数
RAND()	返回 0 到 1 之间的随机数
RAND(x)	返回 0 到 1 之间的随机数，参数 x 为整数，用作种子值，产生重复序列，即 x 值相同则产生的随机数相同
ROUND(x)	返回最接近于参数 x 的整数，对 x 值进行四舍五入
ROUND(x,y)	返回最接近于参数 x 的值，保留到小数点后 y 位
TRUNCATE(x,y)	返回 x 截去小数点后 y 位的数值

(续表)

数学函数	功能说明
CEIL(x)和 CEILING(x)	这两个函数功能相同，都是返回不小于 x 的最小整数值
FLOOR(x)	返回不大于 x 的最大整数值
SIGN(x)	返回参数 x 的符号
POW(x,y)和 POWER(x,y)	这两个函数功能相同，都是返回 x 的 y 次方的结果值
EXP(x)	返回 e 的 x 次方后的值
LOG(x)	返回 x 的自然对数，x 相对于基数 e 的对数
LOG10(x)	返回 x 以 10 为底的对数

下面将介绍几个常用数学函数的功能和使用方法。

1. 绝对值函数

ABS(x)函数用于求绝对值。

【例 6-1】求-1.1、1.1 和 3 的绝对值。

SQL 语句如下：

```
SELECT ABS(-1.1), ABS(1.1), ABS(3);
```

执行结果如图 6-1 所示。

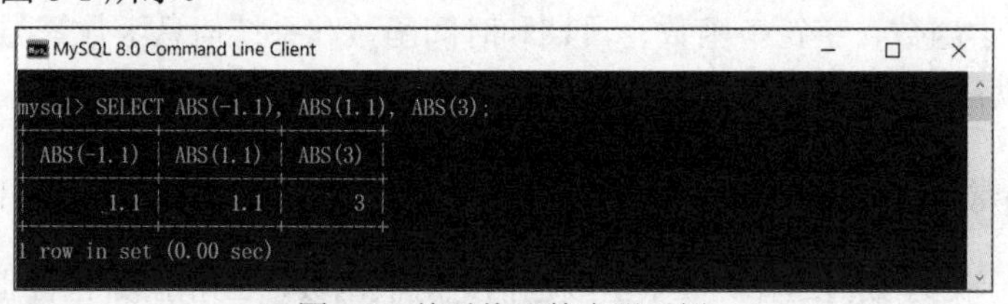

图 6-1　绝对值函数应用示例

2. 圆周率函数

PI()函数返回圆周率的值。

【例 6-2】返回圆周率的值。

SQL 语句如下：

```
SELECT PI();
```

执行结果如图 6-2 所示。

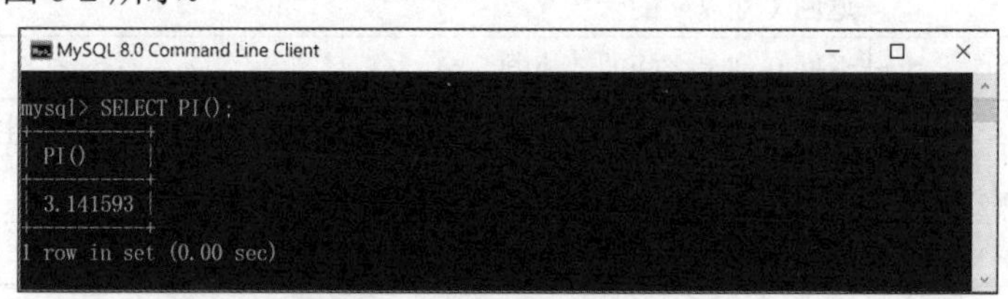

图 6-2　圆周率函数应用示例

3. 获取最小和最大整数函数

CEIL(x)函数返回不小于 x 的最小整数值，而 FLOOR(x)函数返回不大于 x 的最大整数值。

【例 6-3】求不小于 8.6 的最小整数和不大于-7.9 的最大整数。

SQL 语句如下：

```
SELECT CEIL(8.6),FLOOR(-7.9);
```

执行结果如图 6-3 所示。

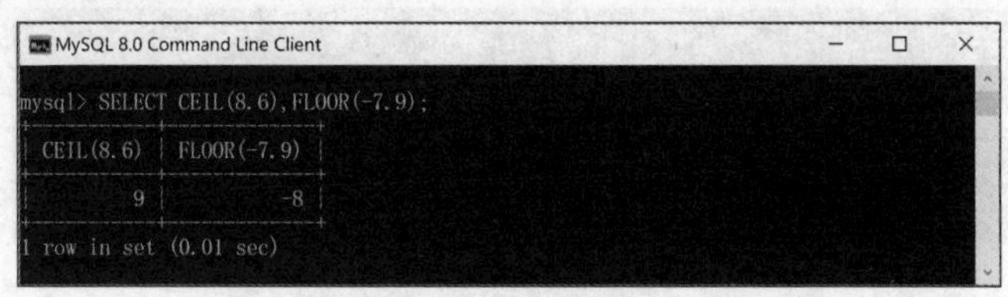

图 6-3　获取最小和最大整数函数应用示例

4. 平方根函数

SQRT(x)函数返回 x 的平方根值(x 大于等于 0)。

【例 6-4】求 5.4 平方根。

SQL 语句如下：

```
SELECT SQRT(5.4);
```

执行结果如图 6-4 所示。

图 6-4　平方根函数应用示例

5. 四舍五入函数

ROUND(x,y)函数对参数 x 进行四舍五入操作，返回值保留小数点后面指定的 y 位。

【例 6-5】将 9.685 保留到小数点后一位。

SQL 语句如下：

```
SELECT ROUND(9.68,1);
```

执行结果如图 6-5 所示。

```
MySQL 8.0 Command Line Client
mysql> select round(9.68,1);
+---------------+
| round(9.68,1) |
+---------------+
|           9.7 |
+---------------+
1 row in set (0.00 sec)
```

图 6-5　四舍五入函数应用示例

6. 幂运算函数

POW(x,y)和 POWER(x,y)函数功能相同，都是用于计算 x 的 y 次方。

【例 6-6】计算-3 的三次方、2.56 的平方以及 90 的立方根。

```
SELECT POW(-3,3), POW(2.56,2), POW(90,1/3);
```

执行结果如图 6-6 所示。

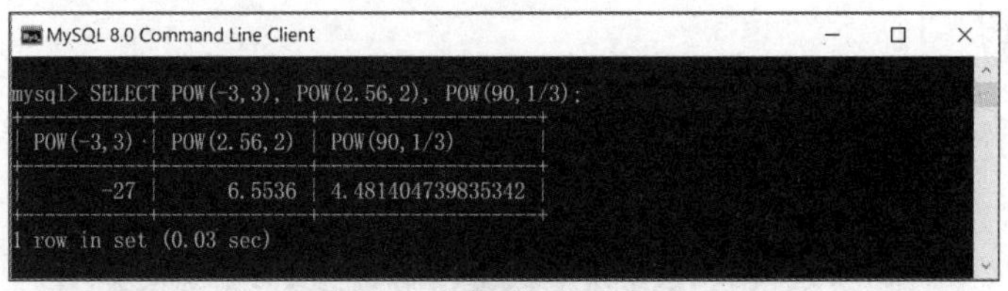

图 6-6　幂函数应用示例

6.1.2　字符串函数

字符串函数主要用来处理字符串数据。字符串函数包括计算字符长度的函数、字符串合并函数、字符串比较函数、查找指定字符串位置的函数等。MySQL 中常用的字符串函数及其功能如表 6-2 所示。

表 6-2　MySQL 中常用字符串函数

字符串函数	功能说明
CHAR_LENGTH(str)	返回字符串 str 的字符个数
LENGTH(str)	返回字符串占用的字节数
CONCAT(sl,s2, ...)	返回结果为 sl,s2,等多个字符串连接为一个字符串
INSERT(sl,x,len,s2)	从 sl 的 x 位置起始、长度为 len 的子字符串将被 s2 替换
LOWER(str)和 LCASE(str)	两个函数功能相同，都是将字符串 str 中的字母转换为小写
UPPER(str)和 UCASE(str)	两个函数功能相同，都是将字符串 str 中的字母转换为大写
LEFT(str,len)	返回字符串 str 的最左侧 len 个字符
RIGHT(str,len)	返回字符串 str 的最右侧 len 个字符
LTRIM(str)	删除字符串 str 左侧的空格
RTRIM(str)	删除字符串 str 右侧的空格
TRIM(str)	删除字符串 str 左、右两侧的空格
REPLACE(str,sl,s2)	使用字符串 s2 替换字符串 str 中所有的子字符串 sl
STRCMP(sl,s2)	比较字符串 s1 和 s2 的大小
SUBSTRING(str,pos,len)	获取从字符串 str 的第 pos 位置开始，长度为 len 的字符串
LOCATE(sl ,str)	返回字符串 sl 在字符串 str 中第一次出现的位置
REVERSE(str)	返回与原始字符串 str 顺序相反的字符串

下面将介绍几个常用字符串函数的功能和使用方法。

1. 计算字符数和字符串长度函数

CHAR_LENGTH(str)函数的返回值为字符串中所包含的字符个数。LENGTH(str)函数的返回值为字符串所占用的字节数。

【例 6-7】计算字符串“hello”的长度，以及字符串“MySQL 8.0 数据库”的字符个数和字节长度。

SQL 语句如下：

```
SELECT LENGTH('hello'),CHAR_LENGTH('MySQL8.0 数据库'),LENGTH('MySQL8.0 数据库');
```

执行结果如图 6-7 所示。

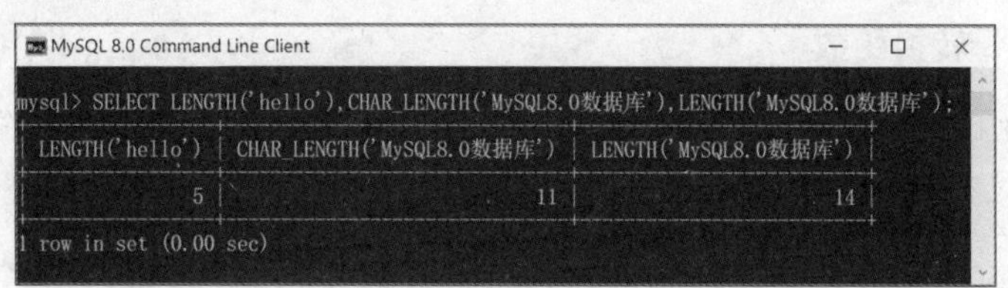

图 6-7　计算字符数和字符串长度函数应用示例

从执行结果可以看出，CHAR_LENGTH(str)函数将中文字符算作单个字符进行计算，而LENGTH(str)函数在计算时，一个中文字符通常占用两个字节，因此结果分别为 11 和 14。

2. 连接字符串函数

CONCAT(sl ,s2,...)函数的返回结果是将所有参数连接成一个字符串。

【例 6-8】将字符串“MongoDB,”与“MySQL 数据库”进行连接。

SQL 语句如下：

```
SELECT CONCAT('MongoDB,', 'MySQL 数据库');
```

执行结果如图 6-8 所示。

图 6-8　连接字符串函数应用示例

3. 替换字符串函数

INSERT(sl,x,len,s2)函数的返回结果是将字符串 sl 从位置 x 开始、长度为 len 的子字符串替换为 s2。如果 x 超过字符串 sl 的长度，则返回值原始字符串；如果 len 超过从位置 x 开始的剩余长度，则从位置 x 开始替换至字符串 s1 的末尾，替换部分的长度仅为从位置 x 到字符串结尾的长度。

【例 6-9】将“DATABASE jxxs”字符串的后四位替换为“usersm”。

SQL 语句如下：

```
SELECT INSERT('DATABASEjxxs,',9,6, 'usersm');
```

执行结果如图 6-9 所示。

```
MySQL 8.0 Command Line Client
mysql> SELECT INSERT('DATABASEjxxs,',9,6, 'usersm');
+--------------------------------------+
| INSERT('DATABASEjxxs,',9,6, 'usersm') |
+--------------------------------------+
| DATABASEusersm                        |
+--------------------------------------+
1 row in set (0.00 sec)
```

图 6-9　替换字符串函数应用示例

从执行结果看，字符串 s1 的后四位被长度为 6 的字符串 S2 完全替换。

4. 大小写字母转换函数

LOWER(str)函数的返回结果是将 str 中的所有大写字母字符转换为小写字母；UPPER(str)函数的返回结果是将 str 中含有小写字母的字符转化为大写字母。

【例 6-10】将字符串“Create Table”中的大写字母转换为小写字母，将字符串“Alter Event”中的小写字母转换为大写字母。

SQL 语句如下：

```
SELECT LOWER('Create Table'), UPPER('Alter Event ');
```

执行结果如图 6-10 所示。

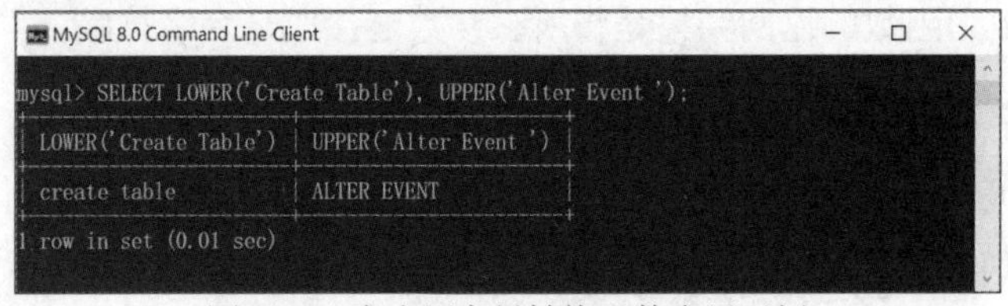

图 6-10　大小写字母转换函数应用示例

5. 删除空格函数

LTRIM(s)函数返回去掉字符串 s 左侧空格字符后的结果；RTRIM(s)函数返回去掉字符串 s 右侧空格字符后的结果；TRIM(s)函数返回去掉字符串 s 两端空格字符后的结果。

【例 6-11】分别删除字符串“　first　second　”右侧、左侧和两端的空格。

SQL 语句如下：

```
SELECT LTRIM('   first   second   '), RTRIM('   first   second   '),TRIM('   first    second   ');
```

执行结果如图 6-11 所示。

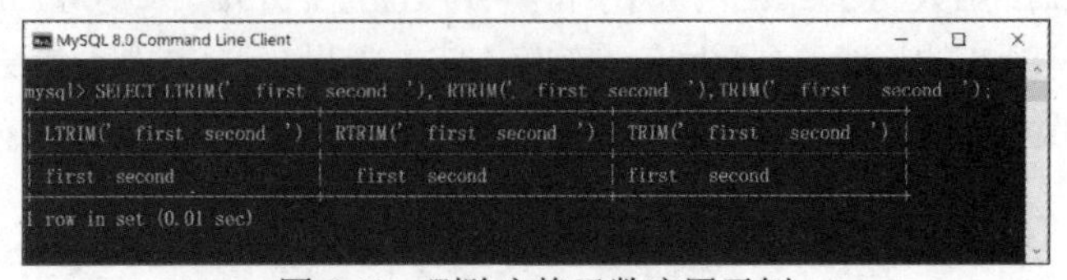

图 6-11　删除空格函数应用示例

从执行结果看，“　first　second　”字符串中间的空格无法通过上述函数被删除。

6. 比较两个字符串大小函数

STRCMP(sl,s2)函数用于比较 s1 和 s2 的大小。当 s1 大于 s2 时返回 1；当 s1 等于 s2 时返回 0；当 s1 小于 s2 时返回-1。

【例 6-12】比较字符串“Compute”和“compute”；比较字符串“Compute”和“Compute123”。

SQL 语句如下：

```
SELECT STRCMP('Compute', 'compute'), STRCMP('Compute', 'Compute123');
```

执行结果如图 6-12 所示。

从执行结果看，STRCMP(sl,s2)函数比较不区分大小写，所以“Compute”和“compute”字符串的比较结果为 0。

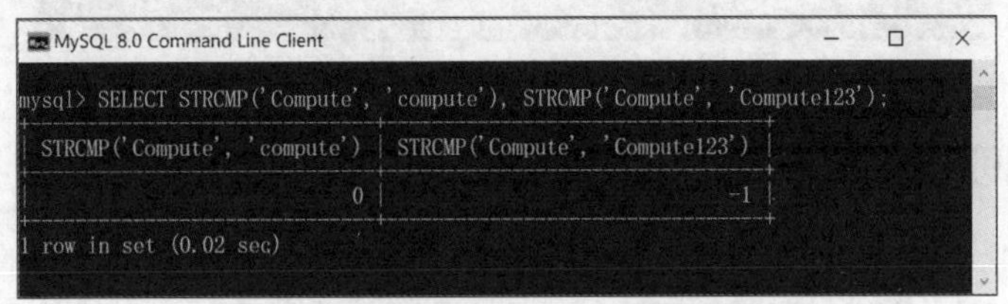

图 6-12　比较两个字符串大小函数应用示例

7. 截取字符串函数

LEFT(str,len)函数返回从字符串 str 左侧开始，长度为 len 的子串；RIGHT(str,len)函数返回从字符串 str 右侧开始，长度为 len 的子串。SUBSTRING(str,pos,len)函数返回从 pos 位置开始，截取长度为 len 的子串。

【例 6-13】分别截取字符串“MongoDBRedisMySQL”右端的 7 个字符，左端的 5 个字符以及从第 8 个位置开始的 5 个字符。

SQL 语句如下：

```
SELECT LEFT('MongoDBRedisMySQL',7), RIGHT('MongoDBRedisMySQL',5),
    SUBSTRING('MongoDBRedisMySQL',8,5);
```

执行结果如图 6-13 所示。

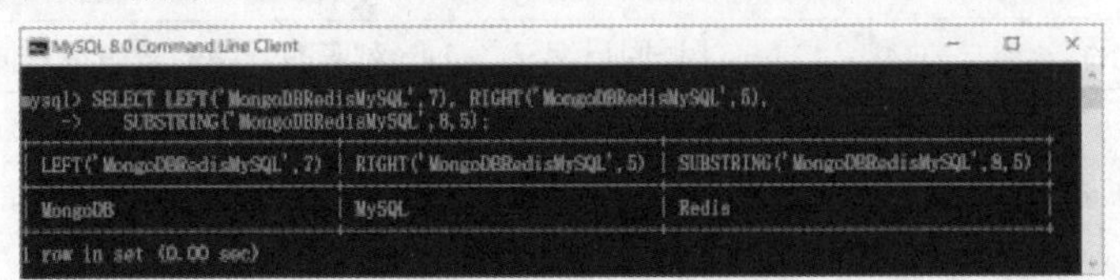

图 6-13　截取字符串函数应用示例

提示：

SUBSTRING(str,pos,len)函数的 pos 参数可以为负数，此时是从字符串末尾的字符开始截取。另外，当 pos 参数的位置大于 str 长度时，结果为空。

8. 获取子串第一次出现位置函数

LOCATE(s1,str)函数返回 s1 在 str 中第一次出现的位置。若 str 中不包含 s1，则结果为 0。

【例 6-14】分别显示子串“cu”和“数据库”在字符串“cucumber”和“关系数据库，非关系型数据库”中第一次出现的位置。

SQL 语句如下：

```
SELECT LOCATE('cu', 'cucumber'), LOCATE('数据库', '关系数据库，非关系型数据库');
```

执行结果如图 6-14 所示。

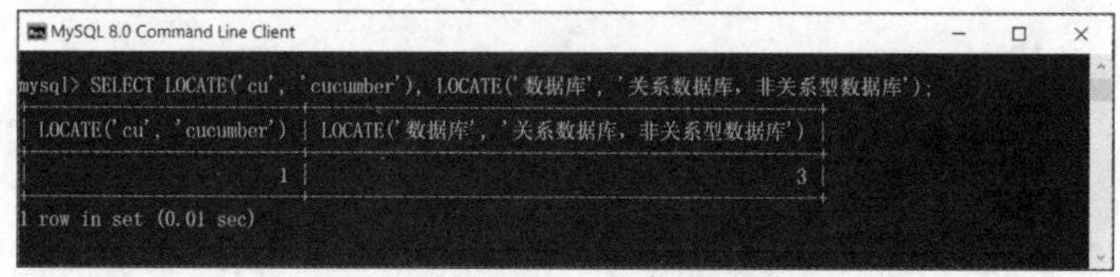

图 6-14　LOCATE(s1,str)函数应用示例

6.1.3　日期时间函数

MySQL 中的日期和时间类型对于数据库管理至关重要。由于日期类型的值在不同场景中可能以不同格式存储，查询时通常需要将其转换为指定格式以获取所需的数据。在这种情况下，日期函数可以极大地方便查询操作。本节将介绍常用日期和时间函数的功能及用法。

MySQL 中常用的日期和时间函数及其功能，如表 6-3 所示。

表 6-3　MySQL 中常用的日期时间函数

日期和时间函数	功能说明
CURDATE()和 CURRENT_DATE()	返回系统当前的日期
CURTIME()和 CURRENT_TIME()	返回系统当前的时间
CURRENT_TIMESTAMP()和 NOW()	返回系统当前的日期和时间
LOCALTTIME()和 SYSDATE()	返回系统当前的日期和时间
MONTH(date)	返回日期时间参数 date 中的月份，范围是 1～12
MONTHNAME(date)	返回日期时间参数 date 中月份的英文名称
DAYNAME(date)	返回日期参数 date 对应的星期几的英文名称
DAYOFWEEK(date)	返回日期参数 date 对应的一周的索引位置值
WEEK(date)	返回日期参数 date 对应的一年中的第几周，范围是 0～53
WEEKOFYEAR(date)	返回日期参数 date 对应的一年中的第几周，范围是 1～53
DAYOFYEAR(date)	返回日期参数 date 是一年中的第几天
DAYOFMONTH(date)	返回日期参数 date 在一个月中是第几天
YEAR(date)	返回日期参数 date 对应的年份
QUARTER(date)	返回日期参数 date 对应的一年中的季度值，范围是 1～4
SECOND(time)	返回时间参数 time 对应的秒数
MINUTE(time)	返回时间参数 time 对应的分钟数

(续表)

日期和时间函数	功能说明
HOUR(time)	返回时间参数 time 对应的小时数
TIME_TO_SEC(time)	返回将时间参数 time 转换为秒数的数值
SEC_TO_TIME(seconds)	返回将以秒为参数 seconds 转换为时间值
ADDDATE(date, INTERVAL expr type) DATE_ADD(date, INTERVAL expr type)	两个函数功能相同。返回一个以参数 date 为起始日期加上时间间隔值之后的日期值
SUBDATE(date, INTERVAL expr type) DATE_SUB(date, INTERVAL expr type)	两个函数功能相同。返回一个以参数 date 为起始日期减去时间间隔值之后的日期值
ADDTIME(time,expr)	返回将 expr 值加上原始时间 time 之后的时间值
SUBTIME(time,expr)	返回将原始时间 time 减去 expr 值之后的时间值
DATEDIFF(datel,date2)	返回参数 date1 减去 date2 之后的天数差
DATE FORMAT(date,format)	返回根据参数 format 指定的格式显示的 date 值
TIME_FORMA T(time,format)	返回根据参数 format 指定的格式显示的 time 值
GET FORMAT(val_type,format_type)	返回值是日期时间格式字符串

下面将介绍常用日期和时间函数的功能和使用方法。

1. 获取系统当前日期和时间函数

CURDATE()函数返回系统当前日期；CURTIME()函数返回系统当前时间；NOW()函数返回系统当前日期和时间。

【例 6-15】显示系统的当前日期、当前时间以及当前的日期和时间。

SQL 语句如下：

```
SELECT CURDATE(), CURTIME(), NOW();
```

执行结果如图 6-15 所示。

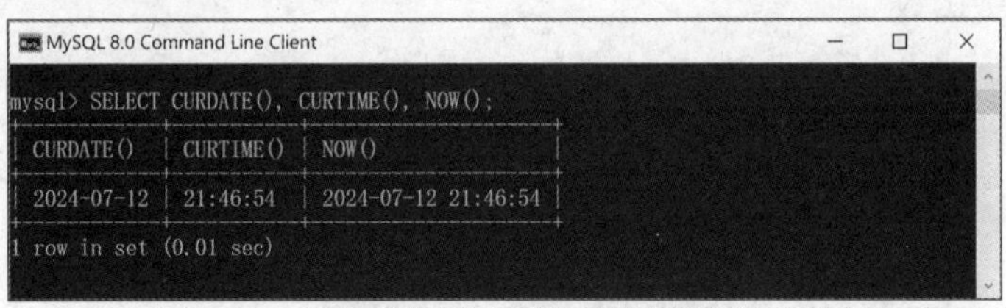

图 6-15　获取系统当前日期和时间函数应用示例

从执行结果看，系统日期的默认格式为 YYYY-MM-DD HH:MM:SS。

2. 获取月份函数

MONTH(date)函数返回 date 对应的月份；MONTHNAME(date)函数返回 date 对应的月份的英文名称。

【例 6-16】显示系统日期对应的月份及其英文名称。

SQL 语句如下：

```
SELECT MONTH(CURDATE()), MONTHNAME(CURDATE());
```

执行结果如图 6-16 所示。

```
MySQL 8.0 Command Line Client
mysql> SELECT MONTH(CURDATE()), MONTHNAME(CURDATE());
+------------------+----------------------+
| MONTH(CURDATE()) | MONTHNAME(CURDATE()) |
+------------------+----------------------+
|                7 | July                 |
+------------------+----------------------+
1 row in set (0.01 sec)
```

图 6-16　获取月份函数应用示例

3. 获取星期函数

DAYOFWEEK(date)函数返回 date 对应的一周中的索引位置；DAYNAME(date)函数返回 date 对应星期的英文名称。

【例 6-17】显示日期“2024-02-09”在一周中的位置及其对应的英文名称。

SQL 语句如下：

```
SELECT DAYOFWEEK('2024-02-09'), DAYNAME('2024-02-09');
```

执行结果如图 6-17 所示。

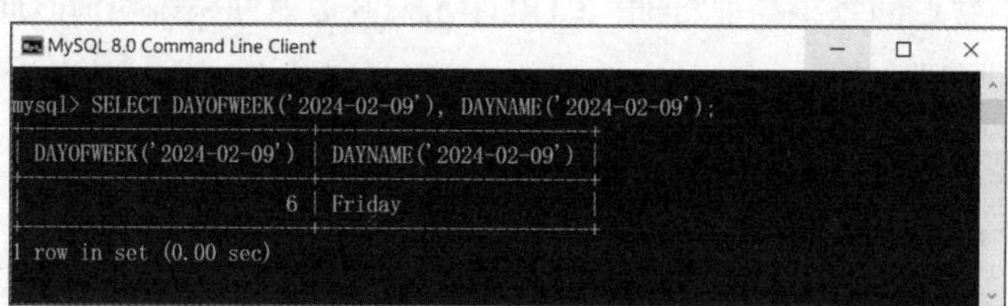

图 6-17　获取星期函数应用示例

4. 获取星期数函数

WEEK(date)函数返回 date 对应的一年中的第几个星期。

【例 6-18】显示日期“2024-01-01”和“2024-12-31”分别在 2024 年的第几个星期。

SQL 语句如下：

```
SELECT WEEK('2024-01-01'), WEEK('2024-12-31');
```

执行结果如图 6-18 所示。

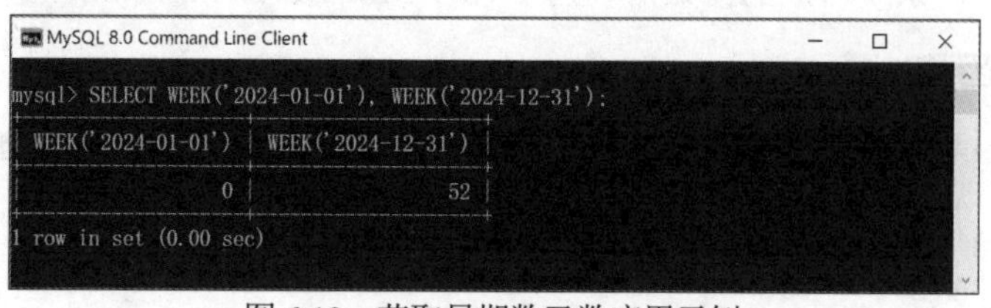

图 6-18　获取星期数函数应用示例

提示：

WEEK(date)函数星期数范围通常为0~53，而WEEKOFYEAR(date)函数星期数范围为1~53。

5. 增加和减少日期函数

DATE_ADD(date, INTERVAL expr type)函数返回在date上加上expr和type指定的时间间隔后的日期，其中type可以是YEAR、DAY、HOUR、MINTUE和DAY_SECOND等。DATE_SUB(date, INTERVAL expr type)函数返回在date上减去expr和type指定的时间间隔后的日期。

【例 6-19】显示系统当前时间加上 3 天 10 分钟后的时间，并显示日期“2024-05-01 03:10:10”减去 20 分钟 30 秒后的结果。

SQL 语句如下：

```
SELECT DATE_ADD(CURDATE(),INTERVAL '3:02' DAY_HOUR) AS t1,
    DATE_SUB('2024-05-01 03:10:10', INTERVAL '20:30' MINUTE_SECOND) AS t2;
```

执行结果如图 6-19 所示。

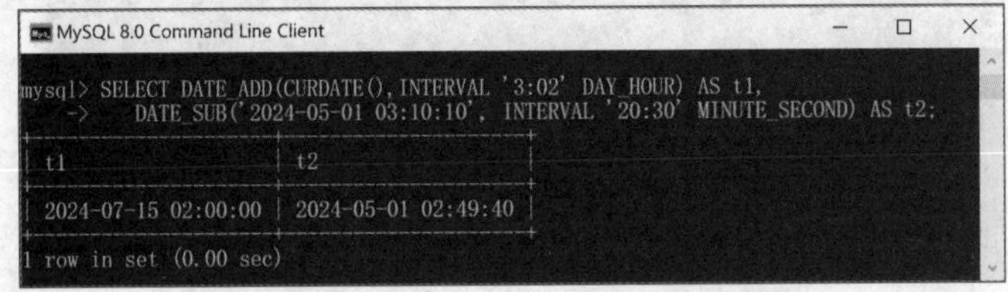

图 6-19　添加或减少日期函数应用示例

6. 计算两个日期间隔天数

DATEDIFF(datel,date2)函数返回 date1 减去 date2 所得的相差天数。

【例 6-20】计算日期“2024-06-30”与“2024-01-01”之间相差的天数。

SQL 语句如下：

```
SELECT DATEDIFF('2024-06-30', '2024-01-01');
```

执行结果如图 6-20 所示。

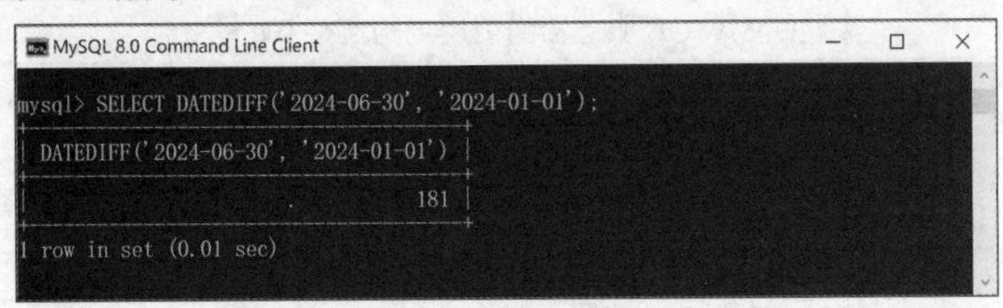

图 6-20　计算日期间隔大数函数应用示例

提示：

当 date1 和 date2 指定的日期不存在时，结果为 NULL。例如，例 6-20 中若 date1 为“2024-06-31”，则结果为空。

7. 日期时间格式化函数

DATE_FORMAT(date,format)函数根据 format 指定的格式显示 date 值。format 格式字符说

明如下：%Y 使用 4 位表示年份；%y 使用 2 位表示年份；%M 表示英文月份；%m 使用 2 位表示月份；%d 和%e 表示一个月中的第几天，其中%d 使用前导 0 表示，%e 不使用前导 0 表示；%W 表示一周中的星期名；%w 表示一周中的星期几；%H 表示 24 小时制的小时。

【例 6-21】 将“2024-12-01:12:20:30”显示格式设为：使用 2 位表示年份，月份用英文表示，日期不使用前导 0 表示。

SQL 语句如下：

```
SELECT DATE_FORMAT('2024-12-01:12:20:30', '%e,%M, %y ') AS d1,
    DATE_FORMAT('2024-01-01:14:20:30', '%y,%M,%e,%h,%w') AS d2;
```

执行结果如图 6-21 所示。

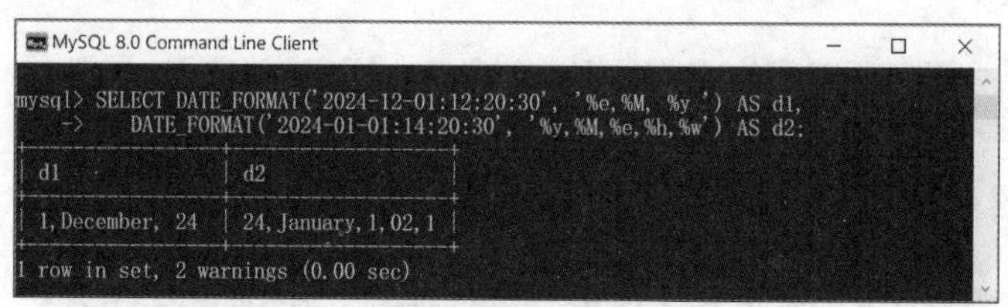

图 6-21　日期时间格式化函数应用示例

提示：

当 date 为日期时间型时，若在格式字符中未包括时间格式字符，结果将不会显示时间部分。%h 表示时间为 12 小时制。

6.1.4　系统信息函数

MySQL 的系统信息包含数据库的版本号、当前用户名和连接数、系统字符集和最后一个自动生成的值等。本节将介绍使用 MySQL 数据库中的函数返回系统信息，如表 6-4 所示。

表 6-4　MySQL 数据库中的系统信息函数

系统信息函数	功能说明
VERSION()	返回当前 MySQL 版本号的字符串
CONNECTION_ID()	返回 MySQL 服务器当前用户的连接 ID
SHOW PROCESSLIST()	显示正在运行的线程，包括当前所有的连接数和连接状态，帮助用户识别出有问题的查询语句等
DATEBASE()和 SCHEMA()	两个函数的功能相同，都是显示当前正在使用的数据库名称
USER() CURRENT_USER() SYSTEM_USER() SESSION USER()	四个函数功能相同。返回当前被 MySQL 服务器验证过的用户名和主机名组合
CHARSET(str)	获取字符串的字符集函数，返回参数字符串 str 使用的字符集
COLLATION(str)	返回参数字符串 str 的字符集排序规则
SELECTLAST INSERT_ID()	获取最后一个自动生成的 ID 值的函数，通常用于获取刚刚插入的行的 ID

下面将介绍常用系统信息函数的功能和使用方法。

1. 获取字符串的字符集函数

CHARSET(str)函数返回 str 字符串使用的字符集。

【例 6-22】显示字符串“course”所使用的字符集。

SQL 语句如下：

```
SELECT CHARSET('course');
```

执行结果如图 6-22 所示。

图 6-22　CHARSET(str)函数应用示例

提示：

在 MySQL 8.0 之前的版本中默认字符集是 latin1，在 MySQL 8.0 及以后的版本中默认字符集是 utf8mb4。若要修改字符集，可以使用 CONVERT(str,USING transcoding_name)函数。

2. 获取最后一个自动递增列的值函数

LAST_INSERT_ID()函数用于获取自动递增列的值，即设定为 AUTO_INCREMENT 属性的列生成的 ID。如果最后插入的行没有自动递增列，或者在插入操作之前没有设置自动递增列，那么 LAST_INSERT_ID()函数将返回 0。

【例 6-23】创建 member 表，并将 no 字段设置为自动递增列，插入三条记录，然后显示最后一条记录的 Sno 值。

SQL 语句如下：

```
-- 创建表语句
CREATE TABLE member (
    NO INT AUTO_INCREMENT NOT NULL PRIMARY KEY ,
    NAME VARCHAR(20)
);
-- 添加记录语句
INSERT INTO member VALUES(NULL ,'王小');
INSERT INTO member VALUES(NULL ,'李惠');
INSERT INTO member VALUES(NULL ,'马茜');
-- 执行上述语句后，查询最后一次执行 INSERT 语句增加记录时的自动自增列的值
SELECT LAST_INSERT_ID();
```

执行结果如图 6-23 所示。

```
mysql> SELECT LAST_INSERT_ID();
+------------------+
| LAST_INSERT_ID() |
+------------------+
|                3 |
+------------------+
1 row in set (0.00 sec)
```

图 6-23　LAST_INSERT_ID( )函数应用示例

从执行结果来看，每增加一条记录时，member 表的 no 字段值取已有记录的最大值加 1，LAST_INSERT_ID()函数的返回值是最后一次插入操作中自动递增字段的值。

6.1.5　自定义函数

MySQL 本身提供了多种内置函数，比如本书前面提到过的聚合函数 SUM()、AVG()以及日期和时间函数等。然而，在实际应用中，可能会出现一些 MySQL 函数系统无法满足的需求。此时，可以使用 CREATE FUNCTION 语句来创建自定义函数。自定义函数是 SQL 的一个扩展，可以用来封装复杂的逻辑，从而简化查询。

MySQL 默认语句结束符为分号(;)。在自定义函数时，由于函数体通常包含多条 SQL 语句，每条语句之后都使用分号，这可能会导致 MySQL 误解函数的结束。为了避免这种错误，需要使用 DELIMITER 命令来设置一个新的结束符。语法格式如下：

```
DELIMITER 新结束符号
--自定义函数
新结束符号
DELIMITER ;
```

说明：

新结束符号推荐使用非内置符号(如"$$")。

在使用 DELIMITER 修改语句结束符后，自定义函数的语句就可以正常使用分号结束符。在定义完成自定义函数后，首先使用新的结束符来结束函数体，然后使用 DELIMITER 命令将语句结束符改回原来的分号。

在掌握了如何修改语句结束符后，接下来将详细介绍自定义函数的创建、调用和删除过程。

1. 创建函数

创建函数的基本语句结构如下：

```
CREATE FUNCTION func_name([func_parameter [,...]]) RETURNS TYPE
[CHARACTERISTICS]
[BEGIN]
    --func_ body
    RETURN value;
[END]
```

参数说明：

- func_name：函数名必须符合 MySQL 的标识符命名规则。

- func_parameter：由一个参数名称和数据类型组成，多个参数之间用逗号分隔。
- RETURNS TYPE：指定返回值的数据类型。
- [CHARACTERISTICS]：是一个可选部分，用于指定函数的一些额外属性或行为特性。CHARACTERISTICS 并不直接作为一个单独的关键字出现在创建函数的语法中，可以通过指定 DETERMINISTIC、NO SQL、READS SQL DATA、MODIFIES SQL DATA、CONTAINS SQL 等属性来定义函数的特性。
- BEGIN...END：在函数体中如果含有多条语句，需要用 BEGIN...END 语句把它们包裹起来。
- value：函数的返回值。
- 单行注释：使用#或者--。
- 多行注释：使用/*...*/。

【例 6-24】在 jxxx 数据库中创建一个名为 findname 的函数，该函数通过参数 id 在 student 表中查找学生姓名，并返回 Sname 字符串的值。

SQL 语句如下：

```
DELIMITER   $$
CREATE FUNCTION findname(id VARCHAR(255)) RETURNS VARCHAR(255)
    DETERMINISTIC
    BEGIN
    RETURN(SELECT Sname FROM student WHERE Sno=id);
    END
    $$
DELIMITER ;
```

执行结果如图 6-24 所示：

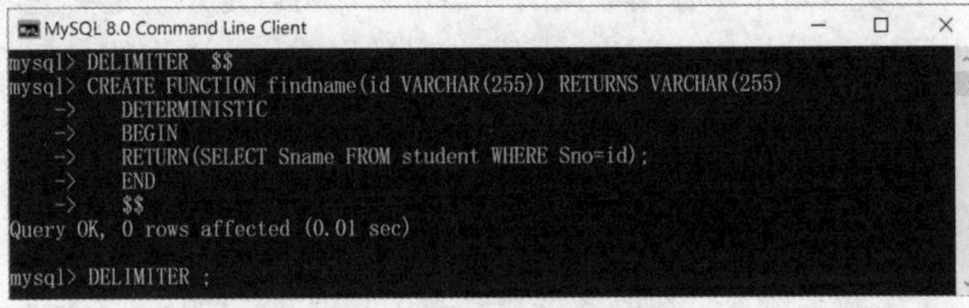

图 6-24　创建自定义函数

2. 调用函数

调用函数的基本语法格式如下：

```
SELECT function_name(([expr[,...]]));
```

【例 6-25】调用 findname 函数。

SQL 语句如下：

```
SELECT findname ('20231042');
```

执行结果如图 6-25 所示。

```
MySQL 8.0 Command Line Client
mysql> SELECT findname ('20231042');
+----------------------+
| findname ('20231042') |
+----------------------+
| 景文青               |
+----------------------+
1 row in set (0.01 sec)
```

图 6-25　调用自定义函数

3. 删除函数

删除函数的基本语法格式如下：

```
DROP FUNTION [IF EXISTS ] function_name;
```

【例 6-26】删除 findname 函数。

SQL 语句如下：

```
DROP FUNCTION IF EXISTS findname;
```

执行结果如图 6-26 所示。

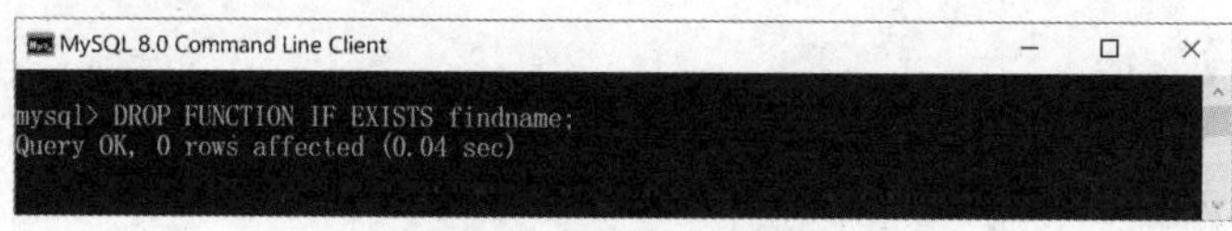

图 6-26　删除自定义函数

6.2 变量

在 MySQL 8 中，变量是用于存储数据的容器，它们可以是系统定义的，也可以是用户自定义的。这些变量用于控制数据库的行为、存储临时数据或作为查询的一部分。下面将介绍如何定义变量以及如何为变量赋值。

6.2.1　变量定义

在 MySQL 中，大多数系统变量在服务器启动时由配置文件(如 my.cnf 或 my.ini)定义，并加载到内存中。用户定义的变量则可以在查询过程中动态创建和销毁。虽然“定义”一词通常不直接用于描述这些变量的创建过程，但可以理解为系统变量是预定义的，而用户定义的变量是在需要时动态创建的。

在函数中需要变量来保存结果，而变量在使用之前需要先定义并赋值。变量定义的基本语法格式如下：

```
DECLARE var_name1,[var_name2,...] TYPE [DEFAULT VALUE]]
```

参数说明：

- var_name1：变量名，支持一次声明一个或多个变量，变量之间使用逗号分隔。
- TYPE：变量数据类型，省略时变量的初值为 NULL。

- DEFAULT VALUE：设置变量的默认值，VALUE 可以是常数或表达式。省略时变量的默认值通常是 NULL。

【例 6-27】声明并定义两个变量 score 和 grade，其数据类型为 INT，并设置默认值为 0。

SQL 语句如下：

```
DECLARE score,grade INT DEFAULT 0;
```

6.2.2　变量赋值

变量在定义时若没有初始化，则需要使用 SET 语句来给已定义的变量赋值，其基本语法格式如下：

```
SET var_name=expr[,var_name2=exp];
```

参数说明：

expr：表达式，其值的类型必须与变量的类型一致。

提示：

SET 语句一次可以给多个变量赋值。

【例 6-28】定义变量 var1 和 var2，其类型分别为 INT 和 CHAR，并将它们初始化为“1”和“数据库”。

SQL 语句如下：

```
DECLARE var1 INT;
DECLARE var2 CHAR(30);
SET var1=1;
SET var2='数据库';
```

除了可以使用 SET 语句为变量赋值以外，还可以使用 SELECT...INTO 语句为变量赋值，基本语法格式如下。

```
SELECT col_name [,...]
INTO var_name [ ,…]
FROM table_name
[WEHRE condition];
```

参数说明：

- col_name：列名。
- condition：指定查询条件。

上述语句的功能是根据 WEHRE 子句给定的查询条件，从相应的表中查询满足条件的列值，并将这些值赋给对应的变量。

【例 6-29】定义变量 var_cname，将课程号为 18130320 的课程名赋值给该变量。

SQL 语句如下：

```
DECLARE var_cname CHAR(30);
SELECT Cname
INTO var_Cname
FROM course
WHERE Cno='18130320';
```

6.2.3 系统变量

系统变量是 MySQL 服务器内部使用的变量，用于控制服务器的操作特性。系统变量分为全局变量和会话变量。系统变量(无论是全局变量还是会话变量)都是由 MySQL 服务器管理和维护的，用于控制服务器的行为。全局变量影响整个 MySQL 服务器实例，而会话变量仅影响当前数据库会话。

系统变量是 MySQL 系统提供并赋值的变量。全局变量以@@符号开头。用户不能直接创建系统全局变量。全局变量的设置会影响整个 MySQL 服务器实例，用户可以通过配置文件或 SET GLOBAL 语句来修改全局变量。

1. 查看系统变量

查看系统变量的基本语法格式如下：

```
SHOW [GLOBAL | SESSION | VARIABLES]
[LIKE '匹配模式'| WHILE expr];
```

参数说明：

- GLOBAL：显示全局变量。
- SESSION：默认修饰符，显示当前连接中有效的系统变量值。如果没有会话值，则显示全局变量值。

提示：

SHOW VARIABLES 显示当前连接中所有有效的系统变量。

【例 6-30】查看以 admin_ssl_c 开头的系统变量。

SQL 语句如下：

```
SHOW VARIABLES LIKE 'admin_ssl_c%';
```

执行结果如图 6-27 所示。

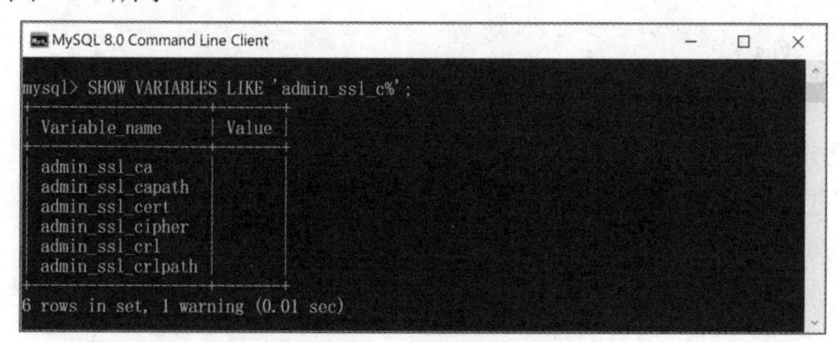

图 6-27　查看系统变量

使用 SELECT 语句查看系统变量是一种常见且直接的方法。通过 SELECT 语句，可以轻松查询变量的值。要查看全局系统变量的值，可以使用@@global 前缀，但通常对于全局变量，直接使用@@前缀而不指定 global 也是可行的，因为 MySQL 会默认先查找全局变量。

【例 6-31】查看当前使用的 MySQL 版本信息。

SQL 语句如下：

```
SELECT @@version;
```

执行结果如图 6-28 所示。

图 6-28　查看 MySQL 版本信息

2. 修改系统变量

在 MySQL 中，修改全局系统变量通常需要使用具有足够权限的用户账号(如 root 用户)来执行。全局变量影响整个 MySQL 服务器实例，而不是仅仅限于当前会话。要修改全局变量，可以使用 SET GLOBAL 语句，或者在 MySQL 的配置文件中进行更改，并重启 MySQL 服务以使更改生效。

对于大多数全局变量，可以使用 SET GLOBAL 语句在运行时动态地更改它们的值，而无需重启 MySQL 服务。但是，应注意并非所有全局变量都可以动态更改；有些变量更改后需要重启 MySQL 服务才能生效。

【例 6-32】将全局的 max_connections 变量设置为 1000。

SQL 语句如下：

```
SET GLOBAL max_connections = 1000;
```

以上语句将全局的 max_connections 变量设置为 1000(允许同时建立的最大连接数)。

对于需要在 MySQL 服务启动时设置的变量，或者那些不能动态更改的变量，可以在 MySQL 的配置文件中进行设置。接下来，重启 MySQL 服务以使更改生效。方法是找到 MySQL 的配置文件(my.cnf、my.ini 或其他名称，具体取决于操作系统和 MySQL 的安装方式)。在配置文件的[mysqld]部分下添加或修改变量设置。语法格式如下：

```
[mysqld]
max_connections = 1000
```

6.2.4　会话变量

会话变量(Session Variables)是仅在当前数据库会话中有效的变量。每个客户端连接到

MySQL 服务器时，都会获得一套自己的会话变量副本，这些变量对当前会话是私有的，不会影响其他会话。会话变量用于控制客户端会话的某些行为或特征，比如字符集、排序规则、自动提交等。

例如，想要更改当前会话的字符集为 utf8mb4，可以使用以下方法：

```
SET NAMES 'utf8mb4' COLLATE 'utf8mb4_unicode_ci';
```

或者分别设置字符集和校对规则，语句如下：

```
SET SESSION character_set_client = utf8mb4;
SET SESSION collation_connection = utf8mb4_unicode_ci;
SET SESSION character_set_results = utf8mb4;
```

用户自定义的变量，称为用户变量，仅对当前用户使用的客户端有效，以@符号开头，在定义时需要为该变量赋值。语法格式如下：

```
SET @ var_name =expr;
或 SELECT @ var_name:=expr FROM table_name [WHILE...];
或  SELECT...INTO @ var_name;
```

【例 6-33】 使用 SET、SELECT 和 SELECT...INTO 语句分别为变量 name、grade 和 specialty name 赋值，并显示这些变量的值。

SQL 语句如下：

```
SET @name= '张华';
SELECT @grade:=Grade FROM sc WHERE Sno= '20031042 ' AND Cno= '18032370 ';
SELECT Zname FROM specialty LIMIT 1 INTO @specialtyname;
SELECT @name,@grade, @specialtyname;
```

执行结果如图 6-29 所示。

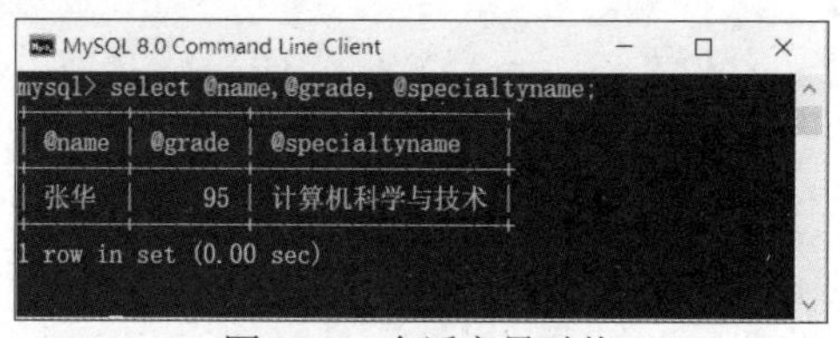

图 6-29　会话变量赋值

6.2.5　局部变量

局部变量的作用范围仅在复合语句 BEGIN 和 END 语句之间，其在 BEGIN 和 END 之外无效。局部变量的定义和赋值与其他变量的定义和赋值语法完全相同。

【例 6-34】 创建函数 func_mul，计算 5 乘以 2 的积。在函数中定义两个局部变量 num1 和 num2(其值分别为 5 和 2)，并显示计算结果。

SQL 语句如下：

```
DELIMITER $$
CREATE FUNCTION func_mul() RETURNS INT
DETERMINISTIC
```

```
BEGIN
    DECLARE num1 INT;
    DECLARE num2 INT;
    DECLARE mnum INT;
    SET num1=5;
    SET num2=2;
    SET mnum=num1*num2;
    RETURN mnum;
END
$$
DELIMITER ;
SELECT func_mul();
```

执行结果如图 6-30 所示。

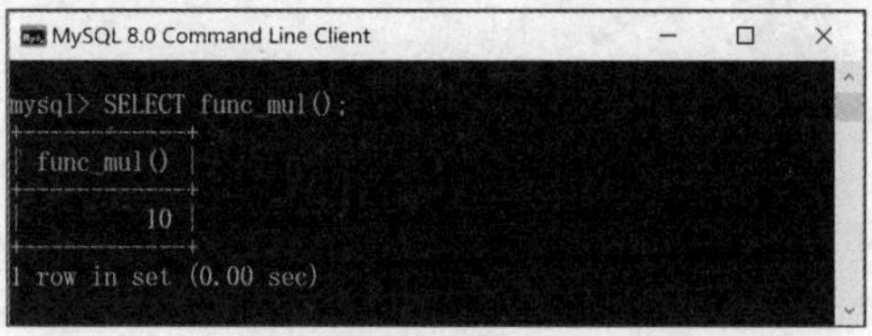

```
MySQL 8.0 Command Line Client
mysql> SELECT func_mul();
+------------+
| func_mul() |
+------------+
|         10 |
+------------+
1 row in set (0.00 sec)
```

图 6-30　局部变量定义与赋值

6.3 流程控制语句

在 MySQL 中，除了函数外还可以使用流程控制语句根据特定的条件执行指定的语句。MySQL 的控制流程语句包括判断语句、循环语句和跳转语句等，本节将介绍这些语句的使用方法。

6.3.1　判断语句

判断语句用于根据给定的条件选择执行相对应的 SQL 语句。在 MySQL 中，常用的判断语句包括 IF 语句和 CASE 语句。

1. IF 语句

IF 语句用于根据不同的条件执行不同的语句，其语法格式如下：

```
IF search_condition1 THEN statement_list1
[ELSE IF search_condition2 THEN statement_list2]
...
[ELSE IF search_condition n THEN statement_list n]
[ELSE statement_list n+1]
END IF;
```

参数说明：

- search_condition：条件表达式。
- statement_list：由一个或多个 SQL 语句组成的语句列表，且不为空。

在上述语句结构中，当条件表达式 1 为真时，执行 THEN 后的语句列表 1；当条件表达式 1 为假时，则判断条件表达式 2 是否为真，若为真，执行其对应的 THEN 后的语句列表 2；依次类推，若所有的条件表达式都为假，则执行 ELSE 后的语句列表。

【例 6-35】在 jxxx 数据库中，创建函数 func_isPosOrNeg，用于判断变量 num 是否大于 0。若 num 大于 0 则输出 1；否则输出-1。

SQL 语句如下：

```
DELIMITER $$
CREATE FUNCTION func_isPosOrNeg ( num INT) RETURNS INT
DETERMINISTIC
BEGIN
    DECLARE X INT DEFAULT 0;
    IF num > 0 THEN
        SET X=1;
    ELSE
        SET X=-1;
    END IF;
RETURN X;
END
$$
DELIMITER;
SELECT func_isPosOrNeg (15);
```

执行结果如图 6-31 所示。

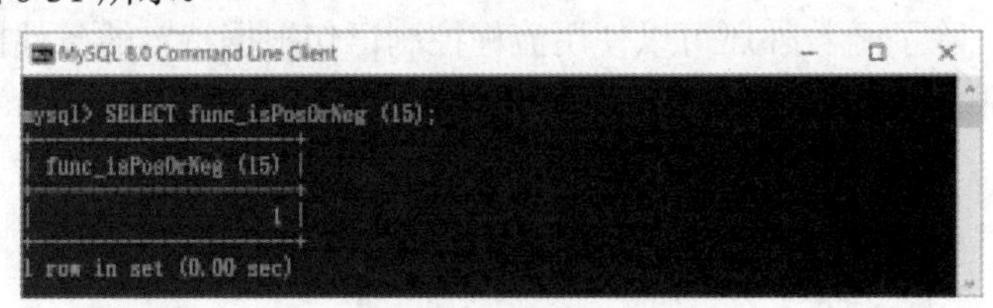

图 6-31　IF 语句示例

在上述程序中，局部变量 x 初始化为 0。IF 语句根据传递给函数的参数值进行判断：如果参数值大于 0，则将 x 赋值为 1；如果参数值小于或等于 0，则将 x 赋值为-1。最后，函数将返回 x 的值。

2. CASE 语句

CASE 语句用于进行条件判断，允许根据多个条件选择执行不同的语句。这使得 CASE 语句能够实现比 IF 语句更复杂的条件判断，类似于 Java 中的 SWITCH 语句。CASE 的语法格式如下：

```
CASE search_condition
    WHEN search_condition1 THEN statement_list 1
    [WHEN search_condition2 THEN statement_list 2]
    ...
    [ELSE statement_list]
END CASE;
```

在上述语法格式中，先将 CASE 表达式的值与 WHEN 后的表达式 1 进行比较，若相等，则执行 THEN 后语句列表 1；反之，再将表达式与 WHEN 后的表达式 2 进行比较，为真时，执行 THEN 后的语句列表 2；依次类推，直到找到匹配的条件。若与所有的表达式的比较结果都为假，则执行 ELSE 后的语句列表。

【例 6-36】在 jxxx 数据库中，创建一个名为 func_exchange 的函数，根据输入的变量值输出相应的结果。具体规则是：当变量值为 1 时，输出“spring”；当变量值为 2 时，输出“summer”；当变量值为 3 时，输出“autumn”；当变量值为 4 时，输出“winter”；若变量值不在上述范围内，则输出“error”。

SQL 语句如下：

```
DELIMITER $$
CREATE FUNCTION func_exchange ( num INT) RETURNS VARCHAR(20)
DETERMINISTIC
BEGIN
    DECLARE season VARCHAR(20) DEFAULT ' ';
    CASE num
        WHEN 1 THEN SET season ='spring';
        WHEN 2 THEN SET season ='summer';
        WHEN 3 THEN SET season ='autumn';
        WHEN 4 THEN SET season ='winter';
        ELSE SET season ='error';
    END CASE ;
    RETURN season;
END
$$
DELIMITER ;
SELECT func_exchange(4);
```

执行结果如图 6-32 所示。

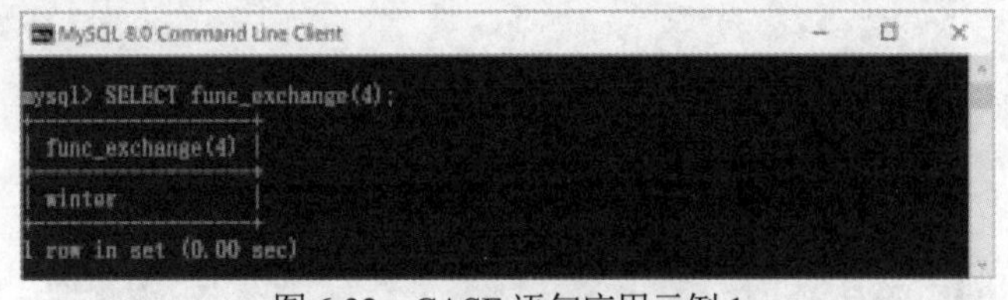

图 6-32　CASE 语句应用示例 1

例 6-36 所示程序中，局部变量 season 初始化为空，CASE 语句根据调用函数时传递的参数值进行判断：若参数值与 1 相等，将 season 赋值为 spring；若参数值与 2 相等，将 season 赋值为 summer；若参数值与以上任何值都不相等，则执行 ELSE 后语句，将 season 赋值为 errror。最后，通过调用函数并使用 SELECT 语句输出 season 值。

CASE 语句除了上述的语法格式以外，还有另外一种语法格式：

```
CASE
    WHEN search_condition 1 THEN statement_list 1
    [WHEN search_condition 2 THEN statement_list 2]
    ...
```

```
    [ELSE statement_list]
END CASE;
```

在上述语法格式中，WHEN 后面的表达式会逐个判断。CASE 语句会按照顺序检查每个 WHEN 子句的条件，直到找到一个条件为真的 WHEN 子句为止。如果条件为真，则执行对应的 THEN 后面的语句列表。如果所有 WHEN 子句的条件都不匹配，则执行 ELSE 后的语句列表。

提示：

CASE 语句不能判断 NULL，因为 NULL 是与运算符“=”进行比较，其结果为 FALSE。

【例 6-37】在 jxxx 数据库中，创建函数 func_islevel，根据变量 score 的值判断其所属等级，并将结果输出。当 score 值大于 89 时，输出“优秀”；当 score 值大于 79 时，输出“良好”；当 score 值大于 69 时，输出“中等”；当 score 值大于 59 时，输出“及格”；若 score 值不满足以上条件，则输出“不及格”。

SQL 语句如下：

```
DELIMITER $$
CREATE FUNCTION func_islevel( score INT) RETURNS VARCHAR(30)
DETERMINISTIC
BEGIN
    DECLARE grade VARCHAR(30) DEFAULT '';
    CASE
        WHEN score >89 THEN SET grade='优秀';
        WHEN score >79 THEN SET grade='良好';
        WHEN score >69 THEN SET grade='中等';
        WHEN score >59 THEN SET grade='及格';
        ELSE SET grade='不及格';
    END CASE;
    RETURN grade;
END
$$
DELIMITER;
SELECT func_islevel(89);
```

执行结果如图 6-33 所示。

图 6-33　CASE 语句应用示例 2

例 6-37 所示语句中，局部变量 grade 被初始化为空字符串。CASE 语句依据传递给函数的参数 score 的值来指定等级，具体的逻辑是：当 score 的值大于 89 时，grade 被赋值为“优秀”；当 score 的值在大于 79 小于 90 时，grade 被赋值为“良好”；当 score 的值大于 69 小于 80 时，grade 被赋值为“中等”；当 score 的值大于 59 小于 70 时，grade 被赋值为“及格”；若 score 小于 60 时，grade 被赋值为“不及格”。最后，调用函数将返回 grade 的值。

6.3.2　循环语句

循环语句是指在满足特定条件下重复执行一段代码的结构。MySQL 常用的循环语句包括 LOOP、REPEAT 和 WHILE。

1. LOOP 语句

LOOP 语句用于实现一个简单的循环，但它本身并不会进行条件判断。要停止循环，必须使用 LEAVE 语句等跳出循环过程。LOOP 语句的语法格式如下：

```
[begin_label:] LOOP
    -- 需要循环执行的语句
    EXIT WHEN 条件; -- 当条件满足时退出循环
END LOOP;
```

在上述语法格式中，LOOP 会重复执行循环体，因此循环体内必须有结束循环的条件，否则会出现死循环。

【例 6-38】在 jxxx 数据库中创建名为 func_sum 的函数，用于计算并输出 1～100 之间所有数字的和。

SQL 语句如下：

```
DELIMITER $$
CREATE FUNCTION func_sum() RETURNS INT
DETERMINISTIC
BEGIN
    DECLARE i, SUM INT DEFAULT 0;
    SIGN: LOOP
    IF i > 100 THEN
        LEAVE SIGN;
    ELSE
        SET SUM=SUM+i;
        SET i=i+1;
    END IF;
    END LOOP SIGN;
    RETURN SUM;
END
$$
DELIMITER;
SELECT func_sum ();
```

执行结果如图 6-34 所示。

图 6-34　LOOP 语句示例

例 6-38 所示语句中，局部变量 i 和 sum 初始化为 0，LOOP 语句中判断 i 的值是否大于 100。

若大于 100，则退出循环并执行 RETURN 语句；否则，将 i 的值累加到 sum 变量中，然后对 i 加 1，再执行 LOOP 语句。最后，调用函数输出 sum 的值。

2. WHILE 语句

WHILE 语句用于执行满足条件循环体，其基本语法格式如下：

```
WHILE search_condition DO
    statement_list
END WHILE;
```

在上述语法格式中，先判断 WHILE 后的条件表达式的值。如果条件为真，则执行 DO 语句后的循环体。如果条件为假，则跳出循环体，退出循环。

【例 6-39】在 jxxx 数据库中创建名为 func_muls 的函数，用于计算并输出 1～10 之间数字的乘积。

SQL 语句如下：

```
DELIMITER $$
CREATE FUNCTION func_muls () RETURNS INT
DETERMINISTIC
BEGIN
    DECLARE i, SUM INT DEFAULT 1;
    WHILE i<11 DO
        SET SUM=SUM*i;
        SET i=i+1;
    END WHILE;
    RETURN SUM;
END
$$
DELIMITER ;
SELECT func_muls ();
```

执行结果如图 6-35 所示。

图 6-35　WHILE 语句示例

在上述程序中，局部变量 i 和 sum 初始化为 1。在 WHLIE 语句中，判断 i 的值是否小于 11，若小于 11，则将 i 的值累积到 sum 变量中，然后对 i 加 1，再执行 WHILE 语句；否则，退出循环，执行 RETURN 语句。最后，调用函数并输出 sum 的值。

3. REPEAT 语句

REPEAT 语句先无条件执行一次循环体，然后评估条件表达式。如果条件表达式的结果为 FALSE，则继续执行循环体；如果条件表达式的结果为 TRUE，则退出循环。REPEAT 语句的基本语法格式如下：

```
REPEAT
    statement_list
    UNTIL search_condition
END REPEAT;
```

在上述语法格式中，先执行循环体，再判断 UNTIL 后的条件表达式。若条件表达式为真(TRUE)，则退出循环；如果条件表达式为假(FALSE)，则继续执行循环体。

【例 6-40】在 jxxx 数据库中创建名为 func_evens 的函数，用于输出并计算 1～10 之间偶数的总和。

SQL 语句如下：

```
DELIMITER $$
CREATE FUNCTION func_evens() RETURNS INT
DETERMINISTIC
BEGIN
    DECLARE i, SUM INT DEFAULT 0;
    REPEAT
        IF (i%2=0) THEN
            SET SUM=SUM+i;
        END IF;
    SET i=i+1;
    UNTIL(i>10) END REPEAT;
    RETURN SUM;
END
$$
DELIMITER;
SELECT func_evens ();
```

执行结果如图 6-36 所示。

图 6-36　REPEAT 语句示例

例 6-40 所示语句中，局部变量 i 和 sum 初始化为 0。使用 REPEAT 语句循环执行。首先，IF 语句判断 i 是否为偶数。若是偶数，则将 i 的值累积到 sum 变量中；若不是偶数，则不进行累加。接着，将 i 加 1，判断 i 是否大于 10。若 i 大于 10，则退出循环；否则，继续执行 REPEAT 语句。最后，调用函数并输出 sum 的值。

6.4 本章小结

本章主要讲解了 MySQL 常用内置函数的功能和使用方法、自定义函数的创建和调用过程，以及变量和流程控制语句的语法和功能。通过掌握函数的使用，不仅能够培养规范和严谨的科学工作态度，还能够在工作中体现专业性。通过对变量作用域、条件判断语句和循环语句的深入学习与理解，用户能够锻炼出严谨的逻辑思维能力和分析技巧，以及将理论知识应用于解决实际问题的能力。

6.5 本章习题

一、选择题

1. 计算两个日期之间间隔几天的函数是(　　)。

A. getdate　　B. dateadd　　C. datediff　　D. datename

2. 删除字符串尾部空格函数是(　　)。

A. trim　　B. rtrim　　C. ltrim　　D. substring

3. 求系统日期的函数是(　　)。

A. month　　B. count　　C. curdate　　D. curtime

4. 获取字串第一次出现位置函数是(　　)。

A. locate　　B. substring　　C. replace　　D. left

5. 以下不能实现循环语句是(　　)。

A. LOOP　　B. WHILE　　C. REPEAT　　D. CASE

6. 以下能够实现判断语句是(　　)。

A. SELECT　　B. CASE　　C. FOR　　D. INTO

7. 下列标识符可以作为会话变量使用的是(　　)。

A. vartemp　　B. @vartemp　　C. var temp　　D. @var temp

8. 下列程序运行后，在变量 mark 中输入 70，则变量 str 中保存的值是(　　)。

```
If mark>=90 THEN
    str='优秀';
ELSEIF mark >=75 THEN
    str='良好';
ELSEIF mark >=60 THEN
    str='及格';
ELSE
    str='不及格';
END IF
```

A. 优秀　　B. 良好　　C. 及格　　D. 不及格

9. 声明一个类型为 int 类型的变量 i，并将其赋值为 10。正确的语句是(　　)。

A. SET i=10
DECLARE int i

B. DECLARE @i int
SET i=10

C. DECLARE i int
SET i=10

D. DECLARE int i = 10

10. 以(　)符号开头是全局变量。

A. @　　B. *　　C. $　　D. @@

二、填空题

1. MySQL 的常用系统函数有________、________、________。
2. MySQL 中使用________函数，返回指定日期中的天数。
3. 语句 SELECT RTRIM('数据库　') 的执行结果是________。
4. 语句 SELECT LENGTH('创新创业')的执行结果是________。
5. 语句 SELECT MONTH('2023-12-1')的执行结果是________。
6. MySQL 局部变量作用范围仅在复合语句________和________语句之间。
7. 系统函数 VERSION()功能是________。
8. MySQL 提供的________可以定义新的语句结束符号。
9. MySQL 提供的________语句可以查看已定义的函数语句。
10. MySQL 中________循环语句会无条件执行一次语句列表。

三、简答题

1. 如何获取和修改字符串的字符集？
2. 简述系统变量、会话变量和局部变量的区别。
3. 在定义函数时为什么需要临时修改语句结束符？

ꈉ 第 7 章 ꈊ

存储过程和触发器

存储过程和触发器是 MySQL 数据库中的重要编程对象。存储过程可以将经常使用的 SQL 语句封装起来，使得这些语句可以通过调用存储过程多次执行。游标可以实现数据检索。触发器是在特定的数据库操作(如插入、修改和删除)发生时自动执行的数据库对象。触发器会在这些操作被执行时，自动触发并执行预定义的操作。事件是用于定义计划任务在特定时间和频率下自动执行的数据库对象。本章将通过实例介绍如何创建、查看和删除存储过程、游标、触发器和事件等数据库对象的方法。

7.1 存储过程

存储过程是在大型数据库系统中，为完成特定功能而定义的一组 SQL 语句集合，它存储在数据库中。存储过程在创建时会进行编译，但其执行计划可能会根据数据库的实际情况进行调整。用户通过指定存储过程的名称并提供必要的参数(如果该存储过程带有参数)来执行它。存储过程是数据库中的一个重要对象。能够在数据量较大的情况下提高效率。本节将介绍存储过程的使用方法。

7.1.1 创建存储过程

创建存储过程与创建函数类似，需要先临时修改语句结束符号，再使用 CREATE 语句。创建存储过程的基本语法格式如下：

```
CREATE PROCEDURE sp_name ([ IN | OUT | INOUT) param_name TYPE])
    [characteristic...]routine body;
```

参数说明：

- sp_name：创建存储过程的名称。
- IN | OUT | INOUT param_name type：IN 表示输入参数，OUT 表示输出参数， INOUT 表示既可以输入也可以输出；param_name 表示参数名称；TYPE 表示参数的类型，该类型可以是 MySQL 数据库中的任意类型。
- routine body：是 SQL 代码的内容，可以用 BEQIN...END 来表示 SQL 代码的开始和结束。
- characteristic：表示存储过程可以设置的特征。

存储过程可配置的特征如下：

```
{ CONTAINS SQL | NO SQL |READS SQL DATA | MODIFIES SQL DATA }
| SQL SECURITY { DEFINER | INVOKER }
| COMMENT 'string'
```

参数说明：

- CONTAINS SQL：存储过程包含 SQL 语句，但不包含读或写数据的语句。
- NO SQL：存储过程中不包含 SQL 语句。
- READS SQL DATA：存储过程中包含读取数据的语句。
- MODIFIES SQL DATA：存储过程中包含修改数据的语句。
- SQL SECURITY{ DEFINER | INVOKER}：指定存储过程的安全性上下文，确定谁有权限执行存储过程。
    - DEFINER：使用定义者的权限执行存储过程(默认)
    - INVOKER：使用调用者的权限执行存储过程。
- COMMENT 'string'：为存储过程添加注释信息。

【例 7-1】创建名称为 proSumCno 的存储过程，用于统计 course 表中的课程数量。

SQL 语句如下：

```
DELIMITER $$
CREATE PROCEDURE proSumCno (OUT sumc INT)
BEGIN
    SELECT COUNT (*) INTO sumc FROM course;
END
$$
DELIMITER ;
```

执行结果如图 7-1 所示。

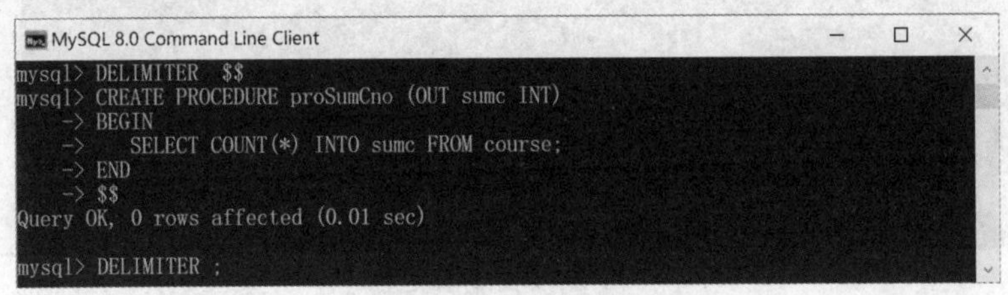

图 7-1　创建存储过程

在例 7-1 所示语句中，存储过程没有输入参数。输出参数 sumc 的类型为 INT，并且将 SELECT 语句的执行结果赋值给输出参数 sumc。

提示：

存储过程和自定义函数一样，都需要指定相关联的数据库。

7.1.2　调用存储过程

创建存储过程后，需要调用存储过程才能实现其功能。在 SQL 中，可以使用 CALL 语句来调用一个已创建的存储过程。基本语法格式如下：

```
CALL sp_name ( [parameter [ ,...] ] }
```

参数说明：

- sp_name：已创建存储过程的名称。
- parameter[,...]：实参必须与存储过程定义时的形参相对应。当形参是 IN 类型时，实参可以是变量或常量；当形参被指定为 INOUT 或 OUT 类型时，实参必须是变量。

提示：

创建过程时使用的参数称为形参(形态参数)。调用存储过程时提供的参数称为实参(实际参数)。

【例 7-2】创建名称为 procStu 的存储过程，用于根据学号查询某个学生的信息。

SQL 语句如下：

```
DELIMITER $$
CREATE PROCEDURE procStu (IN id VARCHAR (20))
BEGIN
    SELECT * FROM student WHERE Sno=id;
END
$$
DELIMITER ;
CALL procStu ('20231160');
```

执行结果如图 7-2 所示。

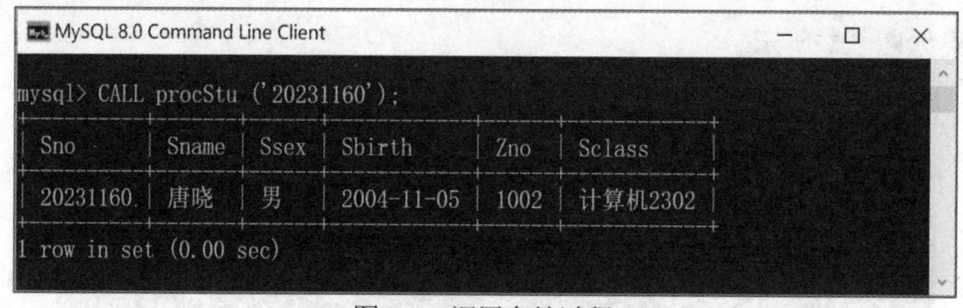

图 7-2　调用存储过程

例 7-2 所示的语句中，在创建存储过程时定义了输入型参数(也称为 IN 参数)id，调用该存储过程时需要提供一个对应的实参，本例中实参是“20231160”。

7.1.3　查看存储过程

在存储过程创建后，用户可以通过 SHOW 语句查看存储过程的状态和信息，也可以通过查询系统数据表获取存储过程的详细信息。

1. 查看存储过程的状态

使用 SHOW PROCEDURE STATUS 语句可以查看存储过程的状态，语法格式如下：

```
SHOW PROCEDURE STATUS [LIKE ' pattern '];
```

参数说明：

- LIKE ' pattern '：此项为可选参数，用于指定存储过称名称的匹配条件。默认情况下，如果省略 LIKE 子句，将显示当前数据库中所有存在的存储过程。

这条语句是 MySQL 的一个扩展，用于返回存储过程的特征，如所属数据库、名称、类型、创建者、创建日期和修改日期。如果没有指定 LIKE 子句，将列出当前数据库中所有存储过程的状态信息。

【例 7-3】查看 procStu 存储过程的状态。

SQL 语句如下：

```
SHOW PROCEDURE STATUS like 'pro%'\G;
```

执行结果显示当前数据库中所有名称以“pro”为起始的存储过程的状态，其中名称为 procStu 的存储过程的状态如图 7-3 所示。

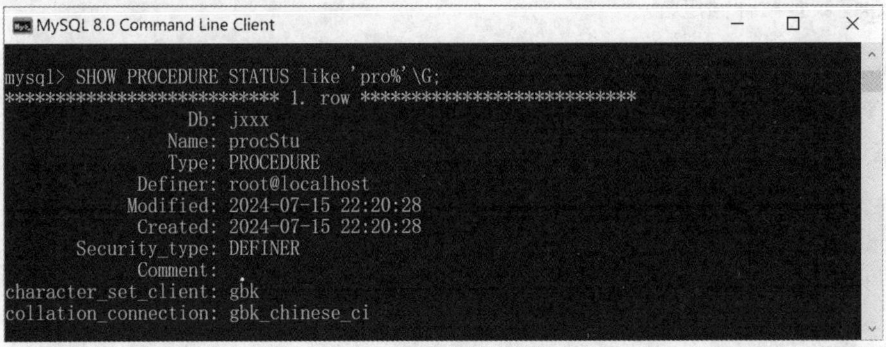

```
MySQL 8.0 Command Line Client
mysql> SHOW PROCEDURE STATUS like 'pro%'\G;
*************************** 1. row ***************************
                  Db: jxxx
                Name: procStu
                Type: PROCEDURE
             Definer: root@localhost
            Modified: 2024-07-15 22:20:28
             Created: 2024-07-15 22:20:28
       Security_type: DEFINER
             Comment:
character_set_client: gbk
collation_connection: gbk_chinese_ci
```

图 7-3　查看存储过程状态

例 7-3 所示语句中，获取了数据库中所有名称以字母“pro”开头的存储过程的信息。通过结果可以得出，其中之一的存储过程名称为 procStu。该存储过程所在的数据库为 jxxx，类型为 PROCEDURE。此外，还包括创建用户、创建时间等信息。

2. 查看存储过程的信息

使用 SHOW CREATE PROCEDURE 语句可以查看存储过程的信息，语法格式如下：

```
SHOW CREATE PROCEDURE sp_name;
```

参数说明：

sp_name：存储过程的名称。

这条语句的作用是返回指定存储过程的具体信息。

【例 7-4】查看 procStu 存储过程的信息。

SQL 语句如下：

```
SHOW CREATE PROCEDURE procStu\G;
```

执行结果如图 7-4 所示。

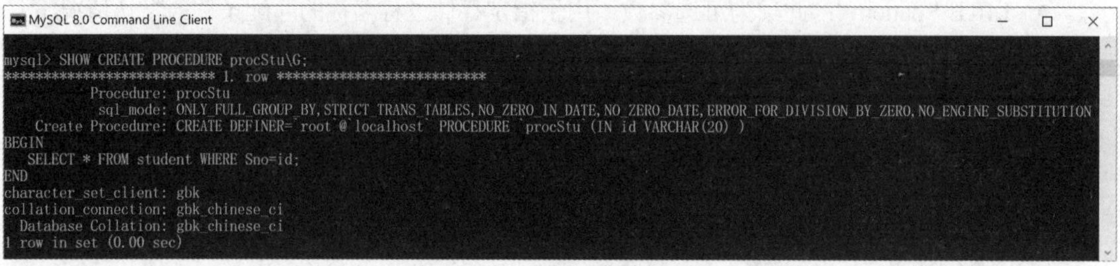

```
MySQL 8.0 Command Line Client
mysql> SHOW CREATE PROCEDURE procStu\G;
*************************** 1. row ***************************
           Procedure: procStu
            sql_mode: ONLY_FULL_GROUP_BY,STRICT_TRANS_TABLES,NO_ZERO_IN_DATE,NO_ZERO_DATE,ERROR_FOR_DIVISION_BY_ZERO,NO_ENGINE_SUBSTITUTION
    Create Procedure: CREATE DEFINER=`root`@`localhost` PROCEDURE `procStu`(IN id VARCHAR(20))
BEGIN
   SELECT * FROM student WHERE Sno=id;
END
character_set_client: gbk
collation_connection: gbk_chinese_ci
  Database Collation: gbk_chinese_ci
1 row in set (0.00 sec)
```

图 7-4　查看存储过程信息

执行例 7-4 所示的语句可以获取存储过程 proStu 的具体定义，包括存储过程的 SQL 代码以及相关的设置和属性信息。

3. 通过表查看存储过程

information_schema 是信息数据库，其中保存着关于 MySQL 服务器中所有其他数据库的相关信息。该数据库中的 ROUTINES 表提供有关存储过程的信息。通过查询该表，用户可以检索特定存储过程的信息。语法格式如下：

```
SELECT *
FROM information_schema.ROUTINES
WHERE ROUTINE_NAME='sp_name';
```

参数说明：

ROUNTINE_NAME：ROUTINES 表的字段名，该字段存储存储过程或函数的名称。

【例 7-5】通过表查看 procStu 存储过程信息。

SQL 语句如下：

```
SELECT *
FROM information_schema.routines
WHERE routine_name ='procStu'\G;
```

执行结果如图 7-5 所示。

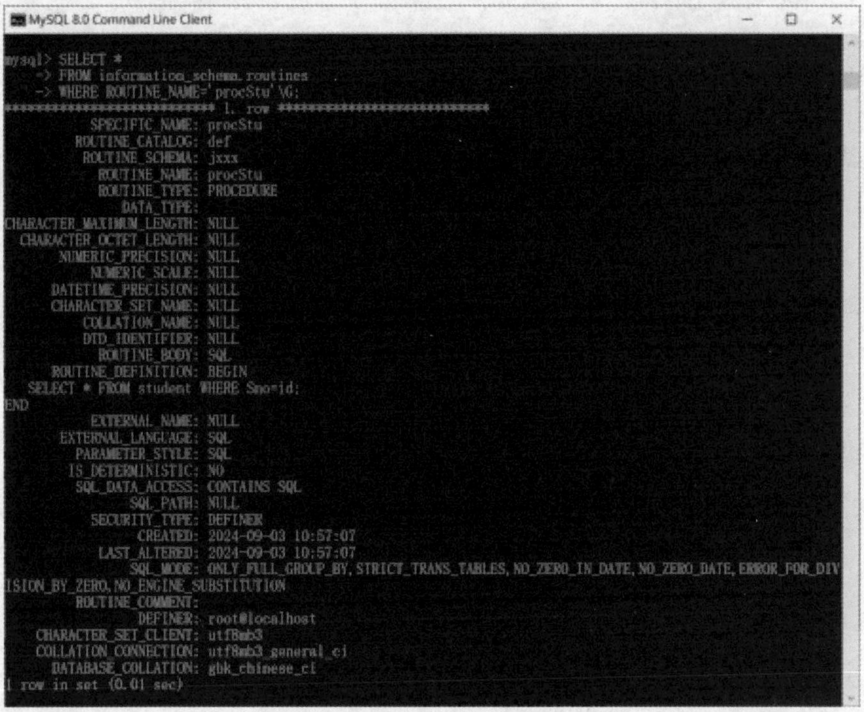

```
MySQL 8.0 Command Line Client
mysql> SELECT *
    -> FROM information_schema.routines
    -> WHERE ROUTINE_NAME='procStu'\G;
*************************** 1. row ***************************
           SPECIFIC_NAME: procStu
         ROUTINE_CATALOG: def
          ROUTINE_SCHEMA: jxxx
            ROUTINE_NAME: procStu
            ROUTINE_TYPE: PROCEDURE
               DATA_TYPE:
CHARACTER_MAXIMUM_LENGTH: NULL
  CHARACTER_OCTET_LENGTH: NULL
       NUMERIC_PRECISION: NULL
           NUMERIC_SCALE: NULL
      DATETIME_PRECISION: NULL
      CHARACTER_SET_NAME: NULL
          COLLATION_NAME: NULL
          DTD_IDENTIFIER: NULL
            ROUTINE_BODY: SQL
      ROUTINE_DEFINITION: BEGIN
   SELECT * FROM student WHERE Sno=id;
END
           EXTERNAL_NAME: NULL
       EXTERNAL_LANGUAGE: SQL
         PARAMETER_STYLE: SQL
        IS_DETERMINISTIC: NO
         SQL_DATA_ACCESS: CONTAINS SQL
                SQL_PATH: NULL
           SECURITY_TYPE: DEFINER
                 CREATED: 2024-09-03 10:57:07
            LAST_ALTERED: 2024-09-03 10:57:07
                SQL_MODE: ONLY_FULL_GROUP_BY,STRICT_TRANS_TABLES,NO_ZERO_IN_DATE,NO_ZERO_DATE,ERROR_FOR_DIV
ISION_BY_ZERO,NO_ENGINE_SUBSTITUTION
         ROUTINE_COMMENT:
                 DEFINER: root@localhost
    CHARACTER_SET_CLIENT: utf8mb3
    COLLATION_CONNECTION: utf8mb3_general_ci
      DATABASE_COLLATION: gbk_chinese_ci
1 row in set (0.01 sec)
```

图 7-5　通过表查看存储过程信息

7.1.4　修改存储过程

存储过程创建完成后，如果需要修改存储过程，可以使用 ALTER PROCEDURE 语句。语法格式如下：

```
ALTER PROCEDURE sp_name [characteristic…];
```

参数说明：

characteristic：此项与存储过程创建时的 characteristic 功能相同(为可选项)。

提示：

上述语法格式不能修改存储过程的参数，只能修改存储过程的特征。

【例 7-6】修改存储过程 procStu 的定义，将读写权限改为 MODIFIES SQL DATA，并将执行权限从定义者修改为调用者。

查看 procStu 修改前的信息：

```
SELECT SPECIFIC_NAME,SQL_DATA_ACCESS,SECURITY_TYPE
FROM information_schema.ROUTINES
WHERE ROUTINE_NAME='procStu';
```

修改存储过程 procStu 的定义：

```
ALTER PROCEDURE procStu MODIFIES SQL DATA SQL SECURITY INVOKER;
```

查看 procStu 修改后的信息：

```
SELECT SPECIFIC_NAME,SQL_DATA_ACCESS,SECURITY_TYPE
FROM information_schema.ROUTINES
WHERE ROUTINE_NAME='procStu';
```

执行结果如图 7-6 所示。

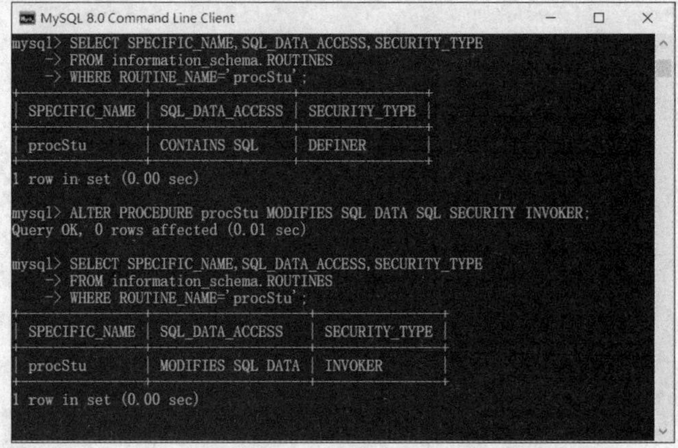

图 7-6　修改存储过程

从结果可以看出，存储过程 proStu 的访问权限已经修改为 MODIFIES SQL DATA，安全类型已变为 INVOKE。

7.1.5　删除存储过程

如果需要删除数据库中已创建的存储过程，可以使用 DROP 语句。该语句的语法格式如下：

```
DROP PROCEDURE [IF EXISTS] sp_name;
```

【例 7-7】删除存储过程 procStu。

SQL 语句如下：

```
DROP PROCEDURE IF EXISTS procStu;
```

执行结果如图 7-7 所示。

图 7-7　删除存储过程

如果需要确认存储过程已被成功删除，可以查询数据库 information_schema 中的 ROUTINES 表，查询该表的 ROUTINES_NAME 字段是否含有 proStu 过程名称，如果没有找到，则说明存储过程删除成功。

7.2 游标

在 MySQL 中，存储过程或函数中的查询有时会返回多条记录。使用简单的 SELECT 语句无法直接获得第一行、下一行或前十行的数据。在这种情况下，可以使用游标逐条读取查询结果集中的记录。游标是一种对数据进行遍历的机制，它允许在查询返回结果集后，通过游标逐行访问结果集，并对每一行执行相应的操作。本节将介绍游标的操作和使用方法。

7.2.1 游标操作

1. 创建游标

在 MySQL 中使用游标之前，必须先声明游标，并将游标关联到一个 SELECT 语句返回的结果集。这使得游标能够与结果集进行一一对应。定义游标的基本语法格式如下：

```
DECLARE cursor_name CURSOR
FOR select statement ;
```

参数说明：

- cursor_name：创建游标的名称。
- select statement：查询语句，用于生成结果集。声明的游标将基于该结果集进行操作。

【例 7-8】定义游标 cur_Zame。

SQL 语句如下：

```
DECLARE cur_Zame CURSOR
FOR SELECT Zno,Zname FROM specialty;
```

提示：

SELECT 语句中不能含有 INTO 关键字。游标定义后，如果与之相关联的 SELECT 语句并没有执行，则内存中就没有查询的结果集。

2. 打开游标

游标定义后，在使用之前必须先打开游标。打开游标的基本语法格式如下：

```
OPEN cursor_name ;
```

【例 7-9】打开游标 cur_Zame。

SQL 语句如下：

```
OPEN cur_Zame;
```

3. 获取游标中的结果集

在打开游标后，可以使用 MySQL 提供的 FETCH 语句检索 SELECT 结果集的记录。FETCH 语句每执行一次，就获取一条记录，然后游标的内部指针向前移动，指向下一条记录，以确保每次得到的记录不同。获取游标中结果集的基本语法格式如下：

```
FETCH cursor_name
INTO var_name 1[,var_name];
```

【例 7-10】使用游标 cur_Zame，将查询取得的结果集分别存入标量变量 id 和 name。

SQL 语句如下：

```
FETCH cur_Zame
INTO id, name;
```

4. 关闭游标

游标检索完记录后，可以应使用 MySQL 提供的语句关闭游标，释放游标占用的内存资源。关闭游标的基本语法格式如下：

```
CLOSE cursor_name;
```

【例 7-11】关闭游标 cur_Zame。

SQL 语句如下：

```
CLOSE cur_Zame;
```

提示：

使用 CLOSE 语句关闭游标后，若想再次使用游标，直接使用 OPEN 语句打开游标即可，无需再使用 DECLARE…CURSOR FOR 语句重新定义游标。另外，如果没有关闭游标，程序在执行 END 语句时，也会自动关闭它。

7.2.2 游标使用

在了解游标的操作过程后，下面将通过具体的示例来说明如何使用游标来实现其功能。

【例 7-12】在 jxxx 数据库中，定义 proc_curc 存储过程，使用游标 curc 将学分大于 3 的课程号和课程名存储。

SQL 语句如下：

```
DELIMITER $$
CREATE PROCEDURE proc_curc()
BEGIN
    DECLARE id VARCHAR(20) CHARACTER SET utf8;
    DECLARE NAME VARCHAR(20) CHARACTER SET utf8;
    DECLARE curc CURSOR FOR SELECT Cno,Cname FROM course WHERE Ccredit>=3;
    OPEN curc;
    FETCH curc INTO id,NAME;
    SELECT id,NAME;
    CLOSE curc;
END
$$
DELIMITER;
```

```
CALL proc_curc ();
```

执行结果如图 7-8 所示。

图 7-8　游标使用示例 1

例 7-12 所示语句中，游标与课程表的课程号的信息关联。FETCH 语句每次获取一条记录，并将其存入到局部变量 id 和 NAME 中。

课程表中符合学分大于 3 的记录共有 4 条，但是只显示 1 条记录，并将其存入到局部变量 id 和 NAME 中。这是因为游标的变量只保留了 SELECT 语句返回结果集中的第一行数据，如果要查看后面的数据，就需要循环向下移动游标，才能继续查看。

【例 7-13】在 jxxx 数据库中，定义 proc_while_cur 存储过程，使用游标 locur 和循环语句，将课程表中的课程号和课程名逐一显示。

SQL 语句如下：

```
DELIMITER $$
CREATE PROCEDURE proc_while_cur ()
BEGIN
    DECLARE flag INT DEFAULT FALSE;
    DECLARE id VARCHAR (20) CHARACTER SET utf8;
    DECLARE NAME VARCHAR (20)   CHARACTER SET utf8;
    DECLARE loccur CURSOR FOR SELECT Cno, Cname FROM course WHERE Ccredit > 2;
    DECLARE CONTINUE HANDLER FOR NOT FOUND SET flag = TRUE;
    OPEN loccur;
    FETCH loccur INTO id, NAME;
    WHILE (NOT flag) DO
        SELECT id, NAME;
        FETCH loccur INTO id, NAME;
    END WHILE;
    CLOSE loccur;
    SELECT id, NAME;
END
$$
DELIMITER;
CALL proc_while_cur ();
```

执行结果如图 7-9 所示。

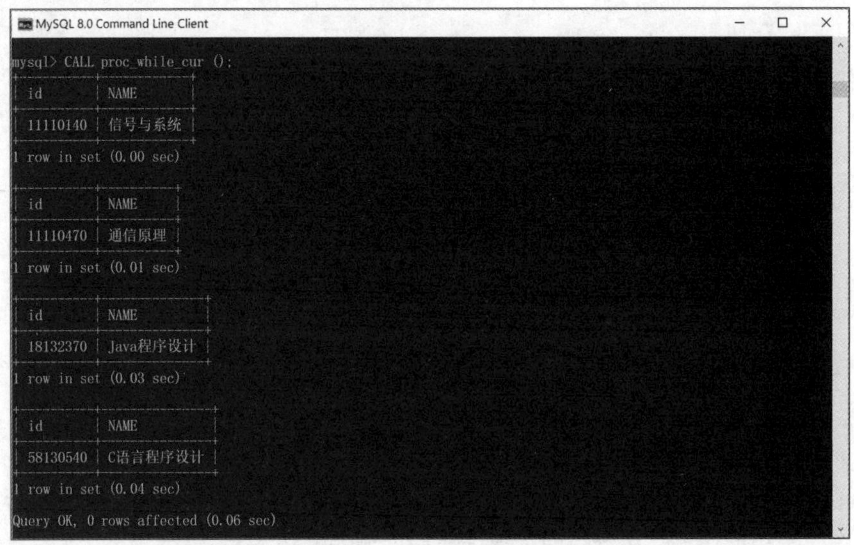

图 7-9　游标使用示例 2

例 7-13 所示语句中，使用 FETCH 语句逐一检索所有记录时，通过循环语句 WHILE 来实现。当 FETCH 语句尝试从游标中检索超出记录范围的数据时，会产生错误。为处理这种情况，需要使用 DECLARE...HANDLER 语句处理错误，并将标志设置为 TRUE，以结束 WHILE 循环并关闭游标。在本例中，循环语句也可以使用 LOOP 或 REPEAT 来实现类似的功能。

7.3 触发器

触发器是与表事件相关的特殊存储过程，它的执行不是由程序调用，也不是手工启动，而是由特定的数据库事件触发。例如，当对一个表进行操作(如 INSERT、DELETE 或 UPDATE)时，触发器会自动被激活并执行。触发器常用于增强数据的完整性约束和实施业务规则。本节将介绍触发器的使用方法。

7.3.1 创建触发器

使用 CREATE TRIGGER 语句可以创建触发器，其基本语法格式如下：

```
CREATE TRIGGER trigger_name trigger_time trigger_event ON tb1_name FOR EACH ROW
    trigger_stmt;
```

参数说明：

- trigger_name：触发器的名称。
- trigger_time：触发时间，可以指定为 BEFORE 或 AFTER。BEFORE 表示触发器的命令在操作数据之前执行，AFTER 表示触发器的命令在操作数据之后执行。
- trigger_event：触发事件，包括 INSERT、UPDATE 和 DELET。
- tb1_name：创建触发器的表名。
- FOR EACH ROW：表示触发器对表中的每一条记录的操作都进行了响应。如果指定了

FOR EACH ROW，触发器将对每条记录的操作都进行处理。

- trigger_stmt：触发器程序体，可以包含一条或多条 SQL 语句，通常使用 BEGIN...END 封装。

【例 7-14】创建触发器 trig_in_cou，实现当向课程表 Course 添加一条记录时，将用户变量 c 的值加 1。

SQL 语句如下：

```
SET @c=0;
CREATE TRIGGER trig_in_cou AFTER INSERT ON course FOR EACH ROW
    SET @c=@c+1;
INSERT INTO Course VALUES('20110114','计算机组成',3,'计算机');
SELECT @c;
```

执行结果如图 7-10 所示。

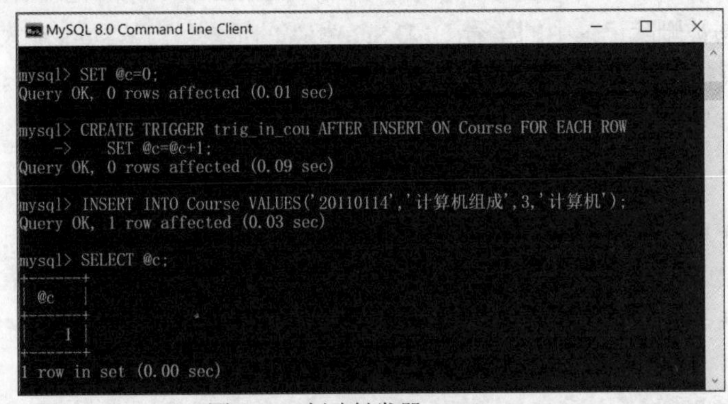

图 7-10　创建触发器 trig_in_cou

在例 7-14 所示语句中，首先需要设置局部变量@c 的初始值为 0。然后创建触发器 trig_in_cou，其触发时间为 AFTER，触发事件为 INSERT，关联的表名为 Course。触发程序将在每次插入记录到 Course 表时执行，自动进行@c 的累加操作。当向 Course 表添加一条记录后，系统将自动执行 SET@c=@c+1 操作。最后，使用 SELECT 语句显示@c 的值，以验证触发器执行结果。

【例 7-15】创建触发器 trig_delete_score，实现当从学生表 student 中删除一条记录时，自动删除 sc 表中与该学生相关的记录。

SQL 语句如下：

```
CREATE TRIGGER trig_delete_source AFTER DELETE ON student FOR EACH ROW
    DELETE FROM sc WHERE Sno=OLD.Sno;
SELECT * FROM sc WHERE Sno='20231160';
DELETE FROM student WHERE Sno='20231160';
SELECT * FROM sc WHERE Sno='20231160';
```

执行结果如图 7-11 所示。

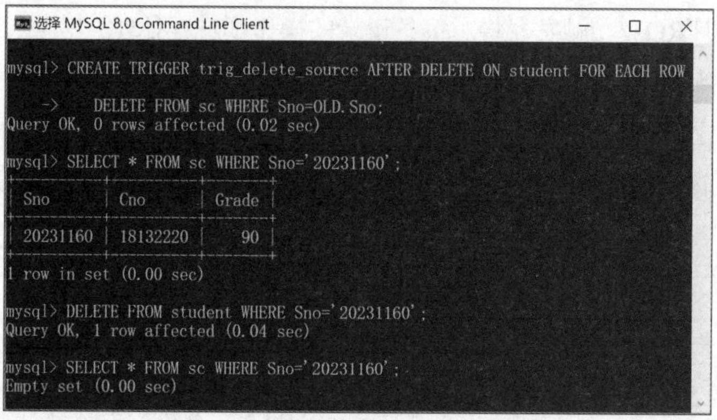

```
选择 MySQL 8.0 Command Line Client
mysql> CREATE TRIGGER trig_delete_source AFTER DELETE ON student FOR EACH ROW
    ->     DELETE FROM sc WHERE Sno=OLD.Sno;
Query OK, 0 rows affected (0.02 sec)

mysql> SELECT * FROM sc WHERE Sno='20231160';
+----------+----------+-------+
| Sno      | Cno      | Grade |
+----------+----------+-------+
| 20231160 | 18132220 |    90 |
+----------+----------+-------+
1 row in set (0.00 sec)

mysql> DELETE FROM student WHERE Sno='20231160';
Query OK, 1 row affected (0.04 sec)

mysql> SELECT * FROM sc WHERE Sno='20231160';
Empty set (0.00 sec)
```

图 7-11　创建触发器 trig_delete_score

在例 7-15 所示语句中，创建了触发器 trig_delete_source，触发时间为 AFTER，触发事件为 DELETE，触发表为 student。该触发器的功能是在从 student 表中删除记录后，自动删除 sc 表中所有学号(Sno)与被删除记录中的学号(OLD.Sno)相等的记录。当从 student 表中删除一条记录后，系统将自动执行 DELETE FROM sc WHERE Sno=OLD.Sno 语句来显示 sc 表的记录，以验证触发器的执行结果。

提示：

在触发器程序中，OLD 关键字在 DELETE 语句中表示将要删除或已删除的原数据。在 UPDATE 语句中 OLD 关键字表示将要修改或已修改的原数据。NEW 关键字表示将要修改或已修改的新数据。在 INSERT 语句中 NEW 关键字表示将要插入或已插入的新数据。

7.3.2　查看触发器

SHOW TRIGGERS 语句用于查看数据库中存在的触发器的定义、状态和相关信息。

【例 7-16】查看 jxxx 数据库中触发器。

SQL 语句如下：

```
SHOW TRIGGERS\G;
```

执行结果显示当前数据库所有的触发器信息，其中 trig_in_cou 的信息如图 7-12 所示。

以上语句结尾的“\G”可以将输出结果从横向显示转换为纵向显示。

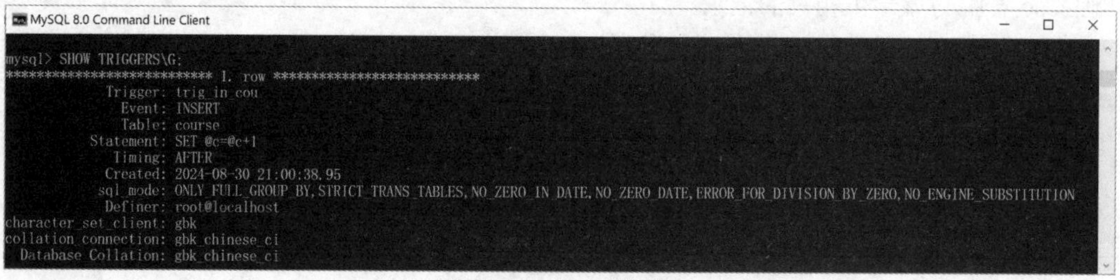

```
MySQL 8.0 Command Line Client
mysql> SHOW TRIGGERS\G;
*************************** 1. row ***************************
             Trigger: trig_in_cou
               Event: INSERT
               Table: course
           Statement: SET @c=@c+1
              Timing: AFTER
             Created: 2024-08-30 21:00:38.95
            sql_mode: ONLY_FULL_GROUP_BY,STRICT_TRANS_TABLES,NO_ZERO_IN_DATE,NO_ZERO_DATE,ERROR_FOR_DIVISION_BY_ZERO,NO_ENGINE_SUBSTITUTION
             Definer: root@localhost
character_set_client: gbk
collation_connection: gbk_chinese_ci
  Database Collation: gbk_chinese_ci
```

图 7-12　查看触发器

7.3.3　删除触发器

删除触发器是指删除 MySQL 已经定义的触发器，其基本语法格式如下：

```
DROP TRIGGER [schema_name] [IF EXISTS] trigger_name;
```

参数说明：

- schema_name：可选项，表示数据库的名称(若省略，则默认为当前数据库)。
- trigger_name：触发器的名称
- IF EXISTS：可选项，用于在删除触发器时避免因触发器不存在而引发错误。

【例 7-17】删除 trig_delete_source 触发器。
SQL 语句如下：

```
DROP TRIGGER IF EXISTS trig_delete_source;
```

执行结果如图 7-13 所示。

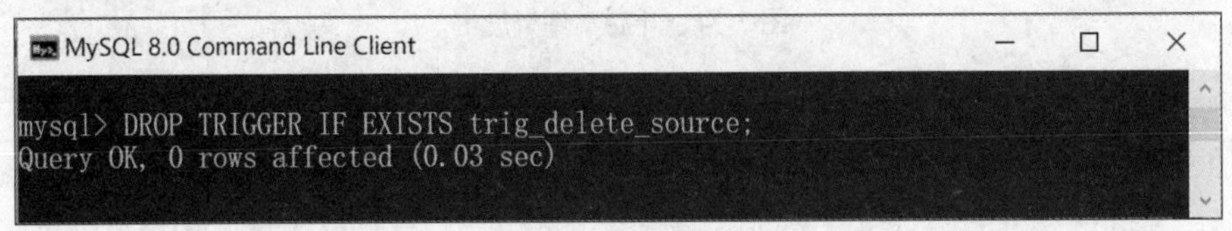

图 7-13　删除触发器

7.4 事件

事件是指在某个特定的时间或每隔一段时间根据计划自动完成指定任务的机制。MySQL 的事件调度器允许在规定的时间间隔内执行任务，比如每秒钟执行一个任务，这在一些对实时性要求较高的环境中非常实用。

事件是由 MySQL 提供的事件调度器负责定时触发执行。从某种角度上看，事件调度器可以被称为“定时触发器”。不过，事件与触发器有所区别，触发器只针对某张表产生的 DELETE、INSERT、UPDATE 操作事件执行特定语句，而事件调度器则是在某一段(间隔)时间执行固定的任务。本节将介绍事件的使用方法。

7.4.1　开启事件调度器

事件调度器是一个特定的线程，负责执行和管理 MySQL 中的事件。在默认情况下，事件调度器处于关闭状态，因此在创建事件之前必须先查看和设置事件调度器的状态。基本语法格式如下：

```
SHOW VARIABLES LIKE 'event_scheduler';
```

参数说明：

event_scheduler：全局变量，用于保存事件调度器的状态。该变量有 OFF 和 ON 两个值。

其中 OFF 表示事件调度器关闭；ON 表示事件调度器打开。

【例 7-18】查看事件调度器状态，若事件调度器处于关闭状态，则将其设置为打开状态。SQL 语句如下：

```
SHOW VARIABLES LIKE 'event_scheduler';
SET GLOBAL event_scheduler=ON;
```

执行结果如图 7-14 所示。

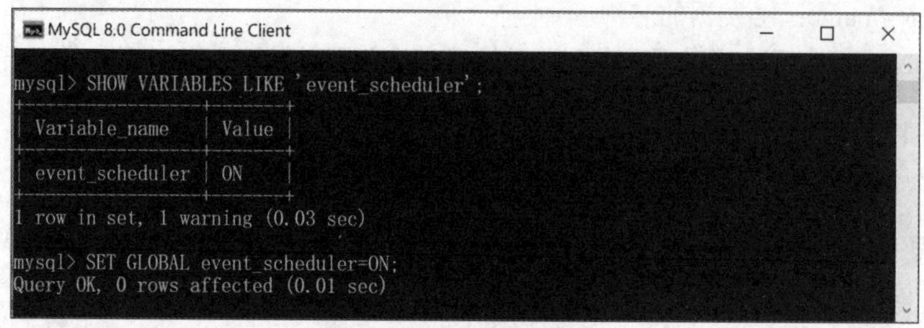

图 7-14　开启事件调度器

在例 7-18 所示语句中，如果 event_scheduler 变量值为 OFF，则表示事件调度器处于关闭状态。使用 SET 语句可以将其变量设置为 ON，此时事件调度器将处于打开状态。

7.4.2　创建事件

当事件调度器处于打开状态时，就可以创建事件。基本语法格式如下：

```
CREATE EVENT [IF NOT EXISTS] event_name
ON SCHEDULE schedule
[ON COMPLETION [NOT] PRESERVE]
[ENABLE | DISABLE | DISABLE ON SLAVE]
[COMMENT 'comment']
DO event_body;
```

参数说明：

- event_name：指定事件的名称。事件名称的最大长度为 64 个字符，名称不区分大小写。
- ON SCHEDULE：指定任务执行的时间和时间间隔。可以选择 AT 和 EVERY 两种形式来定义调度安排(后面将详细说明)。
- ON COMPLETION [NOT] PRESERVE：可选项，用于定义事件是否循环执行，即事件只执行一次还是永久执行，默认情况下是 NOT PRESERVE，即事件只执行一次。
- ENABLE | DISABLE：可选项，ENABLE 表示事件处于启用状态，DISABLE 表示事件处于禁用状态。
- COMMENT：用于设置事件的注释。
- DO：指定事件触发时所要执行 SQL 语句。如果要执行多条 SQL 语句，应使用 BEGIN...END 结构将其包含其中。

在 ON SCHEDULE 中，参数 schedule 的值为一个 AT 子句，用于指定事件在某个时刻发生。EVERY 子句用于指定事件的重复发生，其语法格式如下：

```
AT timestamp [+ INTERVAL interval] ...
| EVERY interval
[STARTS timestamp [+ INTERVAL interval] ...]
[ENDS timestamp [+ INTERVAL interval] ...]
```

参数说明：

- timestamp：时间戳，表示一个具体的时间点，必须包含事件和日期。INTERVAL 是一个时间间隔，表示事件发生的时间间隔。
- EVERY：表示事件在指定时间区间内重复发生。其中 STARTS 子句用于指定事件的开始时间，ENDS 子句用于指定事件的结束时间。
- interval：表示一个从现在开始的时间，其值由一个数值和单位构成。单位可以为 YEAR、MONTH、DAY、HOUR 和 MINUTE 等。例如“4 WEEK”表示 4 周；“10 SECOND”表示 10 秒。

【例 7-19】创建一个名为 insert_course_event 的事件，实现从当前时间起 10 分钟 30 秒后向 Course 表添加一条记录。

SQL 语句如下：

```
CREATE EVENT insert_course_event
ON SCHEDULE AT CURRENT_TIMESTAMP + INTERVAL 10 MINUTE + INTERVAL 30 SECOND
ON COMPLETION PRESERVE
DO INSERT INTO course VALUES('58130080 ','云计算技术',3);
```

执行结果如图 7-15 所示。

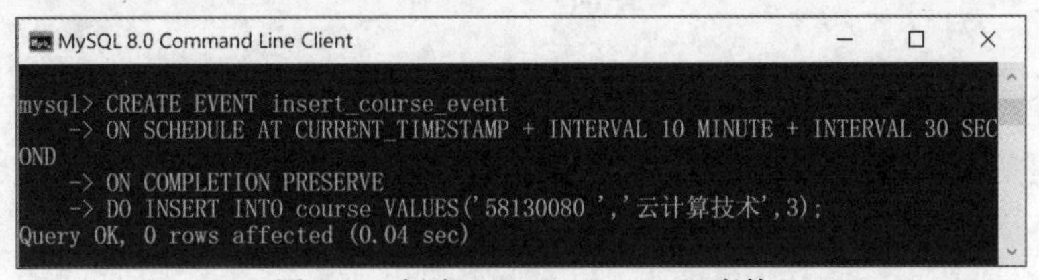

图 7-15　创建 insert_course_event 事件

【例 7-20】创建名为 delete_sc_event 的事件，用于每隔 20 秒钟删除 sc 表中成绩小于或等于 0 的记录。

SQL 语句如下：

```
CREATE EVENT delete_sc_event
ON SCHEDULE EVERY 5 SECOND
ON COMPLETION PRESERVE
DO DELETE FROM sc WHERE Grade<=0;
```

执行结果如图 7-16 所示。

```
MySQL 8.0 Command Line Client
mysql> CREATE EVENT delete_sc_event
    -> ON SCHEDULE EVERY 5 SECOND
    -> ON COMPLETION PRESERVE
    -> DO DELETE FROM sc WHERE Grade<=0;
Query OK, 0 rows affected (0.01 sec)
```

图 7-16　创建 delete_sc_event 事件

7.4.3　查看事件

事件创建完成后，若需要查看事件的具体信息，可以使用 SHOW 语句实现。

【例 7-21】查看当前数据库中所有的事件的信息。

SQL 语句如下：

```
SHOW EVENTS;
```

执行结果显示了当前数据库中所有的事件信息，其中 delete_sc_event 事件信息如图 7-17 所示。在上述执行结果中，Type 字段表示事件的类型，RECURRING 表示事件可以重复执行，ONE TIME 表示事件只执行一次。

```
MySQL 8.0 Command Line Client
mysql> SHOW EVENTS\G;
*************************** 1. row ***************************
                  Db: jxxx
                Name: delete_sc_event
             Definer: root@localhost
           Time zone: SYSTEM
                Type: RECURRING
          Execute at: NULL
      Interval value: 5
      Interval field: SECOND
              Starts: 2024-08-30 21:23:58
                Ends: NULL
              Status: ENABLED
          Originator: 1
character_set_client: gbk
collation_connection: gbk_chinese_ci
```

图 7-17　查看事件

7.4.4　修改事件

事件创建完成后，若需要对事件进行重新命名、修改频率和时间等操作，可以使用 ALTER 语句，其基本语法格式如下：

```
ALTER EVENT event_name
ON SCHEDULE schedule
[ON COMPLETION [NOT] PRESERVE]
[RENAME TO new_event_name]
[ENABLE | DISABLE |]
[COMMENT 'comment']
DO event_body;
```

参数说明：

RENAME TO：指定事件的新名称。

【例 7-22】将 insert_course_event 事件的时间修改为从现在开始，并将其名称修改为 newinsert_c_event。

SQL 语句如下：

```
ALTER EVENT insert_course_event
ON SCHEDULE AT CURRENT_TIMESTAMP
ON COMPLETION PRESERVE
RENAME TO newinsert_c_event
DO INSERT INTO course VALUES('58130080 ','云计算技术',3);
```

执行结果如图 7-18 所示。

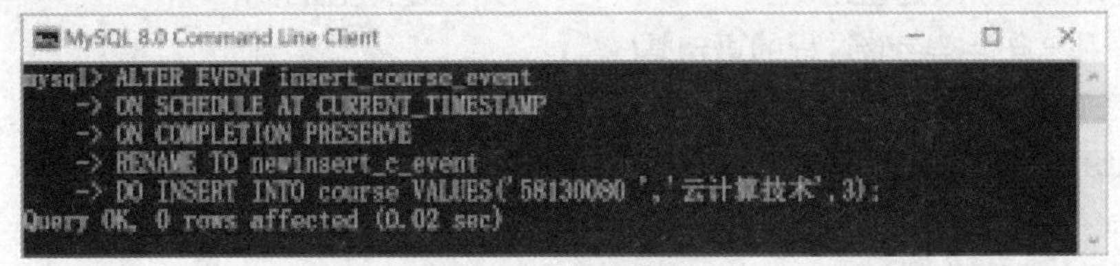

图 7-18　修改事件

提示：

ALTER EVENT 语句还有一个用法是使一个事件关闭或重新启用。例如，启动名称为 delete_sc_event 的事件可以使用 ALTER EVENT delete_sc_event ENABLE;语句；关闭名称为 new delete_sc_event 的事件可以使用 ALTER EVENT delete_sc_event DISABLE;语句。

7.4.5　删除事件

事件执行完成后，若不需要再使用，可以使用 DELETE 来删除它。基本语法格式如下：

```
DROP EVENT [IF EXISTS] event_name;
```

【例 7-23】删除 insert_course_event 事件。

SQL 语句如下：

```
DROP EVENT IF EXISTS insert_course_event;
```

执行结果如图 7-19 所示。

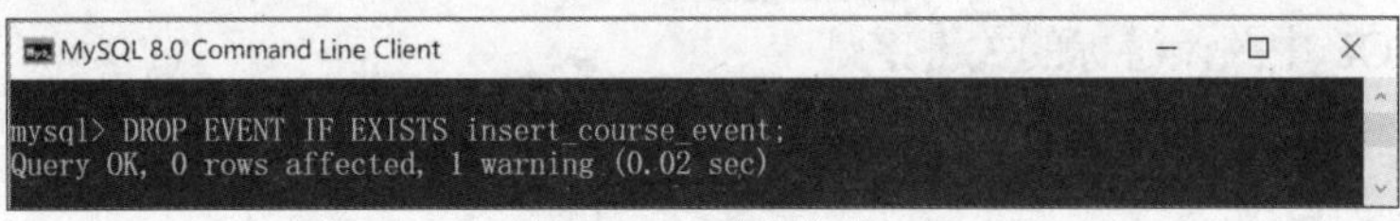

图 7-19　删除事件

7.5　本章小结

本章主要讲解了存储过程、游标、触发器和事件的使用方法。存储过程可以由其他用户或存储过程调用，增强了服务他人的能力。触发器是在特定事件发生时自动执行 SQL 语句的机制，这种机制不仅提高了数据处理的效率和一致性，还有助于培养开发者的规则意识，以及严格遵循既定规范的工作态度。事件用于在指定的时间自动执行某些任务，体现了对时间精确性的追求和工匠精神。

7.6 本章习题

一、选择题

1. 创建存储过程的语句是(　　)。

A. CREATE FUNCTION　　B. CREATE TABLE

C. CREATE PROCEDURE　　D. CREATE VIEW

2. 修改用户自定义存储过程的语句是(　　)。

A. ALTER TABLE　　B. ALTER PROCDURE

C. ALTER FUNCTION　　D. ALTER VIEW

3. 删除存储过程的语句是(　　)。

A. DROP VIEW　　B. DROP FUNCTION

C. DROP PROCEDURE　　D. DROP PROC

4. 下面(　　)是错误的触发器类型。

A. insert　　B. create　　C. delete　　D. alter

5. 触发器创建在(　　)中。

A. 数据库　　B. 视图　　C. 过程　　D. 表

6. 显示触发器的语句是(　　)。

A. show trigger　　B. show triggers　　C. select triggers　　D. open trigger

7. 打开游标的关键字是(　　)。

A. USE　　B. SHOW　　C. SELECT　　D. OPEN

8. 下面(　　)表示事件调度器状态。

A. on　　B. open　　C. close　　D. 1

二、填空题

1. 存储过程的过程体以________表示过程开始，以________表示过程的结束。

2. 存储过程返回数据的关键字是________。

3. 在 MySQL 中关闭游标的关键字是________。

4. ________是基于特定事件周期触发来执行某些任务，________是基于表中所产生的对事件触发。

5. 创建游标的关键字是________，获取游标结果集的关键字是________。

三、简答题

1. 简述存储过程和自定义函数区别。

2. 简述触发器的基本语法及作用。

ꕤ 第8章 ꕤ

数据库安全管理

MySQL 是一个多用户数据库，具有功能强大的访问控制系统，可以为不同的用户指定允许的权限。在前面的章节中默认使用的是 root 用户，该用户是超级管理员，拥有所有权限，包括创建用户、删除用户和修改用户的密码等管理权限。为了实际项目的需要，可以创建拥有不同权限的普通用户。如何创建用户并给新建用户授予适当的权限是 MySQL 安全管理的重要内容。日志是 MySQL 数据库的重要组成部分，日志文件中记录着 MySQL 数据库运行期间发生的变化。MySQL 有不同类型的日志文件，包括错误日志(log-err)、查询日志(log)、二进制日志(log-bin)及慢查询日志(log-slow-queries)。另外，为了防止人为操作和自然灾难引起的数据丢失或破坏，需要定期、制度化地对数据进行备份。备份和恢复是数据库安全管理中非常重要的内容。本章将介绍 MySQL 的安全性、用户管理、权限管理、日志文件、数据备份与恢复等内容。

8.1 MySQL 的安全性

在 MySQL 数据库管理中，主要通过访问控制和权限表来实现其安全性控制。在服务器上运行 MySQL 时，提供了访问控制，以确保 MySQL 服务器的安全访问，即不同的用户对各自需要的数据具有不同的访问权。数据库管理员的职责包括预防、监控和响应非法访问尝试，确保数据库的安全性和完整性。权限表存放在 MySQL 数据库中，由 mysql_install_db 脚本初始化。存储账户权限信息表主要有 user、db、host、tables_priv、columns_priv 和 procs_priv。本节将介绍这些表的内容和作用。

8.1.1 MySQL 访问控制工作过程

MySOL 的访问控制可以分为两个阶段：连接核实阶段和请求核实阶段。

1. 连接核实阶段

当某用户试图连接 MySQL 服务器时，MySQL 会将用户提供的信息和 user 表中的 3 个字段(Host、User 和 Password)相匹配以进行身份验证，当用户提供的主机名、用户名和密码与 user 表中对应字段值完全匹配时，才允许连接。

2. 请求核实阶段

接受连接之后，MySQL 服务器会进入请求核实阶段。针对该连接上的每个请求，MySQL 服务器都会检查要执行的操作，以及用户是否有足够的权限来执行这些操作。这些权限存储在 user、db、host、tables_priv、columns_priv 等权限表中。

在确认权限时，MySQL 首先会检查指定的权限是否在 user 表中被授予，如果没有被授予，则继续检查 db 表，以查看于数据库级的权限。如果在该层级没有找到指定的权限，则继续检查 tables_priv 表和 columns_priv 表，以验证表级和列级的权限。如果在所有相关权限表都检查完后仍然没有找到允许的权限操作，MySQL 将会返回错误信息。此时，用户请求的操作将不能执行，操作失败。

8.1.2 MySQL 权限表

MySQL 服务器通过权限表来控制用户对数据库的访问，这些权限表存放在名为 mysql 的数据库中，由 mysql_install_db 脚本初始化。存储账户权限信息的主要表有 user、db、host、tables_priv、columns_priv 和 procs_priv。

在 MySQL 权限表的层级中，顶层是 user 表，它是全局级的权限表；下一层是 db 表(以及 host 表)，其用于数据库层级权限控制；底层是 tables_priv 表和 columns_priv 表，分别用于表级和列级权限控制。另外，还有 procs_priv 表，用于设置存储过程和存储函数的操作权限。低层级的表只能从高层级的表中得到必要的范围或权限。

1. user 表

user 表是 MySQL 中一个非常重要的权限表，它记录了允许连接到服务器的账号信息。user 表中的权限是全局级的，即针对所有用户、数据库和表。例如，如果一个用户在 user 表中被授予了 DELETE 权限，该用户可以删除 MySQL 服务器上所有数据库中的记录。MySQL 8.0 中的 user 表有 51 个字段，这些字段可以分为 4 类，分别是用户类、权限类、安全类和资源控制类。在 MySQL 数据库中，可以使用以下命令查看 user 表的表结构：

```
DESC user;
```

2. db 表和 host 表

db 表和 host 表也是 MySQL 数据库中非常重要的权限表。db 表中存储了用户对某个数据库的操作权限，它决定了用户能对哪个数据库进行操作。host 表中存储了某个主机对数据库的操作权限，配合 db 表，可以对给定主机上的数据库级操作权限做更细致的控制。虽然 host 表提供了对宕机权限的控制，但它不会受 GRANT 和 REVOKE 语句的影响。db 表比较常用，而 host 表一般较少使用。db 表和 host 表的结构相似，字段大致可以分为两类：用户类和权限类。

3. tables_priv 表和 columns_priv 表

tables_priv 表用于对表设置操作权限，表中包括了 Host、Db、User、Table_name、Grantor、Timestamp、Table_priv 和 Column_priv 这 8 个字段。

columns_priv 表用于对表的某一列设置权限，表中包括了 Host、Db、User、Table_name、Column_name、Timestamp 和 Column_priv 这 7 个字段。

4. procs_priv 表

procs_priv 表用于对存储过程和存储函数进行权限设置，表中包含 8 个字段，分别是 Host、Db、User、Routine_name、Routine_type、Grantor、Proc_priv 和 Timestamp。

8.2 MySQL 用户管理

在一个新安装的 MySQL 系统中，会有一个名为 root 的用户，用户可使用以下的语句查看：

```
SELECT Host,User FROM mysql.user;
```

查询结果如图 8-1 所示。

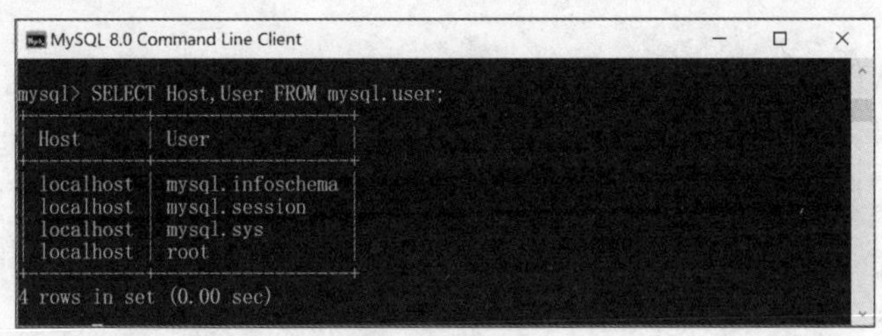

图 8-1　查询用户

root 超级管理员用户是在安装 MySQL 服务器后由系统自动创建的，并被赋予了操作和管理 MySQL 系统的所有权限。在实际操作中，为了避免恶意用户冒名使用 root 账号操作和控制数据库，通常需要创建一系列具有适当权限的用户，尽可能不用或少用 root 账号来登录系统，以确保数据库的安全访问。

8.2.1　创建用户

创建用户可以使用 CREATE USER 语句，该语句可用于创建一个或多个用户并设置密码。在执行 CREATE USER 语句时，必须拥有 CREATE USER 权限或 INSERT 权限。语法格式如下：

```
CREATE USER user_specification [, user_specification ] ...;
```

其中，user_specification 的语法格式如下。

```
user [IDENTIFIED BY [PASSWORD] 'password' | IDENTIFIED WITH auth_plugin [ AS 'auth_string']]
```

参数说明：

- user：指定创建的用户账号，格式为'user_name'@'host_name'，其中 user_name 是用户名，host_name 是主机名。如果未指定主机名，则主机名默认为%，表示一组主机。
- IDENTIFIED BY 子句：用于指定用户账户对应的密码。如果用户账户无密码，则可以省略该子句。
- PASSWORD：可选项，用于指定密码的散列值。
- password：指定用户账号的密码。密码可以是明文形式，由字母和数字组成，MySQL 会自动对密码进行散列处理。

- IDENTIFIED WITH 子句：用于指定认证用户账户的认证插件。
- auth_plugin：指定认证插件的名称。插件的名称可以是一个带单引号的字符串或者带引号的字符串。
- auth_string：可选的字符串参数，该参数将传递给身份验证插件，由该插件解释其意义。

【例 8-1】创建用户 zhang，密码为 1234；创建用户 jia，密码为 qwe；创建用户 zhou，密码为 x456；创建用户 yang，密码为 asd6。

```
CREATE USER 'zhang'@'localhost' IDENTIFIED BY '1234',
            'jia'@'localhost' IDENTIFIED BY 'qwe',
            'zhou'@'localhost' IDENTIFIED BY 'x456',
            'yang'@'localhost' IDENTIFIED BY 'asd6';
```

注意：

- 使用 CREATE USER 语句创建一个用户账户后，会在 MySQL 数据库的 user 表中添加一条新记录。如果创建的账户已经存在，则该语句的执行会返回一个错误。
- 如果两个用户的用户名相同但主机名不同，则 MySQL 会将它们视为不同的用户。
- 如果创建用户时没有为用户指定密码，MySQL 会允许该用户不使用密码登录系统(为了数据库安全不建议这样做)。
- 新创建的用户拥有的权限非常有限，只被允许进行一些不需要额外权限的操作。

8.2.2 删除用户

删除用户可以使用 DROP USER 语句。使用 DROP USER 语句，必须拥有 MySQL 数据库的全局 CREATE USER 权限或 DELETE 权限。语法格式如下：

```
DROP USER 'username'@'host'[,...];
```

【例 8-2】删除用户 yang。

SQL 语句如下：

```
DROP USER 'yang'@'localhost';
```

注意：

- DROP USER 语句可以用于删除一个或多个用户，同时消除其被授予的所有权限。
- 在 DROP USER 语句中，如果未指定主机名，则主机名默认为%，表示一组主机。

8.2.3 修改用户密码

修改用户密码可以使用 SET PASSWORD 语句。语法格式如下：

```
SET PASSWORD FOR user='password';
```

参数说明：

- 在 SET PASSWORD 语句中，若不加上 FOR 子句，则会修改当前用户的密码。若加上 FOR 子句，则表示修改指定账户(user)的密码(其中 user 的格式必须是'user_name'@'

host_name')。

- 如果数据库系统中指定账户不存在，则语句执行时会返回一个错误。

【例 8-3】将用户 zhang 的密码修改为 123456。

```
SET PASSWORD FOR 'zhang'@'localhost'='123456';
```

注意：

只有 root 账户可以更新 MySQL 数据库其他用户的密码。如果使用普通用户登录数据库，可以省略 FOR 子句来更改自己的密码。以下是设置密码的 SQL 语句示例：

```
SET PASSWORD='123456';
```

8.3 MySQL 权限管理

当成功创建用户账户后，该用户仍然不能执行任何操作，除非为其授予适当的权限。可以使用 SHOW GRANTS FOR 语句来查询用户的权限。

提示：

新创建的用户只有登录 MySQL 服务器的权限，不能进行其他操作。

【例 8-4】查询用户 jia 的权限。

SQL 语句如下：

```
SHOW GRANTS FOR 'jia'@'localhost';
```

查询结果如图 8-2 所示。

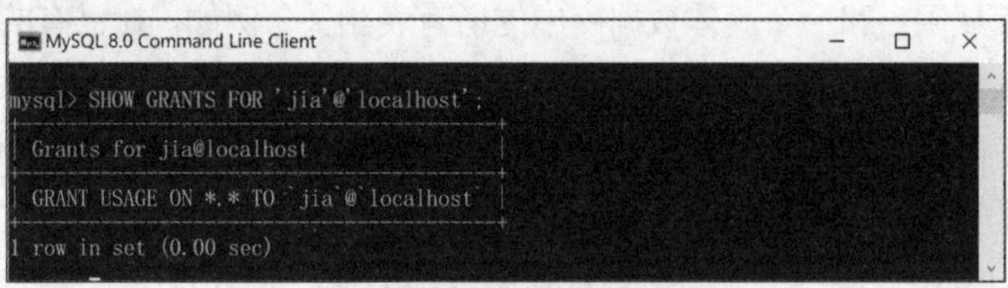

图 8-2 查询用户权限

根据语句执行后的输出结果，可以看到用户 jia 仅有一个权限 USAGE ON *.*，这表示该用户对任何数据库和任何表都没有实际的操作权限。

8.3.1 授予权限

权限的授予可以使用 GRANT 语句。语法格式如下：

```
GRANT priv_type [ (column_list) ] [ , priv_type[ (column list) ] ] ...
ON [ object_type ] priv_level
TO user_specification[ , user_specification ] ...
[ REQUIRE | NONE | ssl_option [ [ AND ] ssl_option ...| ]
[ WITH with_option...]
```

其中，object_type 的语法格式如下：

```
TABLE | FUNCTION | PROCEDURE
```

priv_level 的语法格式如下：

```
* | *.* | db_name.* | db_name.tbl_name | tbl_name | db_name.routine_name
```

user_specification 的语法格式如下：

```
user [IDENTIFIED BY [PASSWORD] 'password' | IDENTIFIED WITH auth_plugin [ AS 'auth_string']]
```

with_option 的语法格式如下：

```
GRANT OPTION| MAX_QUERIES_PER_HOUR count | MAX_UPDATES_PER_HOUR count
| MAX_CONNECTIONS_PER_HOUR count | MAX_USER_PER_HOUR count
```

参数说明：

- priv_type：指定权限的类型，例如 SELECT、INSERT、UPDATE、DELETE 等。
- column_list：可选项，用于指定权限授予给表中的哪些具体的列。
- ON 子句：指定权限授予的对象和级别，可在 ON 关键字后面给出要授予权限的数据库名或表名等。
- object_type：可选项，用于指定被授予权限的对象类型，包括表、函数和存储过程。
- priv_level：指定权限的级别，可以授予的权限有以下几组。
  - ◆ 列权限：和表中的一个具体列相关。例如，可以使用 UPDATE 语句更新 student 表中 Sname 列的值的权限。
  - ◆ 表权限：和一个具体表中的所有数据相关。例如，使用 SELECT 语句查询 student 表的所有数据的权限。
  - ◆ 数据库权限：和一个具体数据库中的所有表相关。例如，在已有的 jxxx 数据库中创建新表的权限。
  - ◆ 用户权限：和 MySQL 中所有的数据库相关。例如，删除已有的数据库或者创建一个新的数据库的权限。

对应地，在 GRANT 语句中可用于指定权限级别的值的格式有以下几种：

  - ◆ *：表示当前数据库中的所有表。
  - ◆ *.*：表示所有数据库中的所有表。
  - ◆ db_name.*：表示指定数据库中的所有表，其中，db_name 是数据库名。
  - ◆ db_name.tbl_name：其中，db_name 是数据库名，tbl_name 是表名或视图名。
  - ◆ db_name.routine_name：routine_name 是存储过程名或函数名。

- TO 子句：设定用户密码，以及指定被赋予权限的用户 user。
- user_specification：该可选项与 CREATE USER 语句中的 user_specification 相同。
- WITH 子句：用于实现权限的转移和限制。

1. 授予列权限

在 MySQL 中，授予列权限时，priv_level 的值可以是 SELECT、INSERT 和 UPDATE。同时，权限后面需要加上列名列表。

【例 8-5】授予用户 zhang 对数据库 jxxx 中表 student 的列 Sno 和 Sname 拥有 SELECT 权限。

SQL 语句如下：

```
GRANT SELECT(sno, sname)
ON jxxx.student
TO 'zhang'@'localhost';
```

2. 授予表权限

授予表权限时，priv_level 可以指定为以下值。

- SELECT：授予用户可以使用 SELECT 语句访问特定表的权限。
- INSERT：授予用户可以使用 INSERT 语句向特定表中添加数据行的权限。
- UPDATE：授予用户可以使用 UPDATE 语句更新特定表中的数据行的权限。
- DELETE：授予用户可以使用 DELETE 语句删除特定表中的数据行的权限。
- REFERENCES：授予用户可以创建外键来参照特定表的权限。
- CREATE：授予用户可以创建特定的表的权限。
- ALTER：授予用户可以使用 ALTER TABLE 语句修改特定表的结构的权限。
- DROP：授予用户可以删除特定表的权限。
- INDEX：授予用户可以在表上创建和删除索引的权限。
- ALL 或 ALL PRIVILEGES：表示授予以上所有权限。

【例 8-6】创建新用户 zhu 和 ma，设置对应的系统登录密码，并授予它们在 jxxx 数据库中的 student 表上的查询和更新的权限。

SQL 语句如下：

```
-- 创建用户
CREATE USER 'zhu'@'localhost' IDENTIFIED BY '1234', 'ma'@'localhost' IDENTIFIED BY '5678';
-- 授权
GRANT SELECT, UPDATE
ON jxxx.student
TO 'zhu'@'localhost', 'ma'@'localhost';
```

3. 授予数据库权限

授予数据库权限时，priv_level 可以指定为以下值。

- SELECT：授予用户可以使用 SELECT 语句访问特定数据库中所有表和视图的权限。
- INSERT：授予用户可以使用 INSERT 语句向特定数据库中所有表添加数据行的权限。
- UPDATE：授予用户可以使用 UPDATE 语句更新特定数据库中所有表的数据行的权限。
- DELETE：授予用户可以使用 DELETE 语句删除特定数据库中所有表的数据行的权限。
- REFERENCES：授予用户在特定数据库中创建外键来引用其他表的权限。

- CREATE：授予用户在特定数据库中使用 CREATE TABLE 语句创建新表的权限。
- ALTER：授予用户使用 ALTER TABLE 语句修改特定数据库中所有表的结构的权限。
- DROP：授予用户删除特定数据库中所有表和视图的权限。
- INDEX：授予用户在特定数据库中的所有表上定义和删除索引的权限。
- CREATE TEMPORARY TABLES：授予用户在特定数据库中创建临时表的权限。
- CREATE VIEW：授予用户在特定数据库中创建新的视图的权限。
- SHOW VIEW：授予用户查看特定数据库中已有视图的视图定义的权限。
- CREATE ROUTINE：授予用户在特定数据库中创建存储过程和存储函数的权限。
- ALTER ROUTINE：授予用户更新和删除数据库中已有的存储过程和存储函数的权限。
- EXECUTE ROUTINE：授予用户调用特定数据库中的存储过程和存储函数的权限。
- LOCK TABLES：授予用户锁定特定数据库的已有数据表的权限。
- ALL 或 ALL PRIVILEGES：授与用户以上列出的所有权限。

【例 8-7】授予用户 ma 在所有数据库中创建新表和删除表的权限。

SQL 语句如下：

```
GRANT CREATE, DROP
ON *.*
TO 'ma'@'localhost';
```

【例 8-8】授予用户 zhang 对所有数据库中所有表进行查询和添加行的权限。

SQL 语句如下：

```
GRANT SELECT, INSERT
ON *.*
TO 'zhang'@'localhost';
```

【例 8-9】授予用户 zhou 对 jxxx 数据库中所有表执行所有操作的权限。

SQL 语句如下：

```
GRANT ALL
ON jxxx.*
TO 'zhou'@'localhost';
```

4. 授予用户权限

授予用户权限时，priv_level 可以指定为以下值。

- CREATE USER：授予用户创建和删除新用户的权限。
- SHOW DATABASES：授予用户使用 SHOW DATABASES 语句查看全部已有数据库的权限。

【例 8-10】授予已存在用户 zhou 创建新用户的权限。

SQL 语句如下：

```
GRANT CREATE USER
```

```
ON *.*
TO 'zhou'@'localhost';
```

在完成上述示例后，可以通过查询 user 表来确认操作是否成功完成。

【例 8-11】通过查询 user 表来查看用户对所有数据库的权限。

SQL 语句如下：

```
SELECT user, select_priv, insert_priv, create_priv, drop_priv, create_user_priv
FROM mysql.user;
```

查询结果如图 8-3 所示。

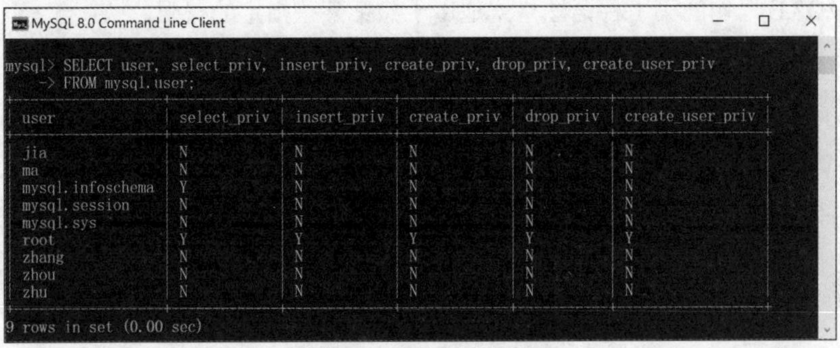

```
MySQL 8.0 Command Line Client
mysql> SELECT user, select_priv, insert_priv, create_priv, drop_priv, create_user_priv
    -> FROM mysql.user;
+------------------+-------------+-------------+-------------+-----------+------------------+
| user             | select_priv | insert_priv | create_priv | drop_priv | create_user_priv |
+------------------+-------------+-------------+-------------+-----------+------------------+
| jia              | N           | N           | N           | N         | N                |
| ma               | N           | N           | N           | N         | N                |
| mysql.infoschema | Y           | N           | N           | N         | N                |
| mysql.session    | N           | N           | N           | N         | N                |
| mysql.sys        | N           | N           | N           | N         | N                |
| root             | Y           | Y           | Y           | Y         | Y                |
| zhang            | N           | N           | N           | N         | N                |
| zhou             | N           | N           | N           | N         | N                |
| zhu              | N           | N           | N           | N         | N                |
+------------------+-------------+-------------+-------------+-----------+------------------+
9 rows in set (0.00 sec)
```

图 8-3　查询用户权限

根据语句执行后的输出结果，可以看到用户 zhou 被授予创建新用户的权限；用户 ma 被授予对所有数据库中所有表进行 CREATE 和 DROP 的权限；用户 zhang 被授予对所有数据库中所有表进行 SELECT 和 INSERT 的权限。

5. 权限的转移

在 GRANT 语句中，如果将 WITH 子句指定为 WITH GRANT OPTION，则表示 TO 子句中所指定的所有用户都拥有将自己所拥有的权限(无论其他用户是否拥有该权限)授予其他用户的权利。

【例 8-12】授予已存在的用户 ma 在 jxxx 数据库中的 student 表中添加数据行和更新表值的权限，并允许其将自身的权限授予其他用户。

```
GRANT INSERT,UPDATE
ON jxxx.student
TO 'ma'@'localhost'
WITH GRANT OPTION;
```

以上语句成功执行后，以 ma 账户登录 MySQL 服务器即可根据需要将自身的权限授予其他指定的用户。

8.3.2　撤销权限

撤销用户的权限可以使用 REVOKE 语句。使用 REVOKE 语句必须拥有 MySQL 数据库的全局 CREATE USER 权限或 UPDATE 权限。语法格式如下：

```
REVOKE priv_type[(column_list)] [ , priv_type[ (column_list) ] ] ...
ON [ object_type ] priv_level
FROM user [, user] ...;
```

或

```
REVOKE ALL PRIVILIEGES, GRANT OPTION
FROM user [ , user ] ...;
```

参数说明：

- REVOKE 语句和 GRANT 语句的语法格式类似，但具有相反的效果。
- REVOKE 语句的第 1 种语法格式适用于撤销某些指定的权限。
- REVOKE 语句的第 2 种语法格式适用于撤销指定用户的所有权限。

【例 8-13】撤销用户 zhang 在 jxxx 数据库中的 student 表上的插入权限。

SQL 语句如下：

```
REVOKE INSERT
ON jxxx.student
FROM 'zhang'@'localhost';
```

【例 8-14】通过 tables_priv 表检查用户对 student 表的具体权限。

SQL 语句如下：

```
SELECT db, user, table_name, table_priv, column_priv
FROM mysql.tables_priv
WHERE table_name='student';
```

查询结果如图 8-4 所示。

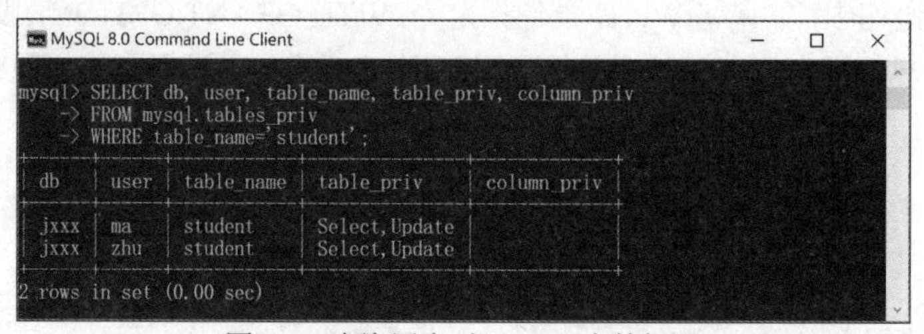

图 8-4 查询用户对 student 表的权限

执行例 8-14 所示的语句后，查询结果显示：用户 zhu 被授予在 student 表上的 SELECT 和 UPDATE 的权限；用户 zhang 被授予在 student 表上针对特定列的 SELECT 权限；用户 ma 被授予在 student 表上的 SELECT、INSERT 和 UPDATE 的权限，并且可以将自身的权限授予其他用户。

8.4 MySQL 日志管理

MySQL 日志记录了 MySQL 数据库日常操作和错误信息。MySQL 有不同类型的日志文件(各自存储了不同类型的日志)，包括错误日志(log-err)、通用查询日志(log)、二进制日志(log-bin)

以及慢查询日志(log-slow-queries)。MySQL 8.0 还增加了两种支持的日志：中继日志和数据定义语句日志。通过这些日志，可以查询到 MySQL 数据库的运行情况、用户操作、错误信息等，为 MySQL 的管理和优化提供必要的信息。对于 MySQL 的管理工作而言，这些日志文件是不可缺少的。本节将介绍 MySQL 各种日志的作用以及日志的管理。

8.4.1　MySQL 日志

日志是 MySQL 数据库的重要组成部分。日志文件中记录着 MySQL 数据库运行期间发生的变化。当数据库遭遇意外损坏时，可以通过日志文件查询出错原因，并通过日志文件进行数据恢复。

目前 MySQL 日志文件主要分为以下六类，使用这些日志文件可以查看 MySQL 内部发生的事件。

- 二进制日志：记录所有更改数据的语句，可以用于数据复制。
- 错误日志：记录 MySQL 服务的启动、运行或停止时出现的问题。
- 通用查询日志：记录建立的客户端连接和执行的语句。
- 慢查询日志：记录所有执行时间超过 long_query_time 的查询或不适用索引的查询。
- 中继日志：记录复制时从主服务器收到的数据变化。
- 数据定义语句日志：记录数据定义语句执行的元数据操作。

除二进制日志外，其他日志文件都是文本文件。默认情况下，所有日志文件都会创建在 MySQL 数据目录中。通过刷新日志，可以强制 MySQL 关闭、并重新打开日志文件(或者在某些情况下切换到一个新的日志文件)。当执行 FLUSH LOGS 语句或使用 mysqladmin flush-logs 或 mysqladmin refresh 时，服务器将刷新日志。

默认情况下，在 Windows 下只会启动错误日志的功能，其他类型的日志需要数据库管理员进行额外设置。

需要注意的是，启动日志功能可能会降低 MySQL 数据库的性能。例如，在查询非常频繁的 MySQL 数据库系统中，如果开启了通用查询日志和慢查询日志，MySQL 数据库可能会花费大量时间来记录日志。同时，日志会占用大量的磁盘空间。对于用户量非常大、操作非常频繁的数据库，日志文件所需要的存储空间甚至会超过数据库文件本身所需的空间。

8.4.2　二进制日志

二进制日志主要用于记录数据库的变化情况。通过二进制日志，可以查询 MySQL 数据库中进行了哪些改变。二进制日志以一种有效且事务安全的格式包含了更新日志中的所有信息。二进制日志记录了所有更新数据或者潜在更新数据(例如，没有匹配任何行的一个 DELETE)的语句。这些语句以“事件”的形式保存，记录数据更改的细节。

二进制日志还包含每个更新数据库的语句的执行时间信息，但不包含没有修改任何数据的语句。如果想要记录所有语句(例如，为了识别有问题的查询)，可以使用通用查询日志。使用二进制日志的主要目的是尽可能地恢复数据库，因为二进制日志包含备份后进行的所有更新。

1. 启用和设置二进制日志

二进制日志记录了所有用户对数据库数据的修改操作。MySQL 数据库在默认情况下是开启二进制日志文件的。要查看二进制日志是否开启，可以使用以下命令：

```
SHOW VARIABLES LIKE 'log_bin';
```

查询结果如图 8-5 所示。

```
MySQL 8.0 Command Line Client
mysql> SHOW VARIABLES LIKE 'log_bin';
+---------------+-------+
| Variable_name | Value |
+---------------+-------+
| log_bin       | ON    |
+---------------+-------+
1 row in set, 1 warning (0.01 sec)

mysql>
```

图 8-5　查看二进制日志开启状态

从查询结果可以看出，二进制日志默认是开启的。

用户可以通过修改 MySQL 的配置文件来启动和设置二进制日志。以 Windows 系统为例，可以打开MySQL 目录下的my.ini 文件，在[mysqld]组中配置以下几个与二进制日志相关的设置：

```
[mysqld]
log-bin [=path/ [filename] ]
expire_logs_days = 10
max_binlog_size = 100M
```

log-bin 用于开启二进制日志，path 表示日志文件所在的目录路径，filename 指定了日志文件的文件名，生成日志文件名称为 filename.000001、filename.000002 等。除了这些文件之外，还有一个名称为 filename.index 的文件，该文件包含了所有日志文件的清单，可以使用记事本打开和查看该文件的内容。

expire_logs_days 定义了 MySQL 自动清除过期二进制日志的天数。其默认值为 0，表示“不会自动删除日志文件”。当 expire_logs_days 设置为大于 0 时，MySQL 启动或刷新二进制日志时将自动删除超过设定天数的日志文件。

max_binlog_size 定义了单个文件的大小限制。如果二进制日志写入的内容大小超出给定值，日志就会发生滚动(关闭当前文件，重新创建一个新的日志文件)。需要注意的是，不能将该变量设置为大于 1GB 或小于 4096 字节(4KB)，其默认值为 1GB。

如果单个二进制日志文件长度超过了 max_binlog_size 的上限(默认是 1GB=1 073 741 824B)，MySQL 会创建一个新的日志文件，通过 SHOW 命令可以查看当前设置的二进制日志文件的大小上限：

```
SHOW VARIABLES LIKE 'max_binlog_size';
```

查询结果如图 8-6 所示。

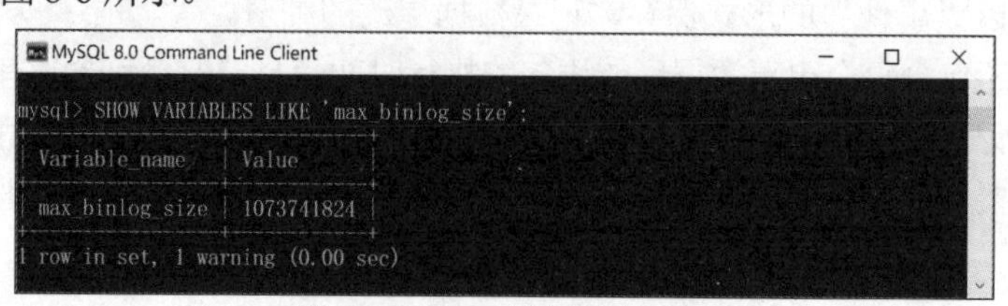

图 8-6　查看二进制日志上限

2. 查看二进制日志

MySQL 二进制日志存储了所有的变更信息，二进制日志在 MySQL 中非常重要。当 MySQL 创建二进制日志文件时，首先会创建一个以 filename 为名称，以“.index”为后缀的文件，然后创建一个以 filename 为名称，以“.00001”为后缀的文件。每当 MySQL 服务重新启动一次，以“.00001”为后缀的文件就会增加一个，并且文件后缀名按递增的数字顺序排列。如果日志长度超过了 max_binlog_size 的上限(默认是 1GB)，就会创建一个新的日志文件。

SHOW BINARY LOGS 语句可以用来查看当前的二进制日志文件个数及其文件名。

要查看二进制日志文件个数及文件名，可以使用以下命令：

```
SHOW BINARY LOGS;
```

执行结果如图 8-7 所示。

```
MySQL 8.0 Command Line Client
mysql> SHOW BINARY LOGS;
+------------------------------+-----------+-----------+
| Log_name                     | File_size | Encrypted |
+------------------------------+-----------+-----------+
| DESKTOP-ED41KRK-bin.000021   |       180 | No        |
| DESKTOP-ED41KRK-bin.000022   |       180 | No        |
| DESKTOP-ED41KRK-bin.000023   |       180 | No        |
| DESKTOP-ED41KRK-bin.000024   |       157 | No        |
+------------------------------+-----------+-----------+
4 rows in set (0.00 sec)
```

图 8-7　查看二进制日志文件个数及文件名

二进制日志文件的个数与 MySQL 服务启动的次数相同，每启动一次 MySQL 服务，将会产生一个新的日志文件。

由于 binlog 是以二进制方式存储，不能直接在 Windows 下查看，用户可以通过 MySQL 提供的 mysqlbinlog 工具或 SHOW 命令查看对数据库的操作：

```
SHOW BINLOG EVENTS IN 'DESKTOP-ED41KRK-bin.000024'\G
```

执行结果如图 8-8 所示。

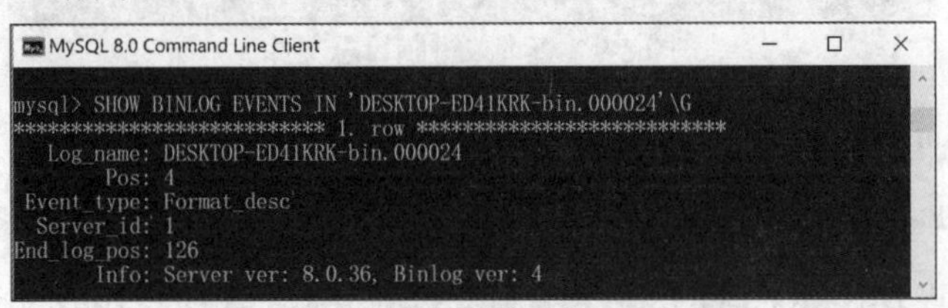

图 8-8　查看二进制日志文件内容

通过二进制日志文件的内容，可以查看对数据库操作的记录，这为管理员提供了管理数据库和恢复数据的依据。

二进制日志文件中会记录数据库的 DML 和 DDL 操作，而 SELECT 查询操作则不会被记录。如果用户希望记录 SELECT 和 SHOW 操作，需要使用查询日志，而不是二进制日志。此外，二进制日志还包括了执行数据库更改操作的时间等其他额外信息。

3. 删除二进制日志

开启二进制日志会对数据库整体性能有所影响，但这种影响通常十分有限。MySQL 的二进制日志可以配置自动删除，同时 MySQL 也提供了安全的手动删除二进制文件的方法：使用 PURGE MASTER LOGS 可以只删除部分二进制日志文件；使用 RESET MASTER 可以删除所有的二进制日志文件。

1) 使用 PURGE MASTER LOGS 语句删除指定的日志文件

PURGE MASTER LOGS 语句的语法格式如下：

```
PURGE {MASTER | BINARY} LOGS TO 'log_name'
PURGE {MASTER | BINARY} LOGS BEFORE 'date'
```

以上第 1 种方法通过指定文件名，删除所有文件名编号比指定文件名编号小的二进制日志文件。第 2 种方法通过指定日期，删除所有指定日期之前的二进制日志文件。

【例 8-15】删除所有创建时间早于 DESKTOP-ED41KRK-bin.000024 的日志文件。

(1) 本例为了演示语句操作过程，准备了多个日志文件。用户可以对 MySQL 服务进行多次重新启动。执行以下语句查询二进制日志文件：

```
SHOW BINARY LOGS;
```

查询结果如图 8-9 所示。

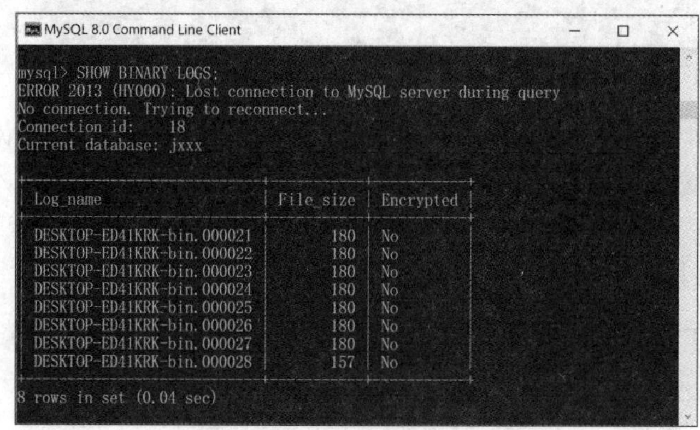

图 8-9　查询二进制日志文件

(2) 使用 PVRGE MASTER LOGS 语句执行删除操作：

```
PURGE MASTER LOGS TO 'DESKTOP-ED41KRK-bin.000024';
```

(3) 执行 SHOW BINARY LOGS 语句查看二进制日志，如图 8-10 所示。

```
MySQL 8.0 Command Line Client
mysql> SHOW BINARY LOGS;
+----------------------------+-----------+-----------+
| Log_name                   | File_size | Encrypted |
+----------------------------+-----------+-----------+
| DESKTOP-ED41KRK-bin.000024 |       180 | No        |
| DESKTOP-ED41KRK-bin.000025 |       180 | No        |
| DESKTOP-ED41KRK-bin.000026 |       180 | No        |
| DESKTOP-ED41KRK-bin.000027 |       180 | No        |
| DESKTOP-ED41KRK-bin.000028 |       157 | No        |
+----------------------------+-----------+-----------+
5 rows in set (0.00 sec)
```

图 8-10　查看二进制日志文件

从图 8-10 中可以看到，DESKTOP-ED41KRK-bin.000021、DESKTOP-ED41KRK-bin.000022 和 DESKTOP-ED41KRK-bin.000023 这 3 个日志文件被删除了。

【例 8-16】使用 PURGE MASTER LOGS 语句删除 2024 年 2 月 7 日之前创建的所有日志文件。

SQL 语句如下：

```
PURGE MASTER LOGS BEFORE '20240207';
```

执行以上语句后，2024 年 2 月 7 日之前创建的日志文件都将被删除，但 2024 年 2 月 7 日的日志会被保留(用户可根据当前计算机中创建日志的时间修改语句中的参数)。

2) 使用 RESET MASTER 语句删除所有的二进制日志文件

PURGE MASTER LOGS 语句的语法格式如下：

```
RESET MASTER;
```

执行以上语句后，所有二进制日志文件将被删除，MySQL 会重新创建二进制日志，新生成的日志文件名将从 00001 开始编号。

4. 使用二进制日志还原数据库

如果 MySQL 服务器启用了二进制日志，当数据库发生数据丢失时，可以使用 mysqlbinlog 工具从指定的时间点(例如最后一次备份)开始，恢复到现在或另一个指定时间点的日志数据。

要想从二进制日志恢复数据，需要知道当前二进制日志文件的路径和文件名。这些信息通常可以在 MySQL 配置文件(my.cnf 或 my.ini，具体文件名取决于操作系统)中找到。

使用 mysqlbinlog 工具恢复数据的语法格式如下：

```
mysqlbinlog [option] filename | mysql -uuser -ppass
```

以上语法格式中 option 是一些可选的选项，filename 是日志文件的名称。比较重要的两对 option 参数是--start-date 和--stop-date，以及--start-position 和--stop-position。--start-date 和--stop-date 可以指定恢复数据库的起始时间点和结束时间点；而--start-position 和--stop-position 可以指定恢复数据的起始位置和结束位置。

要使用 mysqlbinlog 恢复 MySQL 数据库到 2024 年 2 月 7 日 14:35:35，可以执行以下命令：

```
mysqlbinlog --stop-date="2024-02-07 14:35:35"
C:\ProgramData\MySQL\MySQL" "Server" "8.0\Data\DESKTOP-ED41KRK-bin.000003 mysql-uuser-ppass
```

该命令执行成功后，会根据 DESKTOP-ED41KRK-bin.000003 日志文件恢复到 2024 年 2 月 7 日 14:35:35 之前的所有操作。这种方法对于恢复意外操作非常有效，比如因操作不当误删了数据表。

8.4.3　通用查询日志

通用查询日志记录了用户的所有操作，包括 MySQL 启动和关闭服务，以及对数据库的增、删、查、改等操作。在高并发环境下，这些日志可能会生成大量的信息，从而导致不必要的磁盘输入与输出，影响 MySQL 的性能。

1. 启用通用查询日志

MySQL 服务器默认情况下并没有开启通用查询日志。如果需要开启通用查询日志，可以通过修改 my.cnf 或 my.ini 配置文件来启动通用查询日志。

在[mysqld]组下加入 log 选项的语法格式如下：

```
[mysqld]
general-log = ON
general_log_file = [path/ [filename] ]
```

以上语法格式中 path 为日志文件所在目录路径，filename 为日志文件名。如果不指定目录和文件名，通用查询日志将默认存储在MySQL数据目录中的hostname.log文件中(其中hostname是 MySQL 数据库的主机名)。在[mysqld]组下增加 log 选项并且后面不指定参数值的语法格式如下：

```
[mysqld]
general-log = ON
```

用户也可以通过命令行来启动查询日志。在 MySQL5.0 版本中，如果要开启慢查询日志和通用查询日志，通常需要重启 MySQL 服务。从 MySQL 5.1.6 版开始，general-query-log 和 slow-query-log 开始支持记录到文件或者数据库表两种方式，并且日志的开启、输出方式的修改都可以在全局(Global)级别动态修改，无需要重启 MySQL 服务。

```
SET GLOBAL general_log=on;
SET GLOBAL general_log=off;
SET GLOBAL general_log_file='path/ filename';
```

下面介绍通过命令行方式关闭已开启的通用查询日志的方法。

(1) 执行以下语句，关闭已开启的通用查询日志：

```
SET GLOBAL general_log=off;
```

(2) 执行以下语句检查通用查询日志的开启状态：

```
SHOW VARIABLES LIKE 'general_log%';
```

查询结果如图 8-11 所示。

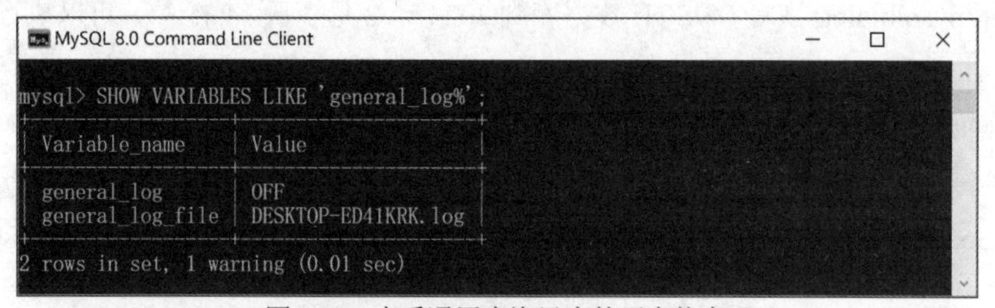

图 8-11　查看通用查询日志的开启状态

2. 查看通用查询日志

通用查询日志记录了 MySQL 的所有查询操作。通过查看通用查询日志，可以了解用户对 MySQL 进行的名称操作。通用查询日志以文本文件的形式存储在文件系统中。在 Windows 操作系统下可以使用文本编辑器来查看；在 Linux 操作系统下，可以使用 vim 工具或 gedit 工具来查看。

通过 SHOW 命令可以查询 MySQL 通用查询日志的文件位置和文件名。打开日志文件，用户可以找到查询日志文件的详细信息，如图 8-12 所示。

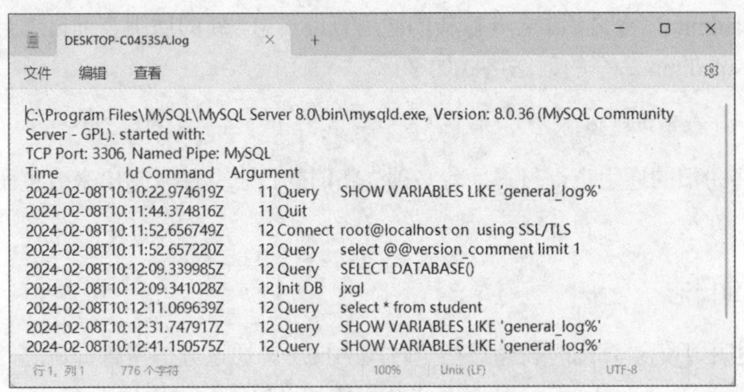

图 8-12　查看通用查询日志内容

以上记录是通用查询日志的一部分内容。用户可以从中看到 MySQL 启动信息、用户 root 连接服务器的记录，以及执行查询的记录。不同 MySQL 服务器的通用查询日志内容是不一样的。

3. 停止通用查询日志

MySQL 服务器停止通用查询日志功能有两种方法。第一种方法是修改 my.cnf 或者 my.ini 文件，将[mysqld]组下的 general_log 值设置为 OFF。修改保存后，需要重新启动 MySQL 服务以使设置生效。第二种方法是使用 SET 语句来动态设置通用查询日志的状态，类似于启动通用查询日志的操作，这里不再赘述。

4. 删除通用查询日志

通用查询日志会记录用户的所有操作。如果数据的使用非常频繁，那么通用查询日志的数据量可能会非常庞大，从而占用大量的磁盘空间。为了避免磁盘空间被耗尽，数据管理员可以定期删除较早的查询日志文件，以释放服务器上的硬盘空间。下面将介绍两种删除通用查询日志的方法。

1) 手动删除通用查询日志

使用 SHOW 语句可以查询通用日志的相关信息，具体 SQL 语句如下：

```
SHOW VARIABLES LIKE 'general_log%';
```

执行结果如图 8-13 所示。

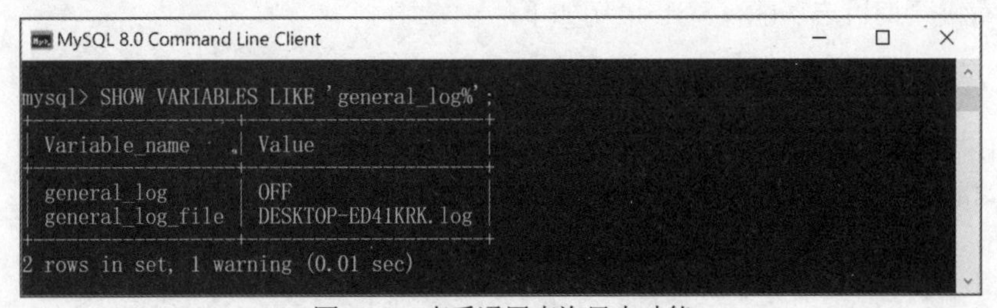

图 8-13　查看通用查询日志功能

从图 8-13 中可以看出，通用查询日志的默认目录是 MySQL 数据目录。在该目录下，可以手动删除通用查询日志文件(例如 DESKTOP-ED41KRK.log)。

2) 使用 mysqladmin 命令直接删除通用查询日志

使用 mysqladmin 命令之后，会开启新的通用查询日志，新的通用查询日志会直接覆盖旧的查询日志。mysqladmin 命令的语法格式如下：

```
mysqladmin -uroot -p flush-logs
```

如果希望备份旧的通用查询日志，就必须先将旧的日志文件复制出来或重命名，然后再执行 mysqladmin 命令。

8.4.4 慢查询日志

慢查询日志用于记录查询时长超过指定时间的日志。通过分析慢查询日志，可以找出执行时间较长、执行效率较低的查询，并对其进行优化，以提升数据库性能。

MySQL 服务器在默认情况下，慢查询日志是关闭的。如果需要启用慢查询日志功能，有两种方法：第一种是通过修改 my.cnf 或者 my.ini 配置文件再重启 MySQL 服务来启动慢查询日志；第二种是通过 SET 语句来设置慢查询日志开关来启动慢查询日志功能。

1. 修改配置文件开启慢查询日志

通过修改 my.cnf 或者 my.ini 文件，并重启 MySQL 服务，可以开启慢查询日志。需要在[mysqld]组下设置 long_query_time、slow-query-log 和 slow_query_log_file 的值，具体配置示例如下：

```
[mysqld]
long_query_time=n
slow-query-log=ON
slow_query_log_file = [path/ [filename] ]
```

其中，long_query_time 设定慢查询的阈值，超出此设定值的 SQL 将被记录到慢查询日志中(默认值为 10s)，n 表示该时间阈值的秒数。slow-query-log 是开启慢查询日志的开关。slow_query_log_file 表示慢查询日志的目录和文件名信息，其中 path 参数指定慢查询日志的存储路径，filename 参数指定日志的文件名(生成日志文件的完整名称为 filename-slow.err)如果不指定存储路径，慢查询日志将默认存储到 MySQL 数据目录下。如果不指定文件名，默认文件名为 hostname-slow.log。

【例 8-17】通过修改配置文件来启用 MySQL 慢查询日志功能。

(1) 查看慢查询日志功能，SQL 语句如下：

```
SHOW VARIABLES LIKE '%slow%';
```

执行结果如图 8-14 所示。

从图 8-14，可以看出，MySQL 系统中的慢查询日志当前处于关闭状态。

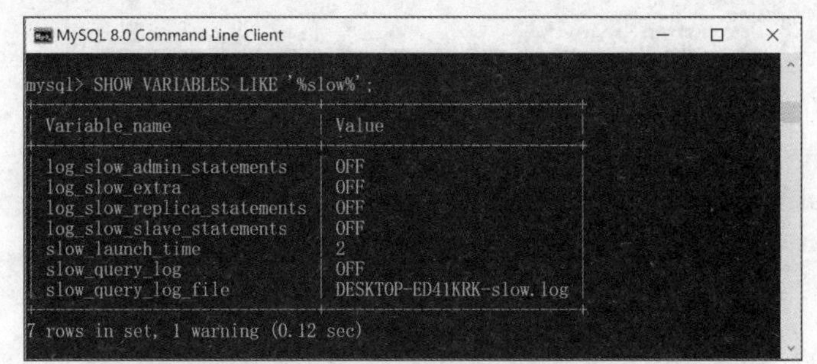

图 8-14　查看慢查询日志功能

(2) 修改 my.ini 文件，具体如下：

```
[mysqld]
long_query_time=2
slow_query_log=ON
```

(3) 重新启动 MySQL 服务，使用 SHOW 语句查看慢查询日志功能。SQL 语句如下：

```
SHOW VARIABLES LIKE '%slow%';
SHOW VARIABLES LIKE 'long_query_time%';
```

执行结果如图 8-15 所示。

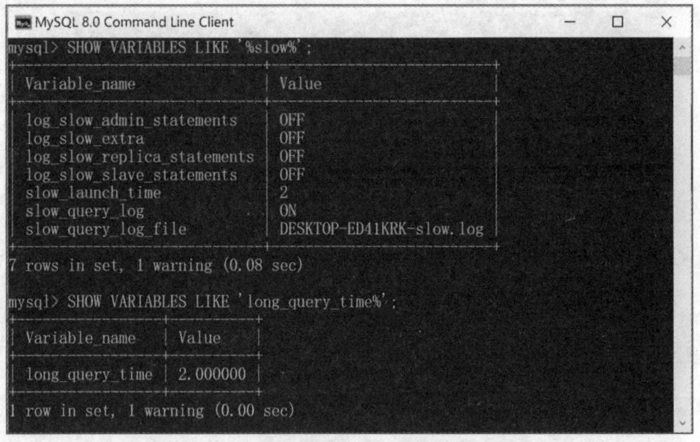

图 8-15　查看慢查询日志功能(开启后)

从图 8-15 可以看出，慢查询日志功能已经开启，并且超时时长设置为 2s。

2. 使用 SET 语句开启慢查询日志

除了修改配置文件以外，还可以通过 SET 语句来调整慢查询与日志相关的全局变量，从而启用慢查询日志。

【例 8-18】使用 SET 语句来启动 MySQL 慢查询日志功能。

(1) 查看慢查询日志功能。SQL 语句如下：

```
SHOW VARIABLES LIKE '%slow%';
SHOW VARIABLES LIKE 'long_query_time%';
```

执行结果如图 8-16 所示。

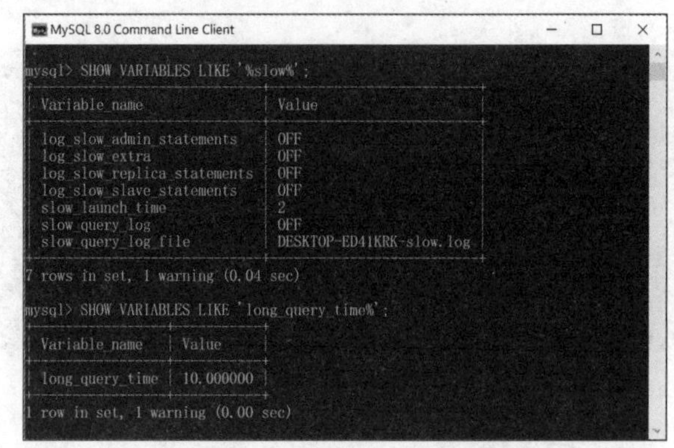

图 8-16　查看慢查询日志功能

从图 8-16 可以看到，MySQL 系统中的慢查询日志当前处于关闭状态。

(2) 开启慢查询日志功能，同时设置超时时长。SQL 语句如下：

```
SET GLOBAL slow_query_log=on;
SET GLOBAL long_query_time=2;
SET SESSION long_query_time=2;
```

执行结果如图 8-17 所示。

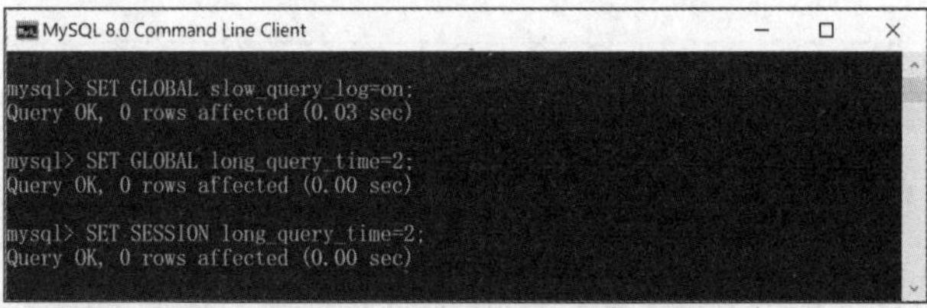

图 8-17　开启慢查询日志功能

(3) 重新启动 MySQL 服务，使用 SHOW 语句查看慢查询日志功能。SQL 语句如下：

```
SHOW VARIABLES LIKE '%slow%';
SHOW VARIABLES LIKE 'long_query_time%';
```

执行结果如图 8-18 所示。

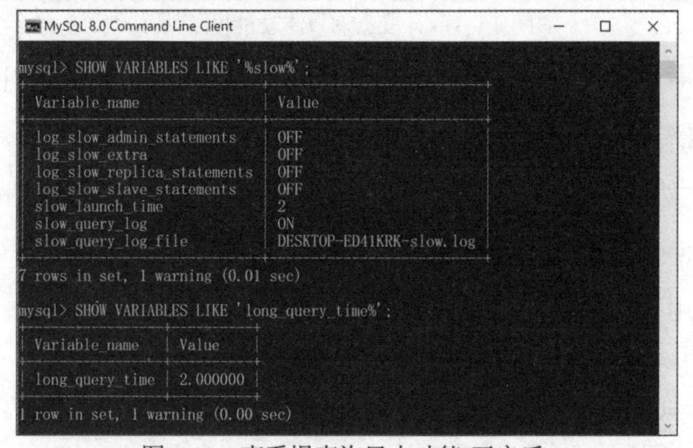

图 8-18　查看慢查询日志功能(开启后)

从图 8-18 可以看出，慢查询日志功能已经开启，并且超时时长设置为 2s。

3. 查看慢查询日志

MySQL 的慢查询日志以文本形式存储，可以直接使用文本编辑器查看。在慢查询日志中记录了执行时间较长的查询语句，用户可以从慢查询日志中找到执行效率较低的查询语句，从而为查询优化提供重要依据。

【例 8-19】查看 MySQL 慢查询日志内容。

(1) 查看慢查询日志要求的查询超时时长。SQL 语句如下：

```
SHOW VARIABLES LIKE 'long_query_time%';
```

执行结果如图 8-19 所示。

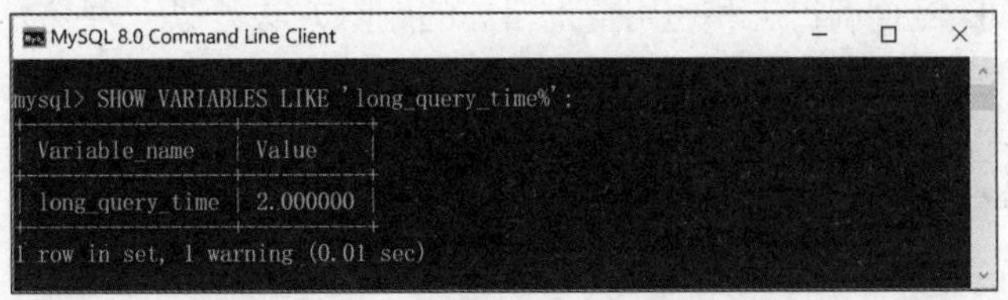

图 8-19　查看慢查询超时时长

(2) 执行一个时间较长的查询，可以使用 MySQL 的 BENCHMARK(count,expr)函数来测试表达式性能的。该函数会重复计算 expr 表达式 count 次，通过这种方式，可以间接地模拟时间较长的查询。根据客户端提示的执行时间，可以得知 BENCHMARK 总共执行所消耗的时间。如果总执行时间超过设定的 2s，就符合测试条件。SQL 语句如下：

```
SELECT BENCHMARK (60000000, concat ('a', 'b', '1234'));
```

执行结果如图 8-20 所示。

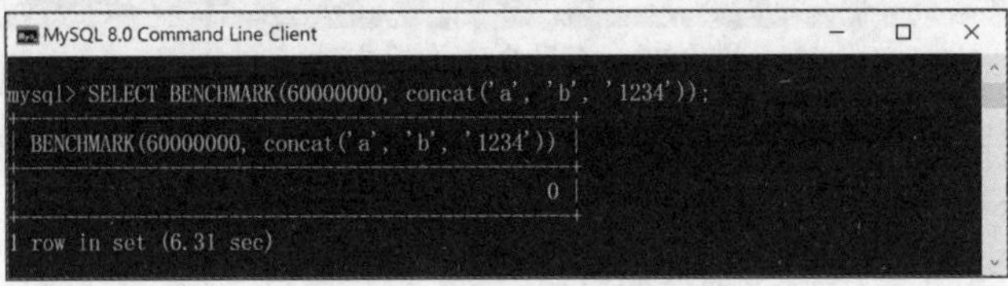

图 8-20　模拟长时间查询

(3) 打开慢查询日志文件 DESKTOP-C0453SA-slow.log，日志内容如图 8-21 所示。

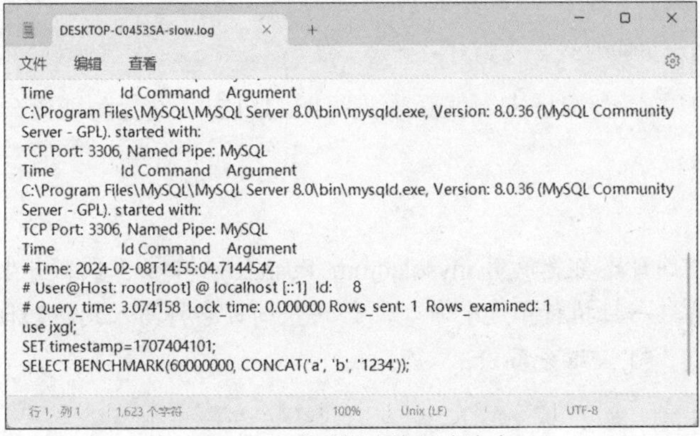

图 8-21　查看慢查询日志内容

从图 8-21 可以看出，慢查询日志 DESKTOP-C0453SA-slow.log 中已经记录了模拟的慢查询操作。

4. 停止慢查询日志

MySQL 服务器停止慢查询日志功能有两种方法：一种方法是修改 my.cnf 或者 my.ini 文件，在[mysqld]组下将 slow_query_log 设置为 OFF，保存修改后重启 MySQL 服务即可生效；另一种方法是使用 SET 语句设置(这种方法与启动慢查询日志的操作类似，这里不再赘述)。

5. 删除慢查询日志

如果慢查询日志文件过大，需要回收空间加以利用(或者其他原因)，可以通过删除慢查询日志文件来释放空间。慢查询日志和通用查询日志的删除方法类似(一种方法是手动删除慢查询日志，另一种方法是使用 mysqladmin 命令来删除)。

1) 手动删除慢查询日志

使用 SHOW 语句显示慢查询日志信息。

SQL 语句如下：

```
SHOW VARIABLES LIKE 'slow_query_log%';
```

执行结果如图 8-22 所示。：

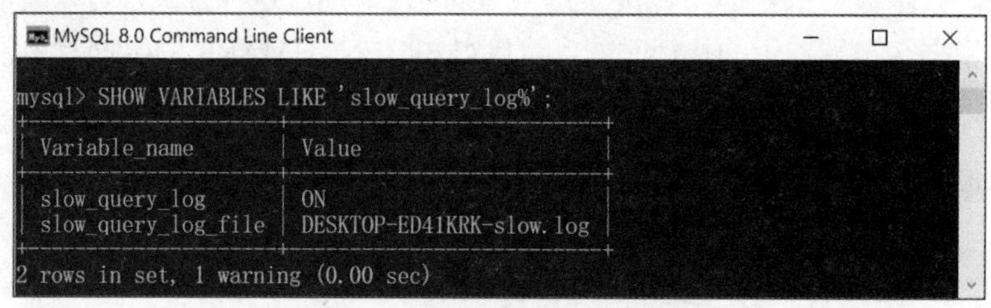

图 8-22 查看慢查询日志功能

从图 8-22 的执行结果可以看出，慢查询日志的目录默认为 MySQL 的数据目录，在该目录下可以手动删除慢查询日志 DESKTOP-ED41KRK-slow.log。

2) 使用 mysqladmin 命令删除慢查询日志

使用 mysqladmin 命令之后，MySQL 会开启新的慢查询日志，新的慢查询日志会直接覆盖旧的查询日志。mysqladmin 命令的语法如下：

```
mysqladmin -uroot -p flush-logs
```

如果希望备份旧的慢查询日志，就必须先将旧的日志文件复制或重命名，再执行上面的 mysqladmin 命令。

提示：

通用查询和慢查询日志都是使用 mysqladmin flush-logs 命令来刷新并生成日志文件。使用该命令时一定要注意，一旦执行了这个命令，新的查询日志将写入到新的日志文件中，如果需要保留旧的查询日志，建议事先备份。

8.5 MySQL 数据备份与恢复

在任何数据库环境中，总会有不确定的意外情况发生，如停电、计算机系统中的软硬件故障、人为破坏或管理员误操作等，这些情况可能会导致数据的丢失、服务器瘫痪等严重的后果。数据备份的任务与意义就在于，当灾难发生时，能够通过备份的数据完整、快速、简捷、可靠地恢复系统。为了有效防止数据丢失并将损失降到最低，同时保持数据的完整性和一致性，用户应定期且制度化地对 MySQL 数据库服务器进行维护。如果数据库中的数据丢失或出现错误，可以使用备份的数据进行恢复，从而尽可能地降低意外原因导致的损失。备份和恢复是数据库管理中至关重要的操作，提供有效的备份和恢复机制是数据库管理的核心工作之一。

8.5.1 备份数据

在 MySQL 数据库中，常用的备份数据方法有两种：一种是使用 SELECT...INTO OUTFILE 语句将表数据导出到文件中；另一种是使用 mysqldump 命令备份数据库或表的结构和数据，生成 SQL 脚本文件。

1. 使用 SELECT...INTO OUTFILE 语句导出表数据

使用 SELECT...INTO OUTFILE 语句可以将表数据导出成文本文件。如果需要恢复之前导出的表数据，可以使用 LOAD DATA INFILE 语句。需要注意的是，这两条语句只能导出或导入表的数据内容，而不能导出表的结构。SELECT...INTO OUTFILE 语句的语法格式如下：

```
SELECT columnlist
FROM table
WHERE condition
INTO OUTFILE 'filename' [OPTIONS]
```

其中，OPTIONS 为可选参数选项，其语法格式如下：

```
FIELDS TERMINATED BY 'value'
FIELDS [OPTIONALLY] ENCLOSED BY 'value'
FIELDS ESCAPED BY 'value'
LINES STARTING BY 'value'
LINES TERMINATED BY 'value'
```

参数说明：

- filename：指定导出文件的名称和路径。
- 在 OPTIONS 中可以加入以下的两种自选子句，以决定数据在文件中存储的格式。
    - ♦ FIELDS 子句：在 FIELDS 子句中有三个主要子句，即 TERMINATED BY、[OPTIONALLY] ENCLOSED BY 和 ESCAPED BY。如果使用了 FIELDS 子句，这三个子句中至少要指定一个。TERMINATED BY 子句用来指定字段值之间的分隔符，例如，TERMINATED BY ','表示指定逗号作为两个字段值之间的分隔符。ENCLOSED BY 子句用来指定字段值的包围字符，例如，ENCLOSED BY ' " '表示字段值被双引号包围。若使用关键字 OPTIONALLY，则表示包围符号仅对字符型字段(如 CHAR 和 VARCHAR)有效。ESCAPED BY 子句用来指定转义字符，例如，ESCAPEDBY '*'表示将*指定为转义字符(取代\)。若指定为空格，则表示没有转义字符。

- LINES 子句：在 LINES 子句中使用 STARTING BY 可以指定每行开头的字符，可以是一个或多个字符。TERMINATED BY 用于指定每行结束的标志。例如，LINES TERMINATED BY '?'表示每行以问号为结束标志。

注意：

FIELDS 和 LINES 这两个子句都是可选的，如果它们都被指定，FIELDS 子句必须位于 LINES 子句之前。

如果 FIELDS 和 LINES 子句都未指定，MySQL 会使用以下默认设置：

```
FIELDS TERMINATED BY '\t'
FIELDS ENCLOSED BY ''
LINES TERMINATED BY '\n'
```

在 MySQL 中，用户使用 SELECT...INTO OUTFILE 语句和 LOAD DATA INFILE 语句进行表数据导出和导入操作时，需要对指定目录进行读写权限设置。默认情况下，MySQL 的上传目录是 C:/ProgramData/MySQL/MySQL Server 8.0/Uploads/。

【例 8-20】备份 jxxx 数据库中的 student 表数据到指定目录。字段值如果是字符类型，则用双引号包围，字段值之间使用逗号隔开，每一行的结束标志为问号。

SQL 语句如下：

```
SELECT * FROM jxxx.student
INTO OUTFILE "c:/programdata/mysql/mysql server 8.0/uploads/student.txt"
FIELDS TERMINATED BY ','
OPTIONALLY ENCLOSED BY '"'
LINES TERMINATED BY '?';
```

导出成功后，可以在指定目录下找到文本文件 student.txt，其内容如图 8-23 所示。

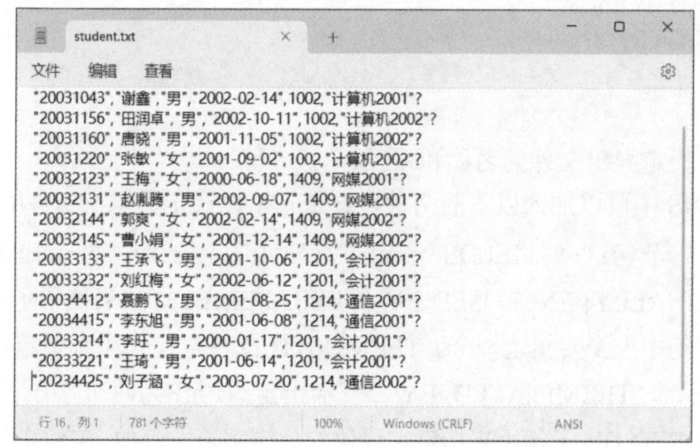

图 8-23　student.txt 文件内容

2. 使用 mysqldump 命令备份数据

使用 mysqldump 命令可以将 MySQL 数据库的数据备份到文本文件中。其工作原理是首先导出要备份表的结构，在文本文件中生成相应的 CREATE 语句，然后将表中的数据记录转换为 INSERT 语句。接下来，在恢复数据时，mysqldump 会执行这些 CREATE 语句和 INSERT 语句，从而重新创建表结构并插入数据。

mysqldump 命令可以用于备份表、整个数据库或整个数据库系统。

1) 备份表

使用 mysqldump 命令可以备份一个数据库的一个表或多个表。

语法格式如下：

```
mysqldump -u username -p dbname [tbname , [tbname...]] > filename.sql
```

参数说明：

- dbname：指定要备份的数据库名称。
- tbname：指定要备份的一个表或者多个表的名称。
- filename.sql：备份文件的名称(可以包括绝对路径)，通常以.sql 扩展名保存备份内容。

【例 8-21】 使用 mysqldump 命令将数据库 jxxx 中的 student 表备份到 D 盘的 backup 目录。

(1) 在 Windows 系统中创建目录 D:\backup，然后执行以下命令：

```
mysqldump -u root -p jxxx.student > D:\backup\student.sql
```

(2) 使用记事本打开 student.sql 文件后，可以看到文件中包含了创建 student 表的 CREATE 语句以及插入数据的 INSERT 语句，如图 8-24 所示。

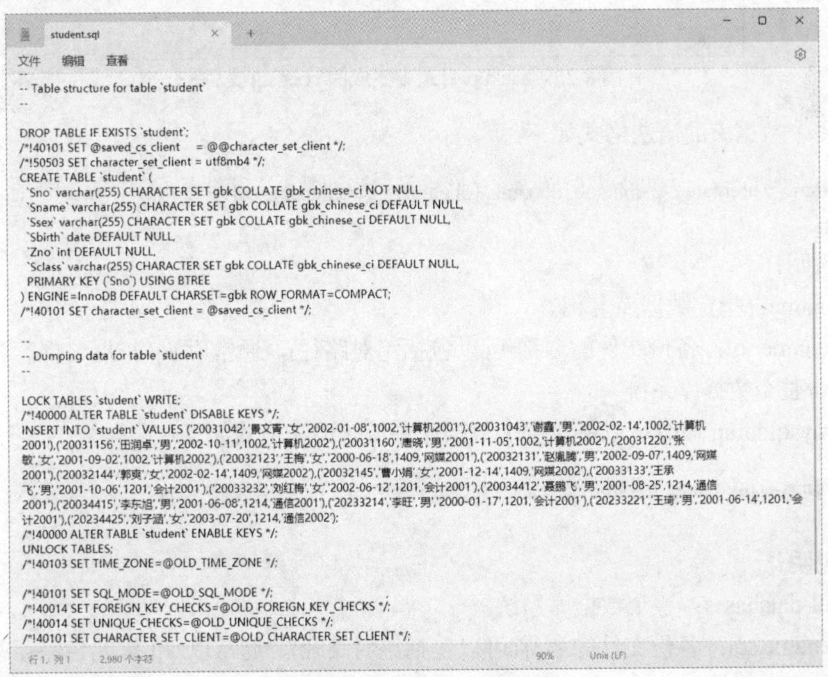

```
--
-- Table structure for table `student`
--

DROP TABLE IF EXISTS `student`;
/*!40101 SET @saved_cs_client     = @@character_set_client */;
/*!50503 SET character_set_client = utf8mb4 */;
CREATE TABLE `student` (
  `Sno` varchar(255) CHARACTER SET gbk COLLATE gbk_chinese_ci NOT NULL,
  `Sname` varchar(255) CHARACTER SET gbk COLLATE gbk_chinese_ci DEFAULT NULL,
  `Ssex` varchar(255) CHARACTER SET gbk COLLATE gbk_chinese_ci DEFAULT NULL,
  `Sbirth` date DEFAULT NULL,
  `Zno` int DEFAULT NULL,
  `Sclass` varchar(255) CHARACTER SET gbk COLLATE gbk_chinese_ci DEFAULT NULL,
  PRIMARY KEY (`Sno`) USING BTREE
) ENGINE=InnoDB DEFAULT CHARSET=gbk ROW_FORMAT=COMPACT;
/*!40101 SET character_set_client = @saved_cs_client */;

--
-- Dumping data for table `student`
--

LOCK TABLES `student` WRITE;
/*!40000 ALTER TABLE `student` DISABLE KEYS */;
INSERT INTO `student` VALUES ('20031042','景文青','女','2002-01-08',1002,'计算机2001'),('20031043','谢鑫','男','2002-02-14',1002,'计算机2001'),('20031156','田润卓','男','2002-10-11',1002,'计算机2002'),('20031160','唐晓','男','2001-11-05',1002,'计算机2002'),('20031220','张敏','女','2001-09-02',1002,'计算机2002'),('20032123','王梅','女','2000-06-18',1409,'网媒2001'),('20032131','赵胤腾','男','2002-09-07',1409,'网媒2001'),('20032144','郭爽','女','2002-02-14',1409,'网媒2002'),('20032145','曹小娟','女','2001-12-14',1409,'网媒2002'),('20033133','王承飞','男','2001-10-06',1201,'会计2001'),('20033232','刘红梅','女','2002-06-12',1201,'会计2001'),('20034412','聂鹏飞','男','2001-08-25',1214,'通信2001'),('20034415','李东旭','男','2001-06-08',1214,'通信2001'),('20233214','李旺','男','2000-01-17',1201,'会计2001'),('20233221','王琦','男','2001-06-14',1201,'会计2001'),('20234425','刘子涵','女','2003-07-20',1214,'通信2002');
/*!40000 ALTER TABLE `student` ENABLE KEYS */;
UNLOCK TABLES;
/*!40103 SET TIME_ZONE=@OLD_TIME_ZONE */;

/*!40101 SET SQL_MODE=@OLD_SQL_MODE */;
/*!40014 SET FOREIGN_KEY_CHECKS=@OLD_FOREIGN_KEY_CHECKS */;
/*!40014 SET UNIQUE_CHECKS=@OLD_UNIQUE_CHECKS */;
/*!40101 SET CHARACTER_SET_CLIENT=@OLD_CHARACTER_SET_CLIENT */;
```

图 8-24　student.sql 文件内容

2) 备份数据库

使用mysqldump命令可以备份数据库的一个表或多个表。备份单个数据库的语法格式如下：

```
mysqldump-u username -p dbname > filename.sql
```

参数说明：

- dbname：指定数据库名称。
- filename.sql：备份文件的名称(可以包括绝对路径)，通常以.sql扩展名保存备份内容。

【例 8-22】 使用 mysqldump 命令将 jxxx 数据库备份到 D 盘的 backup 目录。

(1) 在 Windows 系统中创建目录 D:\backup，然后执行以下的命令：

```
mysqldump -u root -p jxxx > D:\backup\jxxx.sql
```

(2) 此时，将在 D 盘的 backup 目录中生成了 jxxx.sql 文件，如图 8-25 所示。

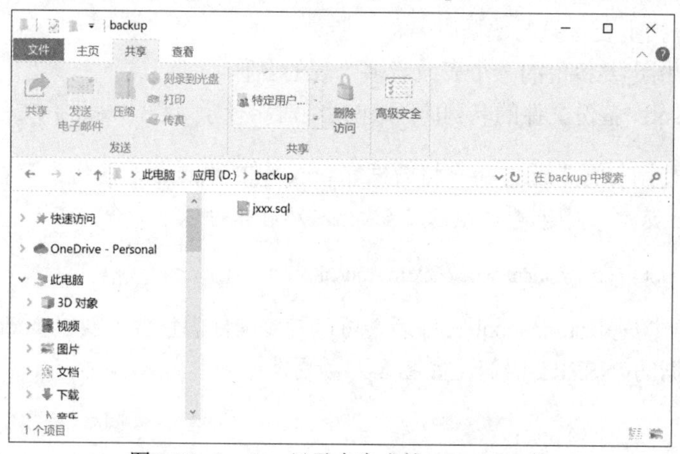

图 8-25　backup 目录中生成的 jxxx.sql 文件

备份多个数据库的语法格式如下：

```
mysqldump-u username -p dbname [dbname, [dbname…]] > filename.sql
```

参数说明：

- dbname：指定数据库名称。
- filename.sql：备份文件的名称(可以包括绝对路径)，通常以.sql扩展名保存备份内容。

3) 备份整个数据库系统

使用 mysqldump 命令可以备份整个数据库系统。语法格式如下：

```
mysqldump -u username -p --all-databases > filename.sql
```

参数说明：

- --all-databases：整个数据库系统。
- filename.sql：备份文件的名称(可以包括绝对路径)，通常以.sql扩展名保存备份内容。

【例 8-23】 使用 mysqldump 命令将 MySQL 服务器上的所有数据库备份到 D 盘的 backup

目录中。

(1) 在 Windows 中创建目录 D:\backup，然后执行以下的命令：

```
mysqldump -u root -p --all-databases > D:\backup\alldata.sql
```

(2) 此时，将在 D 盘的 backup 目录中生成了 alldata.sql 文件，如图 8-26 所示。

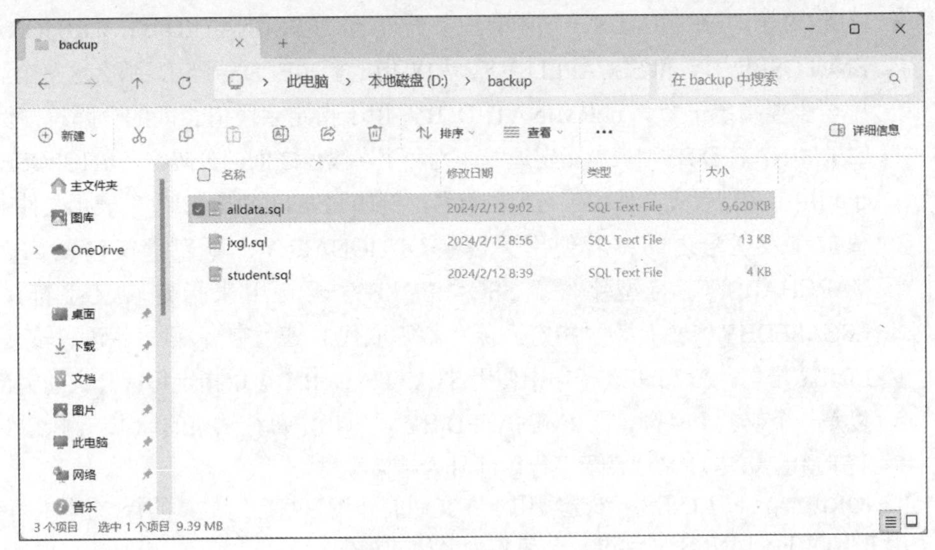

图 8-26　备份整个数据库

8.5.2　恢复数据

在 MySQL 数据库中，常用的数据恢复方法有两种：一种是使用 LOAD DATA INFILE 语句导入表数据；另一种是使用 mysql 命令从备份文件恢复数据。

1. 使用 LOAD DATA INFILE 语句导入表数据

使用 LOAD DATA INFILE 语句可以将文本文件中的数据导入到表中。需要注意的是，这条语句只能导入数据的内容，不包括表的结构。如果表的结构文件损坏，则必须先恢复原来的表结构。语法格式如下：

```
LOAD DATA [LOCAL] INFILE filename INTO TABLE 'tablename' [OPTIONS] [IGNORE number LINES]
```

其中，OPTIONS 为可选参数选项，语法格式如下：

```
FIELDS TERMINATED BY 'value'
FIELDS [OPTIONALLY] ENCLOSED BY 'value'
FIELDS ESCAPED BY 'value'
LINES STARTING BY 'value'
LINES TERMINATED BY 'value'
```

参数说明：

- filename：待导入的数据文件名。

- LOCAL：影响数据文件的定位和错误处理。只有当 mysql-server 和 mysql-client 的配置都允许使用 LOCAL 关键字时，LOCAL 关键字才会生效。如果 MySQL 的 local_infile 系统变量设置为 disabled，则 LOCAL 关键字将不会生效。
- tablename：指定要导入数据的目标表名。
- 在 OPTIONS 中可以包含以下两种自选子句，用于指定数据行在文件中存储格式。
  - FIELDS 子句：在 FIELDS 子句中有三个子句，即 TERMINATED BY、[OPTIONALLY] ENCLOSED BY 和 ESCAPED BY。如果指定了 FIELDS 子句，那么这三个亚子句中至少要指定一个。TERMINATED BY 用于指定字段值之间的分隔符，例如，TERMINATED BY ','表示指定逗号作为两个字段值之间的分隔符。ENCLOSED BY 子句用于指定包裹文件中字符值的符号，例如 ENCLOSED BY ' " '表示文件中字符值放在双引号之间；若使用关键字 OPTIONALLY，则表示仅包裹 CHAR 和 VARCHAR 等字符型字段。ESCAPED BY 子句用来指定转义字符，例如 ESCAPEDBY '*'表示将"*"指定为转义字符(取代\)。若为空格，则表示没有转义字符。
  - LINES 子句：在 LINES 子句中使用 STARTING BY 可以指定每行开头的字符，可以是一个或多个字符。TERMINATED BY 可以指定每行结束的标志。例如，LINES TERMINATED BY '?'表示一行以问号为结束标志。
- IGNORE number LINES：该选项用于在文件的开头忽略指定数量的行。例如，可以使用 IGNORE 1 LINES 来跳过一个包含列名称的标题行。

【例 8-24】 在 jxxx 数据库中删除 student 表中的数据后，使用 LOAD DATA INFILE 语句将例 8-21 备份的文件 student.sql 导入到空的 student 表中。

(1) 在 Windows 中创建目录 D:\backup，然后执行以下的命令：

```
mysqldump -u root -p --all-databases > D:\backup\alldata.sql
```

(2) 删除 jxxx 数据库中 student 表中的数据。SQL 语句如下：

```
DELETE FROM student;
```

(3) 使用 SELECT 语句查看 student 表中的数据，确认表为空：

```
SELECT * FROM student;
```

(4) 将例 8-21 备份的数据导入到空的 student 表中：

```
LOAD DATA INFILE "c:/programdata/mysql/mysql server 8.0/uploads/student.sql"
INTO TABLE student
FIELDS TERMINATED BY ','
OPTIONALLY ENCLOSED BY '"'
LINES TERMINATED BY '?';
```

(5) 用 SELECT 语句查看 student 表中的数据，数据已经被导入 student 表中。查询结果如图 8-27 所示。

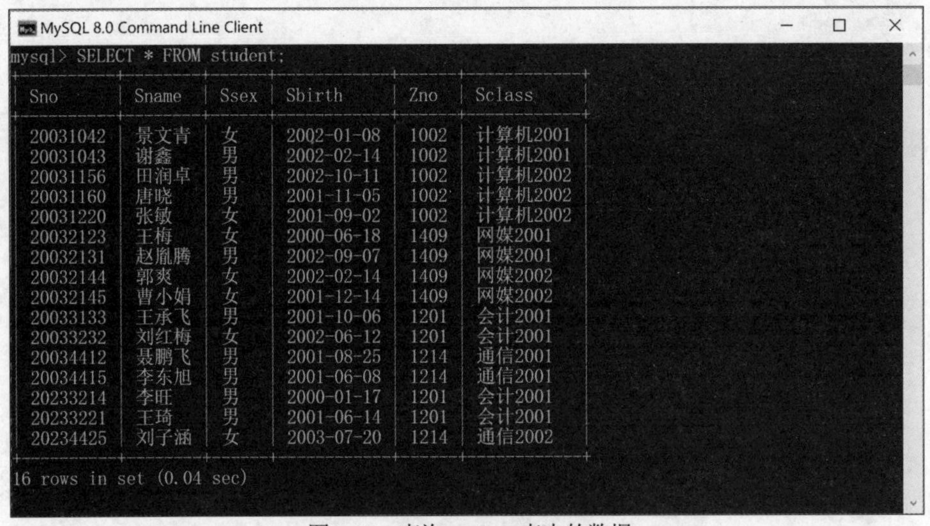

Sno	Sname	Ssex	Sbirth	Zno	Sclass
20031042	景文青	女	2002-01-08	1002	计算机2001
20031043	谢鑫	男	2002-02-14	1002	计算机2001
20031156	田润卓	男	2002-10-11	1002	计算机2002
20031160	唐晓	男	2001-11-05	1002	计算机2002
20031220	张敏	女	2001-09-02	1002	计算机2002
20032123	王梅	女	2000-06-18	1409	网媒2001
20032131	赵胤腾	男	2002-09-07	1409	网媒2001
20032144	郭爽	女	2002-02-14	1409	网媒2002
20032145	曹小娟	女	2001-12-14	1409	网媒2002
20033133	王承飞	男	2001-10-06	1201	会计2001
20033232	刘红梅	女	2002-06-12	1201	会计2001
20034412	聂鹏飞	男	2001-08-25	1214	通信2001
20034415	李东旭	男	2001-06-08	1214	通信2001
20233214	李旺	男	2000-01-17	1201	会计2001
20233221	王琦	男	2001-06-14	1201	会计2001
20234425	刘子涵	女	2003-07-20	1214	通信2002

16 rows in set (0.04 sec)

图 8-27　查询 student 表中的数据

从查询结果可以看出，之前导出的表数据已经成功导入。

2. 使用 mysql 命令恢复数据

使用 mysql 命令可以从先前备份的文件恢复数据。

语法格式如下：

```
mysql -u username -p [dbname] < filename.sql
```

参数说明：

- dbname：待恢复的数据库名称，该选项为可选项。
- filename.sql：备份文件的名称(文件名之前可以加上绝对路径)。

【例 8-25】删除 jxxx 数据库中的所有表后，使用例 8-23 备份的 alldata.sql 文件将它们恢复。

执行命令如下：

```
mysql -uroot -p jxxx < D:\backup\alldata.sql
```

8.5.3　使用 Workbench 备份与恢复数据

除了使用命令进行 MySQL 数据库的数据备份与恢复以外，用户还可以使用第三方工具(比如 Workbench)进行数据备份与恢复。MySQL Workbench 的 Administration 工作空间提供了管理数据库备份和恢复的功能，下面将具体介绍。

1. 使用 MySQL Workbench 备份数据

在 MySQL Workbench 中选择 Administration 选项卡，如图 8-28 所示。

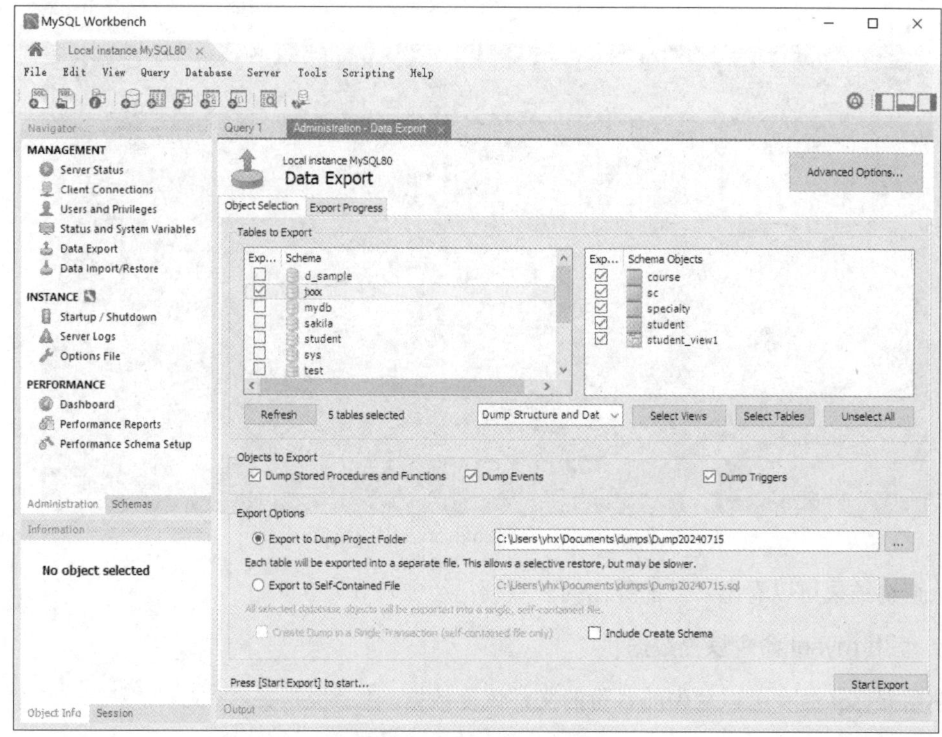

图 8-28　Administration 选项卡

进行数据备份时，需要完成以下几个步骤。

(1) 在窗口左侧列表中选择 Data Export 选项。

(2) 在显示的选项区域中选中要备份的数据库和数据库中要备份的对象。

(3) 设置备份类型，然后单击备份数据对象结构和数据。

(4) 选中备份存储过程、函数、事件和触发器选项。

(5) 设置备份文件存储位置。

(6) 最后，单击 Start Export 按钮，开始备份数据。

数据备份完成后，Log 中将显示备份的.sql 文件位置。

2. 使用 Workbench 恢复数据

恢复数据的步骤与导出数据的步骤类似。选择 Administration 选项卡后执行以下操作。

(1) 在窗口左侧列表中选择 Data Import/Restore 选项。

(2) 选择所要恢复的.sql 备份文件。

(3) 选择要恢复的数据库。

(4) 选择恢复类型。

(5) 最后，单击 Start Import 按钮。

数据恢复进度完成后，系统将进行恢复验证。之后，在恢复的数据库中刷新数据库列表，即可看到之前被删除的数据库表已经被恢复。

使用 MySQL Workbench 不仅可以将数据恢复到当前数据库，还可以将数据恢复到其他数据库(操作过程与恢复到当前数据库操作相同，唯一需要注意的是选择正确的目标数据库)。

8.6 本章小结

本章主要讨论了 MySQL 的安全性管理问题，涵盖用户管理、权限管理、日志文件以及数据库备份与恢复等方面。用户要访问数据库，首先必须登录 MySQL 服务器，并且具有访问数据库的相应权限。数据库管理和维护是数据库管理员的日常工作任务，包括备份和恢复数据库等。这些操作任务能确保数据库在任何故障或意外发生时始终保持安全和可用。

通过本章的学习，用户将掌握用户管理和权限管理的概念与方法，了解日志文件的概念与管理方法，并掌握数据库备份与恢复的方法。此外，本章内容还可帮助用户提高数据安全意识，培养数据库管理职业素养，强化国家安全观念，提高数据安全保障能力。

8.7 本章习题

一、选择题

1. 在 MySQL 中，存储用户全局权限的表是(　　)。

   A. columns_priv　　　B. user

   C. procs_priv　　　D. tables_priv

2. 撤销用户权限的语句是(　　)。

   A. GRANT　　　B. UPDATE

   C. CANCEL　　　D. REVOKE

3. 以下不属于 ALL PRIVILEGES 的权限是(　　)。

   A. PROXY　　　B. SELECT

   C. CREATE USER　　　D. DROP

4. 指定二进制日志缓存大小的配置是(　　)。

   A. binary_cache_size　　　B. max_binlog_size

   C. binlog_max_size　　　D. binary_size

5. 可用于备份表、数据库和整个数据库系统的命令是(　　)。

   A. mysql　　　B. mysqldump

   C. LOAD DATA INFILE　　　D. SELECT...INTO OUTFILE

二、填空题

1. MySQL 的访问控制分为两个阶段：连接核实阶段和________。

2. root 用户是在安装 MySQL 服务器后由系统创建的，被赋予了操作和管理 MySQL 的________权限。

3. MySQL 提供的________可用于刷新用户权限。

4. ________语句可以查看指定用户的权限。

5. MySQL 开启二进制日志的配置是________。

6. 使用 SELECT...INTO OUTFILE 语句只能导出表的数据内容，而不能导出________。

7. MySQL 恢复数据可用________命令。

三、简答题

1. MySQL 权限表存在于哪个数据库中？有哪些权限表？
2. 用户管理包括哪些操作？简述它们分别使用的语句。
3. 权限管理包括哪些操作？简述它们分别使用的语句。
4. MySQL 用于指定权限级别的值的格式有哪些？
5. 简述常规日志和二进制日志的区别。
6. 什么是数据库备份？什么是数据库恢复？
7. MySQL 数据库常用的备份数据方法有哪些？
8. MySQL 数据库常用的恢复数据方法有哪些？

ꕤ 第9章 ꕤ

事务与锁

在前面各章介绍的案例中，一直都是一个用户在使用数据库。然而，在实际操作中，多个用户经常共享同一个数据库。当多个用户同时访问相同的数据时，一个用户在更改数据的过程中，其他用户可能也会发起更改请求。为了保证数据的更新从一个一致性状态变更为另一个一致性状态，MySQL 引入了事务和锁机制的概念。事务是由一系列数据操作命令组成的，是数据库应用程序的基本逻辑操作单元。锁机制用于对多个用户进行并发控制。本章将介绍事务的概念和特性、事务控制语句、事务的并发处理以及管理锁等内容。

9.1 事务

在 MySQL 中，事务(transaction)是由一条或多条 SQL 语向组成的逻辑单元。在同一个事务中，操作要么全部执行成功，要么全部失败，不会存在部分成功的情况。事务的作用是要么作为整体永久地修改数据库的内容，要么作为整体取消对数据库的修改。

事务是数据库操作的基本单元，通常一个程序可以包含多个事务。数据存储的逻辑单位是数据块，而数据操作的逻辑单位是事务。事务通常包括多条更新操作(如 INSERT、UPDATE 和 DELETE 语句)，这些更新操作构成一个不可分割的逻辑工作单元。

在现实生活中，银行转账、网上购物、库存控制、股票交易等都是事务的例子。例如，将资金从一个银行账户转到另一个银行账户的过程，涉及两个操作：第一个操作是从一个银行账户中扣除一定的金额，第二个操作是向另一个银行账户中转入相应的金额。扣除和转入这两个操作必须作为整体永久地记录到数据库中，否则资金将会丢失。如果转账过程发生问题，则必须同时取消这两个操作。

注意：

并不是所有的 MySQL 存储引擎都支持事务，例如，InnoDB 和 BDB 支持事务，而 MyISAM 和 MEMORY 则不支持事务。

9.1.1 事务特性

事务被定义为一个逻辑工作单元，是一组不可分割的 SQL 语句。数据库理论对事务有严格的定义，指明事务具备四个基本特性，这些特性被称为 ACID 特性。每个事务在操作时都必须具备 ACID 特性，即原子性(Atomicity)、一致性(Consistency)、隔离性(Isolation)和持久性(Durability)。

1. 原子性

事务的整个过程应像原子操作一样，要么全部成功，要么全部失败。事务必须是原子工作单元，即一个事务中包含的所有 SQL 语句构成一个不可分割的工作单元。从最终结果来看，这种原子性保证了事务的不可分割性。

2. 一致性

一个事务必须使数据库从一个一致性状态变换到另一个一致性状态。事务开始时，数据库的状态是一致的；当事务结束时，数据库的状态也必须保持一致。例如，在事务开始时，数据库的所有数据都满足已设置的各种约束条件和业务规则；在事务结束时，尽管数据可能发生了变化，但仍然必须满足之前设置的各种约束条件和业务规则。

3. 隔离性

一个事务的执行不能被其他事务干扰。即一个事务内部的操作及使用的数据对并发的其他事务是隔离的，并发执行的各个事务之间不能互相干扰。

4. 持久性

一个事务一旦提交，他对数据库中数据的改变应该是永久性的。当事务提交之后，数据会被持久化到硬盘，改变是持久性的。

9.1.2 事务控制语句

事务的基本操作包括开始、提交、撤销和保存等。在 MySQL 中，当事务开始时，系统变量 AUTOCOMMIT 默认值是 1，即自动提交功能默认开启。每当用户输入一条 SQL 语句，该语句对数据库的修改会立即被提交成为持久性修改并保存到磁盘上，此时一个事务就会结束。因此，用户必须关闭自动提交功能，才能使事务由多条 SQL 语句组成。可以执行以下命令来关闭自动提交功能：

```
SET AUTOCOMMIT=0;
```

执行此语句之后，必须指明每个事务的终止，这样事务中的 SQL 语句对数据库所做的修改才能成为持久性修改。

1. 开始事务

开始事务可以使用 START TRANSACTION 语句来显式地启动一个事务。此外，当一个应用程序的第一条 SQL 语句执行后，或者在 COMMIT 或 ROLLBACK 语句后的第一条 SQL 语句执行时，一个新的事务也会自动开始。事务的语法格式如下：

```
START TRANSACTION | BEGIN WORK
```

BEGIN WORK 语句可以用来替代 START TRANSACTION 语句，但 START TRANSACTION 语句更加常用。

2. 提交事务

COMMIT 语句是提交语句，它使自事务开始以来所执行的所有数据修改都成为数据库的永久部分，并且标志着一个事务的结束。语法格式如下：

```
COMMIT [WORK] [AND [NO] CHAIN] [[NO] RELEASE]
```

COMMIT WORK 子句和 COMMIT 子句效果相同，只是 COMMIT WORK 子句提供了更友好的用户体验。CHAIN 和 RELEASE 子句分别用于定义在事务提交和回滚之后的操作。CHAIN 会立即启动一个新事务，并且与之前的事务具有相同的隔离级别，RELEASE 则会断开与客户端的连接。

3. 撤销事务

撤销事务可以使用 ROLLBACK 语句，该语句可以撤销事务对数据所做的修改，同时结束当前事务。语法格式如下：

```
ROLLBACK [WORK] [AND [NO] CHAIN] [[NO] RELEASE];
```

4. 设置保存点

ROLLBACK 语句除了可以撤销整个事务之外，还可以使事务回滚到某个保存点。在这之前需要使用 SAVEPOINT 语句来设置保存点。SAVEPOINT 的语法格式如下：

```
SAVEPOINT savepoint_name;
```

ROLLBACK TO SAVEPOINT 语句可以使事务回滚到已命名的保存点。如果在保存点被设置之后当前事务对数据进行了更改，则这些更改会在回滚时被撤销。语法格式如下：

```
ROLLBACK [WORK] TO SAVEPOINT savepoint_name;
```

每当事务回滚到某个保存点后，在该保存点之后设置的保存点将被删除。

【例 9-1】 创建 trans 数据库和 customer 表。在表中插入记录后，开始第一个事务，更新表的记录并提交该事务；接着开始第二个事务，更新表中的记录并回滚该事务。

(1) 查看 MySQL 的隔离级别。执行以下命令：

```
SHOW VARIABLES LIKE 'transaction_isolation';
```

执行结果如图 9-1 所示。

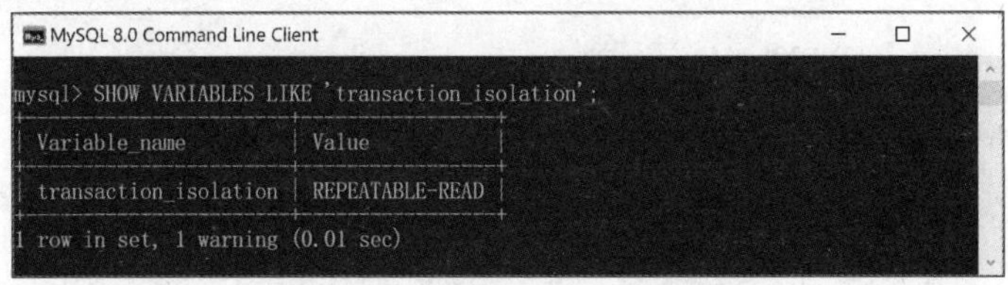

图 9-1　查看 MySQL 隔离级别

从结果可以看出，MySQL 默认的隔离级别为 REPEATABLE-READ(可重复读)。

(2) 创建 trans 数据库和 customer 表，并在表中插入记录。执行以下语句来创建并选择 trans 数据库：

```
CREATE DATABASE trans;
USE trans;
```

执行下列语句来创建 customer 表：

```
CREATE TABLE customer (
    customerid INT,
    name VARCHAR(12)
);
```

执行下列语句，在 customer 表中插入 3 条记录：

```
INSERT INTO customer
VALUES(1,'aaa'), (2,'bbb'), (3,'ccc');
```

执行下列语句查询 customer 表中的数据：

```
SELECT *FROM customer;
```

执行结果如图 9-2 所示。

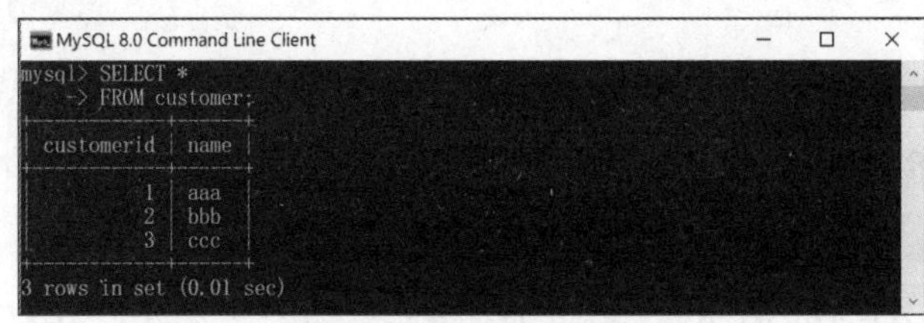

图 9-2　查询 customer 表

(3) 开始第一个事务，更新表的记录，然后提交第一个事务。执行以下语句：

```
BEGIN WORK;
```

执行以下语句，将 customer 表的 customerid 为 1 的第 1 条记录的 name 更新为 eee：

```
UPDATE customer
SET NAME='eee'
WHERE customerid=1;
```

执行以下语句提交第一个事务：

```
COMMIT;
```

执行以下语句查询 customer 表的数据：

```
SELECT *FROM customer;
```

执行结果如图 9-3 所示。

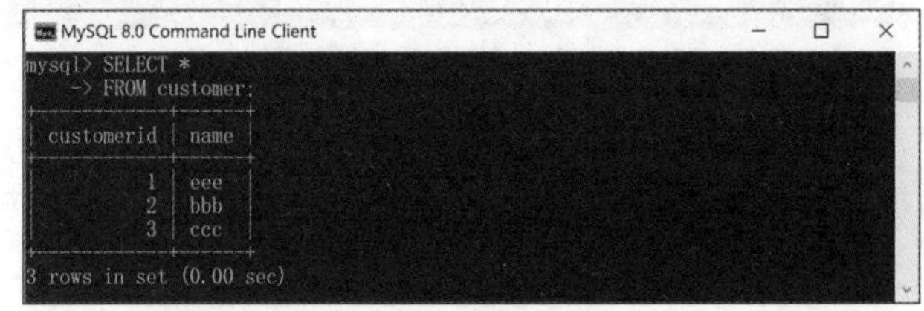

图 9-3　查询提交第 1 个事务后的 customer 表

(4) 开始第二个事务，更新表的记录，然后回滚第二个事务。执行如下语句：

```
START TRANSACTION;
```

执行以下语句，将 customer 表的 customerid 为 1 的记录的 name 更新为 fff:

```
UPDATE customer
SET NAME='fff'
WHERE customerid=1;
```

执行以下语句查询 customer 表中的数据：

```
SELECT *FROM customer;
```

执行结果如图 9-4 所示。

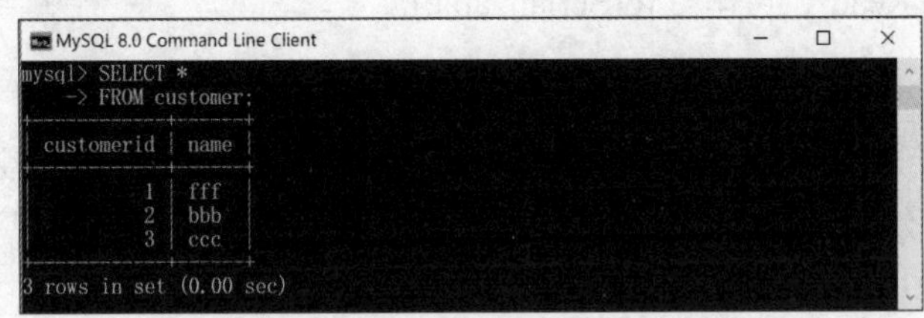

图 9-4　查询 customer 表中的数据

执行以下语句回滚第二个事务：

```
ROLLBACK;
```

执行以下语句查询 customer 表数据：

```
SELECT *FROM customer;
```

执行结果如图 9-5 所示。

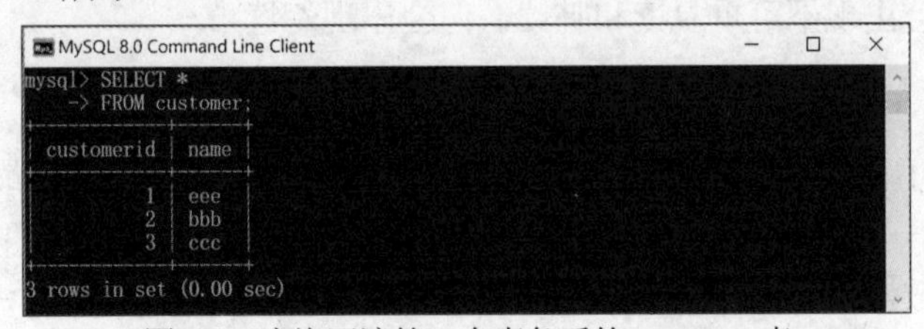

图 9-5　查询回滚第 2 个事务后的 customer 表

从结果可以看出，此时 customerid 为 1 的记录中更新的用户名 fff 已被撤销，并恢复为 eee。

9.2 事务的并发处理

在 MySQL 中，事务的并发控制是通过锁来实现的。事务的隔离性是通过事务的隔离级别来定义的，而事务的隔离级别决定了事务之间的并发处理和锁机制。这样可以保证同一时刻多个事务的执行不会相互干扰。

事务隔离级别定义了一个事务对数据库的修改在并发操作中对其他事务的可见程度。它指定了哪些数据的改变对其他事务可见，哪些数据改变对其他事务不可见。

在并发事务中，可能会发生以下三种异常情况。

- 脏读(Dirty Read)：一个事务读取另一个事务未提交的数据。
- 不可重复读(Non-repeatable Read)：同一个事务前后两次读取的数据不同。
- 幻读(Phantom Read)：例如，同一个事务前后两次执行相同查询语句的查询结果应相同，在此期间另一个事务插入并提交了新记录，而当本事务更新时会发现新插入的记录。这种现象就好像是之前读取到的数据是幻觉。

为了处理并发事务中可能出现的脏读、不可重复读、幻读等问题，数据库系统提供了不同级别的事务隔离，以防止事务的相互影响。基于 ANSI/ISO SQL 规范，MySQL 提供了四种事务隔离级别，隔离级别从低到高依次为：未提交读(Read Uncommitted)、提交读(Read Committed)、可重复读(Repeatable Read)、可串行化(Serializable)。

1. 未提交读

该级别提供了事务之间最小限度的隔离，所有事务都可看到其他未提交事务的执行结果。脏读、不可重复读和幻读在未提交读隔离级别下都是允许的。由于这种隔离级别性能优势并不显著，因此在实际应用中很少使用。

2. 提交读

提交读隔离级别满足了隔离的基本定义，即一个事务只能看到已提交事务所做的改变。在这一级别下，脏读被防止，但不可重复读和幻读仍然可能发生。提交读许多数据库系统默认的隔离级别，但在 MySQL 中并不是默认的隔离级别。

3. 可重复读

可重复读是 MySQL 默认事务隔离级别。它能够确保同一事务内相同的查询语句执行结果一致。该级别下不会出现不可重复读和脏读，但会出现幻读。

4. 可串行化

当隔离级别为可串行化时，系统会强制事务按照顺序执行，从而实现最大的事务隔离。在这一级别，脏读、不可重复读和幻读都不被允许。可串行化是一种最高级别的隔离，通过强制的事务排序实现一致性，但可能会导致大量的超时现象和锁竞争。因此，一般不推荐使用。

较低级别的事务隔离可以提高事务的并发访问性能，但会导致较多的并发问题，如脏读、不可重复读、幻读等。同时，低级别的隔离占用的系统资源更少。相对而言高级别的事务隔离可以有效避免地并发问题，但会降低事务的并发访问性能，可能导致出现大量的锁等待甚至死锁现象。

定义隔离级别可以使用 SET TRANSACTION 语句。只有支持事务的存储引擎才可以定义一个隔离级别。语法格式如下：

```
SET [GLOBAL | SESSION] TRANSACTION ISOLATION LEVEL (
    READ UNCOMMITTED| READ COMMITTED| REPEATABLE READ| SERIALIZABLE );
```

参数说明：

- 如果指定 GLOBAL，则定义的隔离级别将适用于所有的 SQL 用户。如果指定 SESSION，则定义的隔离级别只适用于当前运行的会话和连接。

- MySQL 默认事务隔离级别为 REPEATABLE READ。
- 系统变量 transaction_isolation 存储了当前事务隔离级别，可以使用 SELECT 语句查看当前的隔离级别：

```
SELECT @@transaction_isolation;
```

9.3 锁

锁是计算机系统中协调多个进程或线程并发访问资源的机制。在数据库中，除传统的计算资源(如 CPU、RAM 和 I/O)外，数据也是一种供许多用户共享的资源。为了保证数据在并发访问中的一致性和有效性，数据库系统必须解决相关的问题。锁冲突是影响数据库并发访问性能的一个重要因素。

多用户并发访问数据库时，除了依靠事务机制来保证数据的一致性，还需要通过锁机制来避免数据在并发操作过程中引起问题。锁是防止其他事务对指定资源进行访问的手段，是实现并发控制的主要方法和重要保障。从这个角度来看，锁在数据库中显得尤其重要，同时其管理也相对复杂。

9.3.1 锁机制

MySQL 引入了锁机制来管理并发访问，通过不同类型的锁来控制多个用户对数据的并发访问，以实现数据访问的一致性。锁机制中的基本概念如下。

(1) 锁的粒度。锁的粒度是指锁的作用范围。锁的粒度可以分为行级锁、表级锁和页级锁。InnoDB 存储引擎支持表级锁和行级锁；MyISAM 存储引擎支持表级锁；BDB 存储引擎支持页级锁。

(2) 隐式锁与显式锁。MySQL 自动加锁被称为隐式锁，数据库开发人员手动加锁被称为显式锁。

(3) 锁的类型。锁的类型包括读锁和写锁。其中，读锁也被称为共享锁，写锁也被称为排他锁或者独占锁。读锁允许其他 MySQL 客户端同时对数据进行读取，但不允许其他客户端对数据进行写入。写锁既不允许其他客户端对数据进行读取，也不允许其他客户端对数据进行写入。

9.3.2 锁的级别

MySQL 有三种级别的锁，分别介绍如下。

1. 表级锁

表级锁是指整个表被锁定。根据锁的类型，其他事务在表级锁定的情况下不能进行插入、更新或删除操作(在某些情况下，读数据也可能会受到限制)。

表级别的锁定是 MySQL 各存储引擎中颗粒度最大的锁定机制。其最大的特点是实现逻辑简单，因此带来的系统负面影响最小。

锁定颗粒度大所带来最大的负面影响就是出现锁定资源争用的概率也会最高，从而显著降低了并发度。使用表级锁定的主要是MyISAM、MEMORY、CSV等非事务性存储引擎。

表级锁分为读锁和写锁两种。LOCK TABLES语句用于锁定当前线程使用的表。

语法格式如下：

```
LOCK TABLES table_name [AS alias] {READ [LOCAL] | [LOS_PRIORITY] WRITE}
```

参数说明：

- READ：读锁定，确保用户可以读取表，但不能修改表。
- WRITE：写锁定，确保只有锁定表的用户可以修改表，其他用户无法访问表。

在锁定表时会隐式地提交所有事务；在开始一个事务时，如START TRANSACTION，会隐式地解开所有表锁定。

- 在事务表中，系统变量@@AUTOCOMMIT的值必须设为0。否则，MySQL会在调用LOCK TABLES之后立刻释放表锁定，并且很容易形成死锁。

例如，在student表上设置一个只读锁定，语句如下：

```
LOCK TABLES student READ;
```

在course表上设置一个写锁定，语句如下：

```
LOCK TABLES course WRITE;
```

在锁定表以后，可以使用UNLOCK TABLES命令来解除锁定，该命令不需要指出解除锁定的表名称：

```
UNLOCK TABLES;
```

注意：

UNLOCK TABLES命令只能用于释放当前会话的表级锁。如果其他会话也持有同一表的锁，则不能使用该命令解锁。

2. 行级锁

行级锁相比表级锁或页级锁，对锁定过程提供了更精细的控制。在这种情况下，只有线程使用的行是被锁定的，表中的其他行对于其他线程都是可用的。行级锁定的最大的特点是锁定对象的颗粒度很小，由于锁定颗粒度很小，所以发生锁定资源争用的概率也较小，能够给予应用程序更大的并发处理能力，提高需要高并发的应用系统的整体性能。行级锁并不是由MySQL提供的锁定机制，而是由存储引擎实现的，其中InnoDB的锁定机制就是行级锁定机制。

行级锁的类型包括共享锁、排他锁和意向锁。其中，共享锁又被称为读锁，排他锁又被称为写锁。

1) 共享锁

如果事务T1获得了数据行D上的共享锁，则T1可以读取数据行D，但不能对其进行写操作。若事务T1对数据行D加上共享锁，则其他事务对数据行D的排他锁请求不会成功，而对数据行D的共享锁请求可以成功。对于共享锁而言，对当前行加共享锁，不会阻塞其他事务对同一行的读请求，但会阻塞对同一行的写请求。只有当读锁释放后，才会执行其他事务的操作。

2) 排他锁

如果事务 T1 获得了数据行 D 上的排他锁，则 T1 对数据行 D 既可以执行读取也可以执行写入。若事务 T1 对数据行 D 加上排他锁，则其他事务对数据行 D 的任何加锁请求都不会成功，直至事务 T1 释放数据行 D 上的排他锁。对于排它锁而言，它会阻塞其他事务对同一行的任何读写操作，只有当排他锁被锁释放后，其他事务的读写操作才能执行。

3) 意向锁

意向锁是一种表级锁，用于标记事务即将在表中的某些行上加锁。锁定的粒度是表级的，当一个事务在表上加上意向锁时，表示该事务计划在该表的某些行上加锁，这有助于避免其他事务在这些行被锁定时误认为整个表可用。

意向锁分为意向共享锁和意向排他锁两类。

- 意向共享锁：当事务计划向表中的某些行上加共享锁时，MySQL 会自动在该表上施加意向共享锁。
- 意向排他锁：当事务计划向表中的某些行上加排他锁时，MySQL 会自动在该表上施加意向排他锁。

MySQL 行级锁的兼容性说明如表 9-1 所示。

表 9-1 MySQL 行级锁的兼容性

锁名	排他锁(X)	共享锁(S)	意向排他锁(IX)	意向共享锁(IS)
X	互斥	互斥	互斥	互斥
S	互斥	兼容	互斥	兼容
IX	互斥	互斥	兼容	兼容
IS	互斥	兼容	兼容	兼容

3. 页级锁

MySQL 中的“行级锁”是指锁定表中的某些特定行，这些被锁定的行只能由最初获取锁的事务访问和修改。

页级锁是 MySQL 中比较独特的一种锁定级别，其锁定颗粒度介于行级锁定与表级锁之间，资源开销和并发处理能力也介于两者之间。使用页级锁的主要是 Berkeley DB 存储引擎。

9.3.3 死锁

数据库发生死锁的前提是多个事务相互持有对方所需的锁，并且都在等待对方释放锁，造成相互等待的情况。MySQL 实现了死锁检测机制，可以识别出死锁的存在。当检测到死锁时，MySQL 会主动中断一个事务，这个事务失败退出后，就打破了死锁形成的必要条件，其他事务就可以继续执行。

1. 死锁发生的原因

两个或两个以上的事务分别申请封锁对方已经封锁的数据对象，导致互相等待而无法继续运行的现象称为死锁。

例如，事务 T1 封锁了数据 R1，事务 T2 封锁了数据 R2。当 T1 请求封锁 R2 时，发现 T2

已经封锁了R2，T1因此等待T2释放R2上的锁。同时，T2请求封锁R1，发现T1已经封锁了R1，T2也只能等待T1释放R1上的锁。这样就导致了T1等待T2，而T2又等待T1的局面，T1和T2两个事务永远不能结束，从而形成一个死锁循环。

死锁是指事务因互相持有对方需要的锁而陷入无限期的等待状态。

2. 对死锁的处理

在MySQL的InnoDB存储引擎中，当系统检测到死锁时，通常会选择回滚其中一个事务，以打破死锁。被回滚的事务将释放其持有的锁，而另一个事务则可以继续获得锁并完成其操作。

3. 避免死锁的方法

通常情况下，程序开发人员可以通过调整业务流程、事务大小、数据库访问的SQL语句等方式来减少死锁发生的概率。

- 在应用中，如果不同的程序会并发存取多个表，应尽量约定以相同的顺序来访问表，这样可以大幅度降低产生死锁的概率。
- 在程序以批量方式处理数据的时候，如果事先对数据排序，保证每个线程按固定的顺序来处理记录，也可以大幅度降低产生死锁的概率。
- 在事务中，如果要更新记录，则应直接申请足够级别的锁(如排他锁)，而不应先申请共享锁，再在更新时申请排他锁。因为当用户申请排他锁时，其他事务可能已经获得了同一个数据记录的共享锁，从而造成锁冲突。

9.4 本章小结

本章主要介绍了MySQL数据库管理系统中事务的概念、事务的ACID特性以及隔离级别。当事务中的某个操作失败时，系统会自动利用事务日志进行回滚，恢复到一致状态。当事务中所有操作成功时，事务对数据的修改将永久写入数据库。加锁是为了隔离事务间的相互干扰，实际上就是将被操作的数据保护起来。MySQL有三种级别的锁，分别是表级锁、行级锁与页级锁。通过本章的学习，用户将能够掌握制订有效的预防和保护措施的方法，并在此过程中培养缜密的思维方式与较强的分析能力。

9.5 本章习题

一、选择题

1. (　　)语句会结束事务。

A. SAVEPOINT　　B. COMMIT

C. END TRANSACTION　　D. ROLLBACK TO SAVEPOINT

2. 在一个事务执行的过程中，正在访问的数据被其他事务修改，导致处理结果不正确，是违背了(　　)。

A. 原子性　　　　B. 一致性

C. 隔离性　　　　D. 持久性

3. MySQL 默认隔离级别是(　　)。

A. READ COMMITTED　　　　B. REPEATABLE READ

C. SERIALIZABLE　　　　D. READ UNCOMMITTED

4. 下列事务隔离级别中，不能避免脏读的是(　　)。

A. READ COMMITTED　　　　B. REPEATABLE READ

C. SERIALIZABLE　　　　D. READ UNCOMMITTED

5. 下列关于 MySQL 中事务的说法，错误的是(　　)。

A. 事务就是针对数据库的一组操作

B. 事务中的语句要么都执行，要么都不执行

C. 事务提交后其中的操作才会生效

D. 提交事务的语句为 SUBMIT

6. MySQL 中的锁不包括(　　)。

A. 插入锁　　　　B. 排他锁

C. 共享锁　　　　D. 意向排他锁

二、填空题

1. 每个事务都是完整不可分割的最小单元，这是事务的________特性。
2. 事务处理可能存在的三种问题是________、________、________。
3. 事务的基本操作包括________、________、________、________。
4. 行级锁的类型包括________、________、________。
5. 事务的四个隔离级别包括________、________、________、________。
6. 事务的四个隔离级别中性能最高的是________。

三、简答题

1. 简述什么是事务。
2. 简述什么是事务的 ACID 特性。
3. COMMIT 语句和 ROLLBACK 语句各自的功能是什么？
4. 什么是并发事务？什么是锁机制？
5. MySQL 提供了哪几种事务隔离级别？怎样设置事务隔离级别？
6. MySQL 有哪几种锁的级别？简述各级锁的特点。
7. 什么是死锁？列举几种避免产生死锁的方法。

ꕤ 第 10 章 ꕤ

综合实例——使用Visual Studio 2022操作MySQL数据库

本章通过开发一个“学生信息管理系统”实例，探讨数据库的设计与实现，并介绍使用 Visual Studio 2022 操作 MySQL 数据库的基本步骤。

10.1 需求说明

学生信息管理系统的总体目标是实现对教学管理相关信息的输入、修改与查询，涵盖课程管理、专业管理和学生管理等功能。该系统应具备，结构清晰、界面简洁美观、操作简单易用、查询灵活方便、数据存储安全可靠等特点，可以实现高效、科学的教学管理。设计本实例的最终目的是提高工作的效率，便于数据统计与查询，培养高素质、高水平和有创新能力的学生。为了言简意赅地说明问题，本系统的主要目标为展示如何使用 Visual Studio 2022 操作 MySQL 数据库，因此仅实现了登录、课程信息管理和专业信息管理模块。本项目的完整源代码附加在本书配套资源中，读者可以自行下载学习。

10.2 系统设计

10.2.1 系统功能设计

学生信息管理系统的主要功能是供系统管理员操作和管理学生相关信息。根据系统的需求特征，设计一个简单的学生信息管理系统，其主要功能如图 10-1 所示。

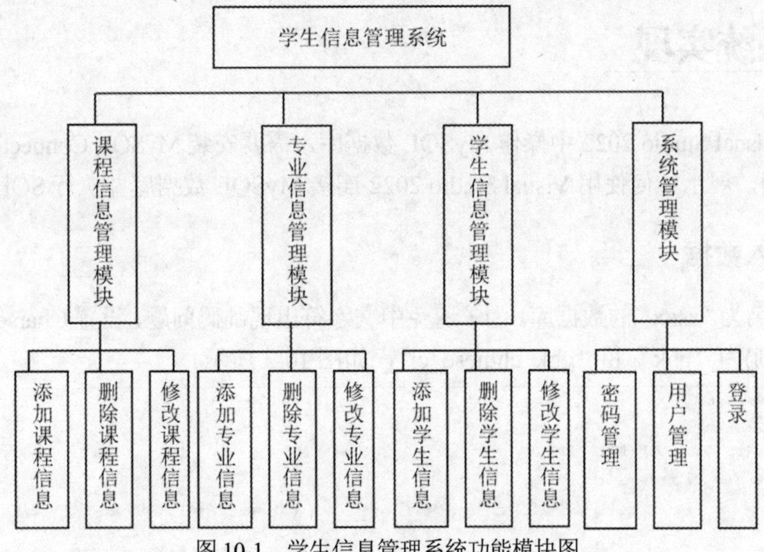

图 10-1　学生信息管理系统功能模块图

10.2.2　数据库设计

根据系统需求说明，确定学生信息管理系统中涉及的实体及其属性。为了顺利完成对学生信息管理，系统需要保存以下相关信息：学生、班级、教师、课程、授课和成绩。本系统中的主要实体应包括学生实体、专业实体、课程实体和用户实体。以下是各实体的属性说明。

- 学生：学生编号、姓名、性别、出生日期、所在专业、所在班级
- 专业：专业编号、专业名称
- 课程：课程编号、课程名称、学分、开课单位
- 选修：学生编号、课程编号、分数
- 用户：用户编号、用户名、密码

本例为了实现系统权限管理增加了一个用户实体。

使用 MySQL Workbench 设计的学生信息管理系统的 E-R 图如图 10-2 所示。

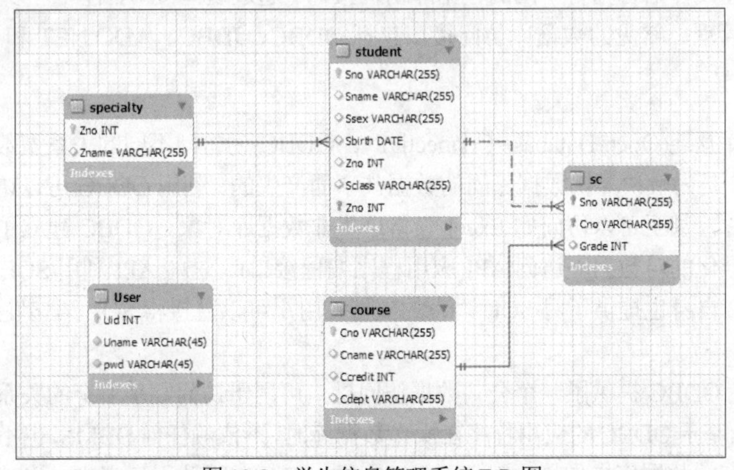

图 10-2　学生信息管理系统 E-R 图

10.3 系统实现

为了在 Visual Studio 2022 中操作 MySQL 数据库，需要安装 MySQL Connector。以下是一个简单的示例，展示如何使用 Visual Studio 2022 连接 MySQL 数据库并执行 SQL 语句。

10.3.1 载入数据

(1) 创建名为“xsxx”的数据库。为了避免中文字符出现乱码问题，设置 Charset/Collation(字符集/校验规则)为“gbk”和“gbk_chinese_ci”，如图 10-3 所示。

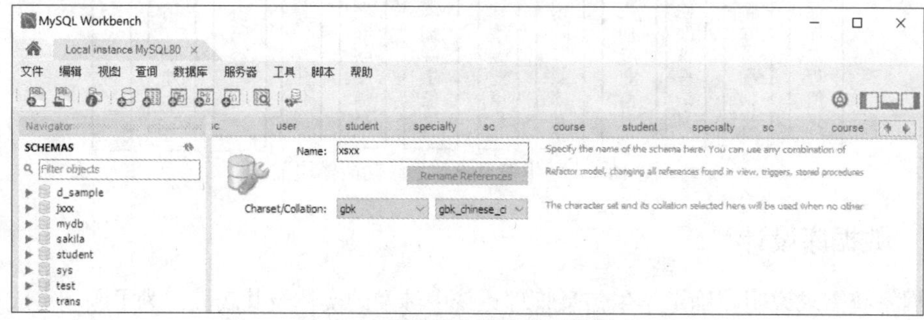

图 10-3　创建学生信息管理数据库

(2) 执行本书配套资源中包含的脚本文件“xsxx.sql”，以完成数据库和数据表的创建，并加载测试数据。

10.3.2 数据库接口

数据库接口是指用于连接和操作数据库的软件工具或 API。它提供了一组标准化的方法，使开发者能够便捷地访问和操作数据库。通过数据库接口，开发者可以执行查询、插入、更新、删除等操作，从而实现对数据库中数据的处理和管理。

不同的程序设计语言拥有不同的数据库访问接口。通过这些接口，程序可以执行 SQL 语句并进行数据库管理。常见的数据库访问接口包括 ODBC、JDBC、ADO.NET 和 PDO。

1. ODBC

开放数据库互连(Open Database Connectivity，ODBC)为访问不同的关系型数据库提供了统一接口。ODBC 是为解决异构数据库间的数据共享而产生的，利用 ODBC 可以访问各类计算机上的数据库文件，甚至可以访问如 Excel 表格这类非数据库对象。ODBC 建立了一组规范，并提供了一组标准化的对数据库访问 API(应用程序编程接口)。这些 API 利用 SQL 来完成其大部分任务。ODBC 自身也提供了对 SQL 语言的支持，用户可以直接将 SQL 语句发送给 ODBC 进行处理。

总而言之，ODBC 提供了一个公共数据访问层，可用于访问几乎所有的关系型数据库管理系统(RDBMS)。基于 ODBC 的应用程序在操作数据库时，不依赖任何 DBMS，也不直接与 DBMS 进行交互，所有的数据库操作均由对应 DBMS 的 ODBC 驱动程序完成。也就是说，无论是 FoxPro、Access、Oracle 还是 MySQL 数据库，都可以通过 ODBC 进行访问。ODBC 的最大优点是能够以统一的方式处理所有数据库的操作。

2. JDBC

Java 数据库连接(Java Database Connectivity，JDBC)是用于 Java 应用程序连接数据库的标准方法。它是一种用于执行 SQL 语句的 Java API，提供多种关系数据库的统一访问。JDBC 由一组用 Java 语言编写的类和接口组成。

3. ADO.NET

ADO.NET 是微软公司在.NET 框架下开发设计的一组面向对象 C 的类库，用于和数据源进行交互。ADO.NET 提供了对关系数据、XML 和应用程序的访问能力，允许与不同类型的数据源及数据库进行交互。

4. PDO

PDO(PHP Data Object)为 PHP 访问数据库定义了一个轻量级且一致的接口。它提供了一个数据访问抽象层，使得无论使用何种数据库，都可以通过一致的函数来执行查询和获取数据。

本章学生信息管理系统的开发选用了 Visual Studio 2022 平台，因此将使用 ODBC 作为数据库接口，以实现对数据库的访问和操作。

10.3.3　搭建开发环境

1. 安装 Visual Studio 2022

本实例的开发目标是一个 C#窗体应用程序，Visual Studio 是微软公司提供的一套集成开发环境，非常适合用于开发各种 Windows 桌面程序。在安装 Visual Studio 时，用户应选中图 10-4 所示“.NET 桌面开发”列表中的选项。

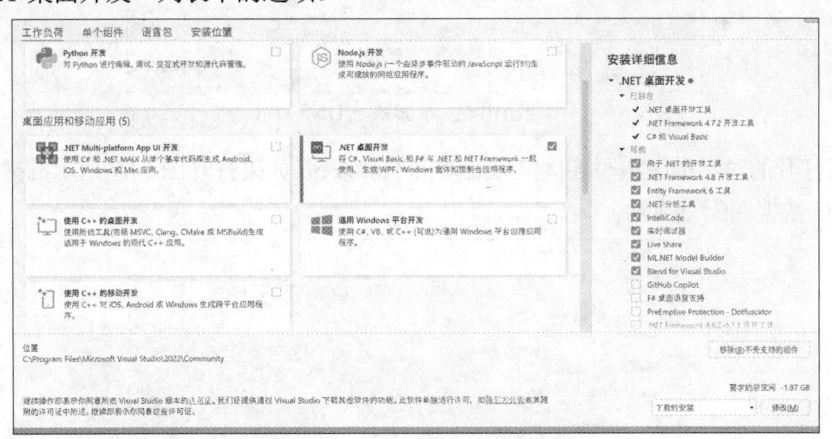

图 10-4　安装 Visual Studio 2022

2. 安装 MySQL 的 ODBC 驱动

访问 MySQL 官方网站后，下载 MySQL 的 ODBC 驱动并安装。

3. 配置 ODBC 数据源

(1) 安装 MySQL 的 ODBC 驱动之后，打开“控制面板”窗口，双击 ODBC Data Sources(32-bit)

选项，如图 10-5 所示。

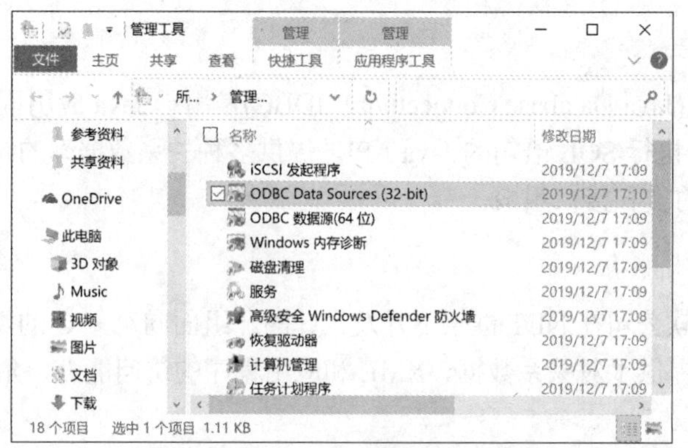

图 10-5　启动 ODBC 数据源配置程序

(2) 在打开的对话框中选择“系统 DSN”选项卡，单击“添加”按钮，然后双击“MySQL ODBC 8.0 Unicode Driver”选项开始配置 MySQL 数据源，如图 10-6 所示。

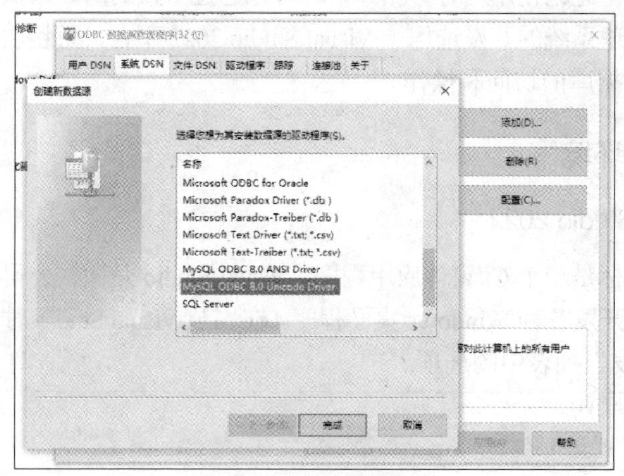

图 10-6　添加系统 DNS

(3) 在打开的对话框中填写连接信息后单击 Test 按钮，如果打开图 10-7 所示的提示对话框，说明 ODBC 数据源配置成功。

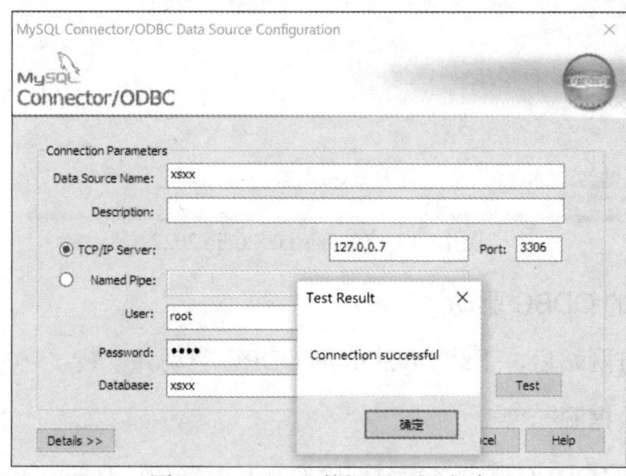

图 10-7　ODBC 数据源配置成功

4. 创建一个窗体应用项目

(1) 启动 Visual Studio 2022，在主窗口菜单中选择“文件” | “新建” | “项目”命令，打开图 10-8 所示的窗口。

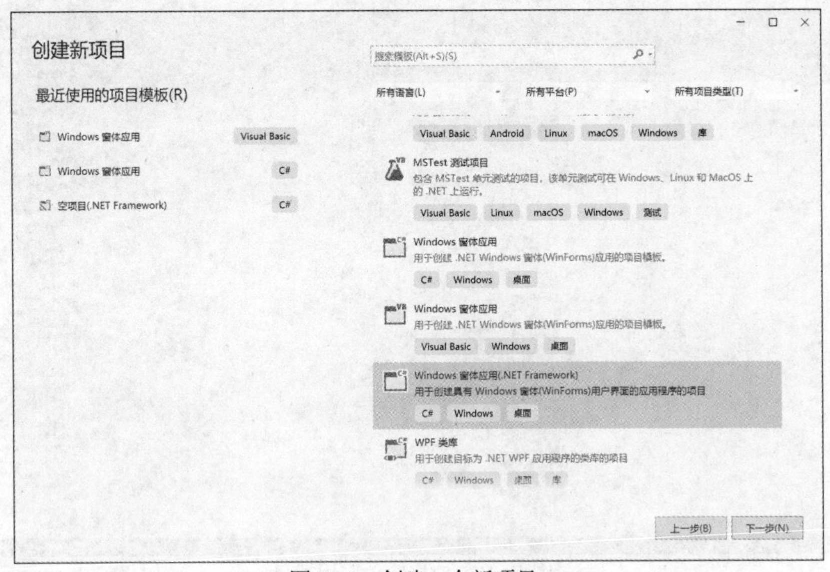

图 10-8　创建一个新项目

(2) 选择“Windows 窗体应用(.NET Framework)”选项后，单击“下一步”按钮。这里需要注意的是，“Windows 窗体应用(.NET Framework)”是基于 Windows 操作系统的开发框架，使用传统的.NET Framework 技术框架，只能在 Windows 操作系统上运行。Windows 窗体应用(.NET Framework)的开发过程相对较简单，但扩展性相对较弱，不利于应用程序跨平台移植。

(3) 在打开的窗口中设置项目名称和位置后，单击“创建”按钮，如图 10-9 所示。

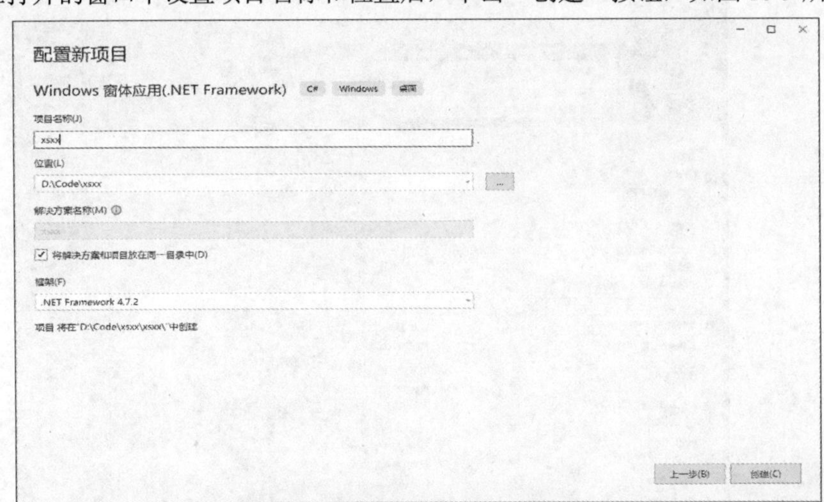

图 10-9　配置窗体应用项目

(4) 此时，将创建一个空白窗体应用项目，如图 10-10 所示。在一个窗体项目工程中，一般分为代码型(.cs)文件和界面设计型(.designer.cs)文件。例如，在新创建的窗体项目工程中

Forms1.cs 就是代码型.cs 文件，而 Form1.Designer.cs 就是设计型文件。

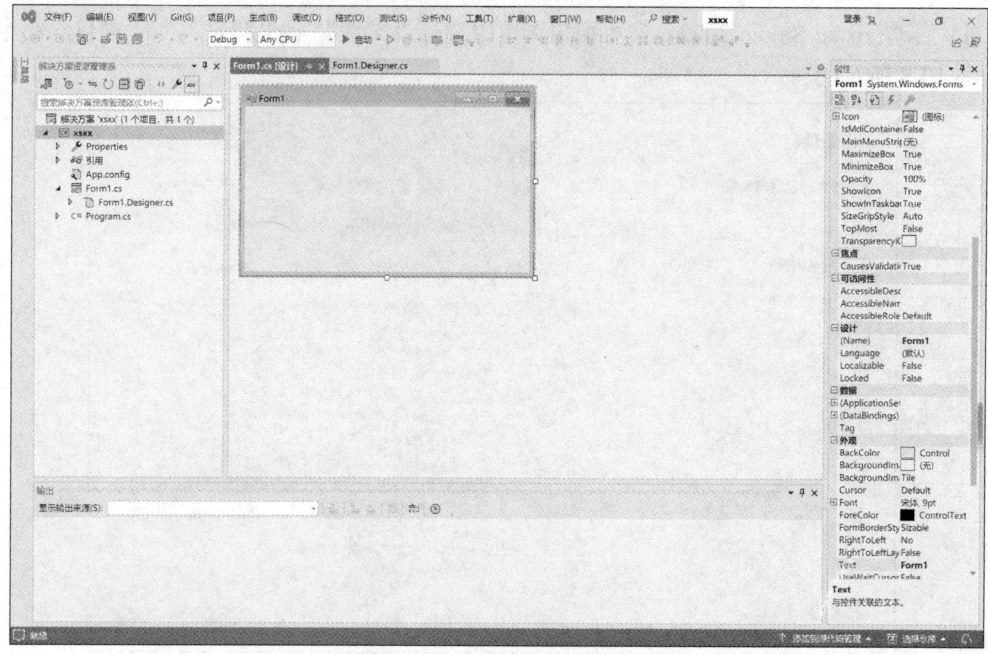

图 10-10　空白窗体应用项目

10.3.4　添加对 MySQL Connector 的引用

(1) 在新建项目的解决方案资源管理器中，右击解决方案(xsxx)，在弹出的快捷菜单中选择“添加”|“引用”命令，如图 10-11 所示。

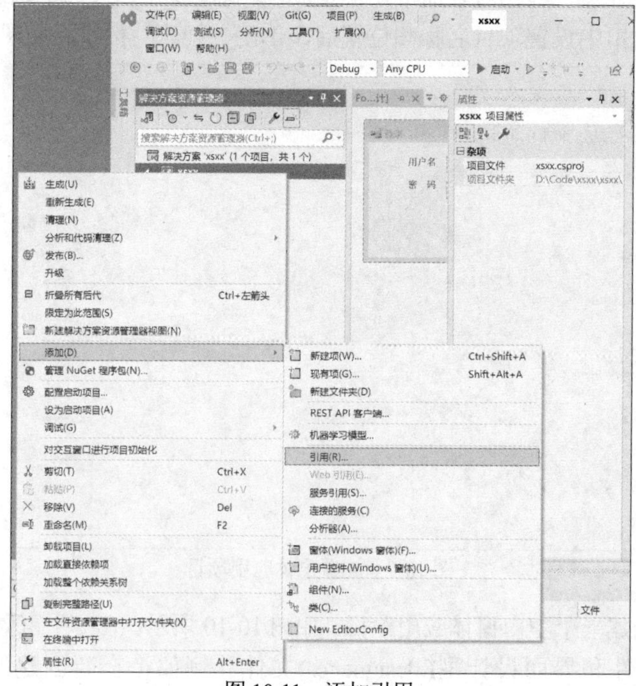

图 10-11　添加引用

(2) 在打开的“引用管理器”对话框中选择“浏览”选项，然后单击“浏览”按钮，如图 10-12 所示。

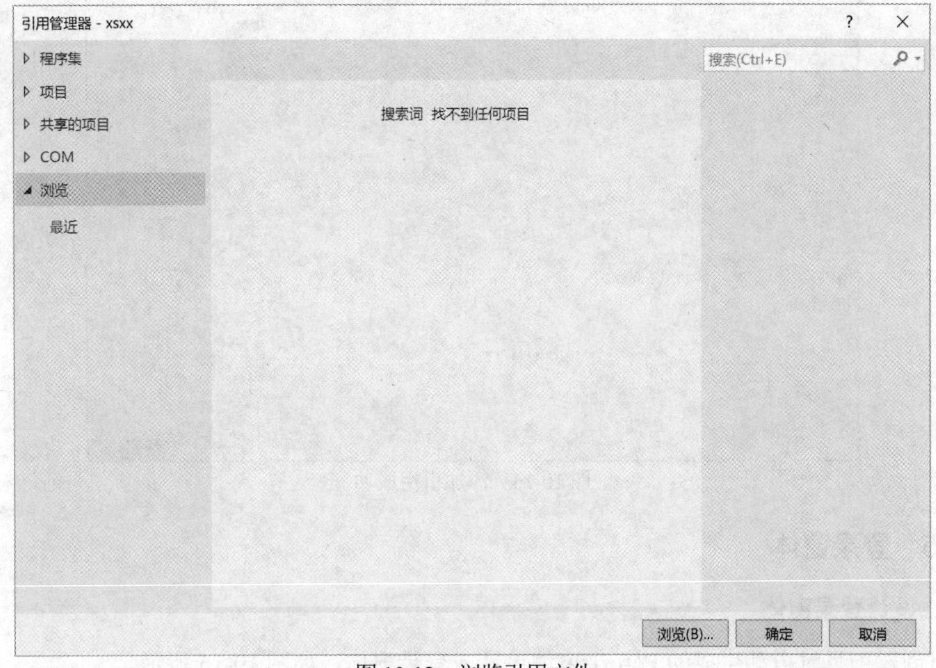

图 10-12　浏览引用文件

(3) 在打开的对话框中浏览安装 MySQL Connector 的文件夹，选中“MySQL.Data.dll”文件后单击“添加”按钮，如图 10-13 所示。

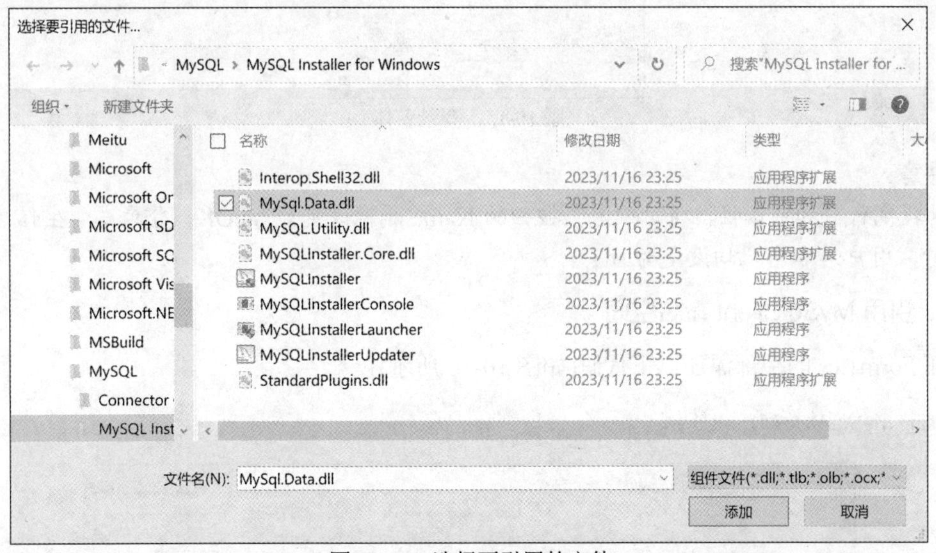

图 10-13　选择要引用的文件

(4) 添加引用成功后，“引用管理器”将显示图 10-14 所示的提示信息。

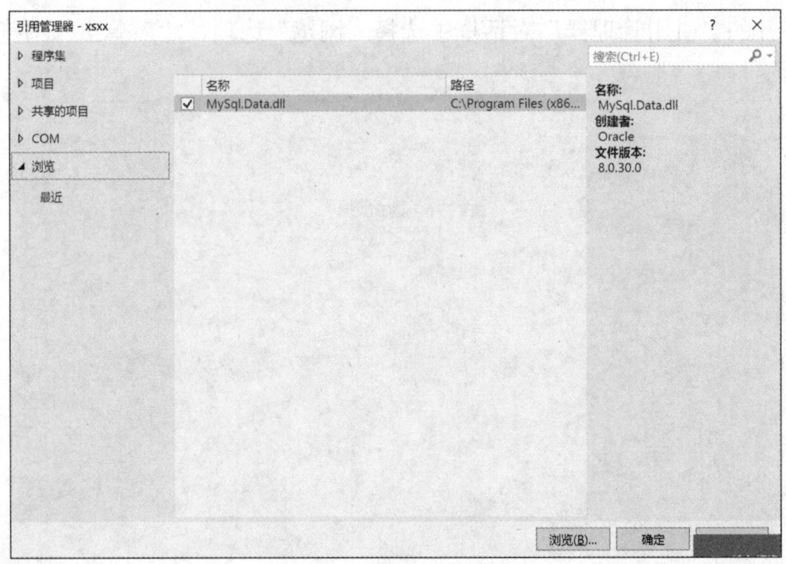

图 10-14　添加引用成功

10.3.5　登录窗体

1. 设计登录窗体

将创建项目时自动生成的Form1窗体设计成登录窗体，如图10-15所示。

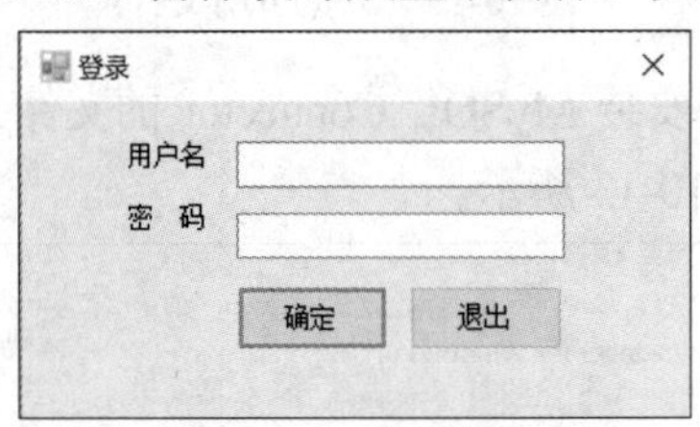

图 10-15　登录窗体

注意：

为提高代码的可读性，将“确定”按钮的Name属性设定为btnOK。登录本学生信息管理系统时，用户名和密码均设定为sa。

2. 引用 MySqlClient 命名空间

在Form1.cs的头部添加以下代码(如图10-16所示)：

```
using MySql.Data.MySqlClient;
```

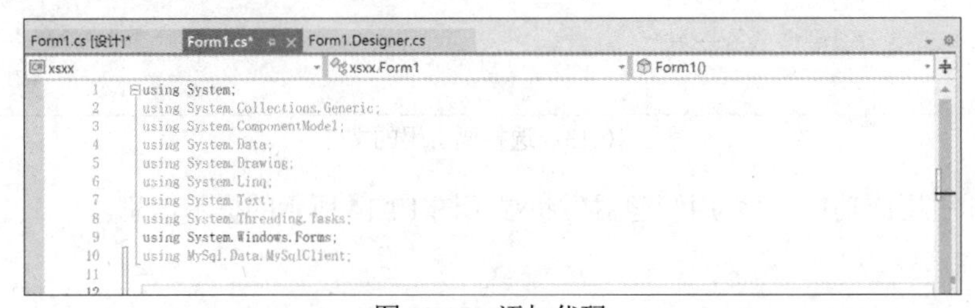

图 10-16　添加代码

3. 添加按钮响应代码

为“确定”按钮中添加单击事件的响应代码。使用以下代码连接到 MySQL 数据库并执行查询：

```
private void btnOK_Clic(object sender, EventArgs e)
{
    // 定义连接字符串
    string connectionString = "server=localhost;user id=root;password=1234;database=xsxx;";
    // 创建 MySQL 连接对象
    MySqlConnection connection = new MySqlConnection(connectionString);
    // 打开数据库连接
    connection.Open();
    // 连接成功，可以进行数据库操作了
    // 示例：检测用户名是否正确
    string sql = "SELECT * FROM user where uname='" + textBox1.Text   + "';";
    MySqlCommand command = new MySqlCommand(sql, connection);
    MySqlDataReader reader = command.ExecuteReader();
    if (reader.Read())
    {
        label3.Text = "用户名正确：" + textBox1.Text;
    }
    else
    {
        label3.Text = "用户名错误!" + textBox1.Text;
        return;
    }
    reader.Close();
    // 示例：检测密码是否正确
    sql = "SELECT * FROM user where uname='" + textBox1.Text + "' and pwd='" + textBox2.Text + "';";
    command.CommandText = sql;
    reader = command.ExecuteReader();
    if (reader.Read())
    {
        //label3.Text = "密码正确！";
        main main = new main();
        main.Show();
        this.Hide(); //Close();
    }
    else
    {
        label3.Text = "密码错误!";
        this.Refresh();
    }
    reader.Close();
    // 关闭数据库连接
    connection.Close();
}
```

以上代码中的连接字符串应根据实际情况进行调整。同时，应注意在使用完毕后关闭数据库连接，以确保资源得到及时释放。

总的来说，连接 MySQL 数据库需要安装 MSQL Connector，添加对 MySQL Connector 的引用，创建一个连接对象并输入连接字符串。完成这些步骤后，即可在代码中使用 MySQL 进行数据库操作。这些是连接 MySQL 数据库的基本步骤。

10.3.6 主窗体

添加一个新的窗体，并将其命名为 Main，将其设计为主窗体。主窗体展示系统的整体外观，提供菜单命令，响应用户操作，并负责管理其他窗体的打开和关闭。Main 窗体总体设计效果如图 10-17 所示。

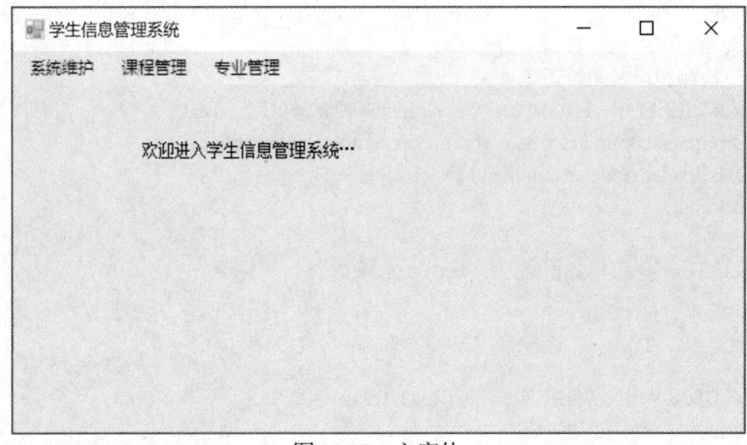

图 10-17 主窗体

10.3.7 专业信息管理窗体

1. 设计专业信息管理窗体

添加一个新的窗体，使用默认名称 Form2，并将 Form2 设计为专业信息管理窗体，如图 10-18 所示。在主窗体的“专业管理”菜单的 Click 事件中打开 Form2 窗体。

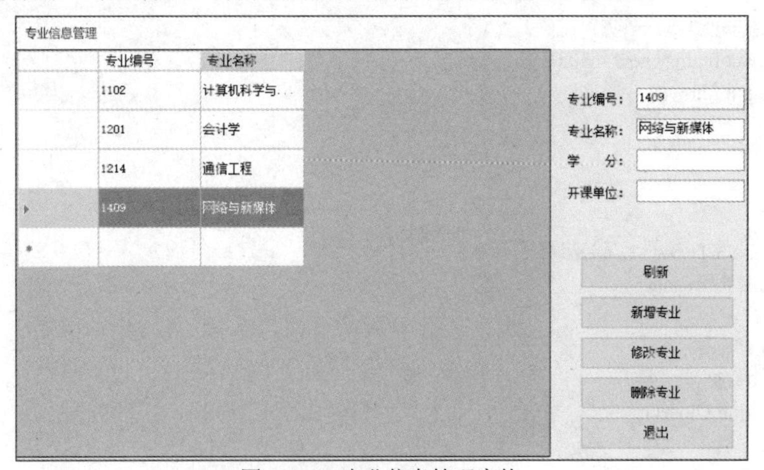

图 10-18 专业信息管理窗体

2. 新增专业

在图 10-18 所示的窗体中单击“新增专业”按钮，清空窗口中的专业编号、专业名称等文本框中的内容，同将“新增专业”按钮文本更改为“保存到数据库…”。填写信息之后，单击“保存到数据库…”按钮，系统将连接数据库并将信息保存到相应的数据表中。关键代码如下：

```
// 定义连接字符串
string connectionString = "server=localhost;user id=root;password=1234;database=xsxx;";
// 创建 MySQL 连接对象
MySqlConnection connection = new MySqlConnection(connectionString);
// 打开数据库连接
connection.Open();
string sql = "insert into course values('" + textBox1.Text.Trim() +
"','" + textBox2.Text.Trim() + "','" + textBox3.Text .Trim()+
"','"+ textBox4.Text.Trim() + "');" ;
MySqlCommand command = new MySqlCommand(sql, connection);
int i = command.ExecuteNonQuery();
MessageBox.Show("保存成功！", "课程信息管理");
button3.Text = "新增课程";
```

3. 删除专业

在专业信息列表中选择一条记录，单击“删除专业”按钮，系统将开始连接数据库并从相应的数据表中删除该记录。关键代码如下：

```
// 定义连接字符串
string connectionString = "server=localhost;user id=root;password=1234;database=xsxx;";
// 创建 MySQL 连接对象
MySqlConnection connection = new MySqlConnection(connectionString);
// 打开数据库连接
connection.Open();
string sql = "delete from course where  `Cno`='" + textBox1.Text.Trim() + "';";
MySqlCommand command = new MySqlCommand(sql, connection);
int i = command.ExecuteNonQuery();
if (i > 0) MessageBox.Show("删除成功！","课程信息管理");
```

“修改专业”按钮功能可参考“删除专业”按钮的实现方式。在本系统中，其他窗体的功能实现与专业信息管理窗体类似。本项目的完整源代码已附在本书配套资源中，读者可以自行下载学习。

10.4 本章小结

本章通过学生信息管理系统介绍了数据库应用系统的开发过程，包括系统分析、系统设计和系统实现。系统设计涵盖多个方面，其中数据库设计是关键部分。数据库设计包括数据库对象的设计，如表、视图、函数、存储过程和触发器等。通过本章的学习，用户应重点掌握数据库设计及使用程序语言操作 MySQL 数据库的方法，培养知识整合与应用能力，提高解决问题的能力。

10.5 本章习题

选择一个熟悉的应用背景，如图书管理、物资管理、宿舍管理或学生信息管理，完成以下任务。

1. 完成系统背景分析。
2. 设计功能模块图。
3. 设计 E-R 图。
4. 将 E-R 图转换为关系模型(不少于 3 张表)。
5. 选择一种程序设计工具，实现窗口设计和数据的添加、删除、修改和查询功能。

参考文献

[1] 王珊，杜小勇，陈红. 数据库系统概论[M]. 6 版. 北京：高等教育出版社，2023.

[2] 何玉洁. 数据库原理及应用[M]. 3 版. 北京：人民邮电出版社，2021.

[3] 于晓鹏，于萍，于淼，孙启隆，齐长利. SQLServer 2019 数据库教程[M]. 北京：清华大学出版社，2020.

[4] 金培权. 数据库系统及应用[M]. 北京：科学出版社，2023.

[5] 聚慕课教育研发中心. MySQL 从入门到项目实践[M]. 北京：清华大学出版社，2018.

[6] 程朝斌，张水波. MySQL 数据库管理与开发实践教程[M]. 北京：清华大学出版社，2016.

[7] 黄缙华等. MySQL 入门很简单[M]. 北京：清华大学出版社，2011.

[8] 王英英. MySQL 8 从入门到精通[M]. 北京：清华大学出版社，2019.

[9] 皮雄军. NoSQL 数据库技术实战[M]. 北京：清华大学出版社，2015.

[10] 侯宾. NoSQL 数据库原理[M]. 北京：清华大学出版社，2018.

[11] 黑马程序员. NoSQL 数据库技术与应用[M]. 北京：清华大学出版社，2020.

ꕥ 附录A ꕥ

实　　验

实验1　概念模型设计(绘制E-R图)

1. 实验目的

(1) 理解E-R图的三要素，并能够绘制E-R图。

(2) 理解确定实体和属性的原则。

(3) 选择并标注出关系模式中的主键和外键。

(4) 使用Word或Visio绘制E-R图。

2. 实验内容

根据以下需求描述，分别绘制相应的E-R图，并在图中标注实体、属性、联系及联系的类型。

(1) 设计一个在线彩票管理系统，客户信息包括：客户ID、身份证号码、客户姓名、账户余额、客户性别、客户邮箱、联系电话；订单信息包括：订单编号、客户ID、下单时间、开奖状态、倍数、投注号码。系统管理员能够管理客户和彩票订单信息。

(2) 为电冰箱经销商设计一套存储生产厂商和产品信息的数据库，生产厂商的信息包括：厂商名称、地址、电话；产品的信息包括：品牌、型号、价格。此外，还需记录生产厂商生产某产品的数量和生产日期。

(3) 设计一个能够管理高校课程信息的数据库，课程信息包括：课程编号、课程名称、学分、开课单位；学生信息包括：学生编号、姓名、性别、出生日期、所在专业、所在班级。学生选定某门课程之后，系统需记录学生的成绩、获得的学分以及授课教师信息。

(4) 某医院需要开发一个医院信息管理系统，涉及医生、科室、病房和患者等内容的管理。通过需求分析，收集到如下信息(医院有多个科室，每个科室有多名医生，每名医生只能在一个科室中工作)。

- 科室：包括科室编号、科室名称和联系电话；
- 医生：包括工号、姓名、出生日期、职称和所属科室；
- 病房：包括病房号、病房位置和所属科室；
- 患者：包括病历号、姓名、性别和主治医生。

3. 深入思考

(1) 当某个属性(比如授课教师)既可以作为实体，又可以作为属性时，应该如何处理？
(2) 如何在两个实体之间建立联系？

实验2 逻辑模型设计与完整性

1. 实验目的

(1) 了解关系模型的基本概念，掌握候选码和主码的确定方法。
(2) 掌握并应用完整性规则。

2. 实验内容

(1) 将实验1中设计完成的E-R图转化为关系模式(表)。
(2) 确定每张表的主关键字，并用下画线标注出主关键字。
(3) 确定哪些属性是外关键字，并用下画波浪线标注出外关键字。
(4) 确定哪些表是主表，哪些表是从表。
(5) 使用MySQL Workbench设计E-R图。

3. 深入思考

某学生管理系统包含基本表如下：课程表(课程号，课程名称，学分)；学生(学号，姓名，性别，出生日期，身份证号)，其中身份证号设置为唯一约束；选课表(学号，课程号，得分)，其中学号、课程号均为外键，得分的取值范围为0~100。向课程表、学生表和选课表填充数据，如图A-1所示。

课程表

课程号	课程名称	学分
001	Java 语言程序设计	2
002	数据库技术及应用	2

学生选课情况

学号	课程号	得分
1001	001	90
2001	002	80

学生

学号	姓名	性别	出生日期	班级
1001	文青	女	2002-01-08	计算机 2001
2001	王梅	女	2000-06-18	网媒 2001
3002	王飞	男	2001-10-06	会计 2001

图A-1 某生管理系统数据

(1) 根据关系模型中的关系完整性要求，判断是否可以向课程表添加一条新记录(002，C语言程序设计，3)，并说明原因。

(2) 根据关系模型中关系完整性要求，判断是否可以将学生表中的学号从“1001”更新为“1002”，并说明原因。

(3) 根据关系模型中的关系完整性要求，判断是否可以向学生作业情况表添加一条新记录(2001，002，110)，并说明原因。

(4) 根据关系模型中关系完整性要求，判断是否可以向学生作业情况表添加一条新记录

(1001，002，95)，并说明原因。

实验3　数据库的创建与管理

1. 实验目的

(1) 掌握MySQL的安装及服务器配置方法。

(2) 掌握使用SQL语句进行数据库的创建、查看、修改、打开和删除操作。

(3) 至少掌握一种常用的图形化管理工具(如Workbench、Navicat等)。

2. 实验内容

下载并安装MySQL，完成服务配置。使用SQL语句和图形化管理工具分别完成以下实验任务。

(1) 查看MySQL自带的系统数据库，并了解各系统数据库的功能。

(2) 创建名为test的数据库。

(3) 将test数据库的默认字符集和校对规则更改为gbk和gbk_chinese_ci。

(4) 验证test数据库的默认字符集和校对规则是否成功修改。

(5) 打开名为mysql的系统数据库。

(6) 查看mysql数据库中包含的数据表，并了解各表的用途。

(7) 删除test数据库。

(8) 验证test数据库是否已经删除成功。

(9) 创建名为jxxx的数据库，在创建时将默认字符集和校对规则设定为gbk和gbk_chinese_ci，后续所有实验均在jxxx数据库中进行。

(10) 验证jxxx数据的默认字符集和校对规则是否设置成功。

3. 深入思考

(1) 如果在操作数据的过程中遇到中文乱码问题，应当如何解决？

(2) 使用图形化工具连接MySQL数据库服务器时，可能会出现编号为“2058”的错误，这通常是由什么原因引起的，应当如何解决？

实验4　数据表的创建与管理

1. 实验目的

(1) 掌握使用SQL语句或第三方工具创建表的方法。

(2) 掌握对表进行修改、查看和删除等基本操作的方法。

(3) 掌握对数据表结构进行字段添加、修改和删除等基本操作的方法。

(4) 理解完整性约束的定义。

(5) 理解完整性约束的作用。

2. 实验内容

在 jxxx 数据库中完成以下数据表操作。

(1) 创建 specialty 表，表结构如表 A-1 所示。

表 A-1　specialty 表

字段名	字段描述	数据类型	主键	外键	非空	唯一	自增
Zno	专业编号	VARCHAR(4)	是		是	是	
Zname	专业名称	VARCHAR(20)			是		

(2) 创建 course 表，表结构如表 A-2 所示。

表 A-2　course 表

字段名	字段描述	数据类型	主键	外键	非空	唯一	自增
Cno	课程编号	INT	是		是	是	
Cname	课程名称	VARCHAR(20)			是		
Ccredit	学分	INT			是		
Cdept	开课单位	VARCHAR(20)					

(3) 创建 student 表，表结构如表 A-3 所示。

表 A-3　student 表

字段名	字段描述	数据类型	主键	外键	非空	唯一	自增
Sno	学号	INT	是		是	是	
Sname	姓名	VARCHAR(20)			是		
Ssex	性别	VARCHAR(4)			是		
Sbirth	出生日期	DATE			是		
Zno	专业编号	VARCHAR(4)		是	是		
Sclass	班级	VARCHAR(20)			是		

(4) 在 student 表中添加一个 address 字段，数据类型为 VARCHAR(50)。

(5) 删除 student 表中的 address 字段。

(6) 创建 sc 表，表结构如表 A-4 所示。

表 A-4　sc 表

字段名	字段描述	数据类型	主键	外键	非空	唯一	自增
Sno	学号	INT	是	是	是		
Cno	课程编号	INT	是	是	是		
Grade	分数	INT					

注意：

Sno 与 Cno 字段联合设置为主键，并将它们同时设定为外键。

(7) 在 jxxx 数据中查看已建立的表及其表结构。

注意：

后续实验需在 jxxx 数据中进行，需保留 specialty 表、course 表、student 表和 sc 表，直到所有实验完成。

3. 深入思考

(1) 在定义基本表语句时，NOT NULL 参数的作用是什么？

(2) 是否可以将主键列修改为允许 NULL？

(3) 唯一约束列是否允许 NULL 值？

(4) 是否可以先创建 student 表，再创建 specialty 表？

实验 5　数据表约束的管理

1. 实验目的

(1) 掌握使用 SQL 语句先创建表，然后再为表添加约束的方法。

(2) 掌握向数据表添加和删除约束的方法。

2. 实验内容

在 jxxx 数据库中，按照以下要求完成数据表的创建及数据表完整性约束的设置。

(1) 创建 specialty2 表，表结构如表 A-5 所示。

表 A-5　specialty2 表

字段名	字段描述	数据类型	非空
Zno	专业编号	VARCHAR(4)	是
Zname	专业名称	VARCHAR(20)	是

(2) 创建 course2 表，表结构如表 A-6 所示。

表 A-6　course2 表

字段名	字段描述	数据类型	非空
Cno	课程编号	INT	是
Cname	课程名称	VARCHAR(20)	是
Ccredit	学分	INT	是
Cdept	开课单位	VARCHAR(20)	

(3) 创建 student2 表，表结构表 A-7 所示。

表 A-7 student2 表

字段名	字段描述	数据类型	非空
Sno	学号	INT	是
Sname	姓名	VARCHAR(20)	是
Ssex	性别	VARCHAR(4)	是
Sbirth	出生日期	DATE	是
Zno	专业编号	VARCHAR(4)	是
Sclass	班级	VARCHAR(20)	是

(4) 创建 sc2 表，表结构表 A-8 所示。

表 A-8 sc2 表

字段名	字段描述	数据类型	非空	长度	小数位
Sno	学号	INT	是		
Cno	课程编号	INT	是		
Grade	分数	DECIMAL		4	1

(5) 为 specialty2、course2、student2 和 sc2 表添加 PRIMARY KEY 约束。

(6) 在 student2 表中添加身份证号字段，并设置为 UNIQUE 约束。

(7) 在 sc2 表中为 Grade 字段设置 CHECK 约束，确保其取值范围为 0～100。

(8) 为 student2 表的 Zno 字段添加 FOREIGN KEY 约束，使其分别与 specialty2 表的主键字段关联。

(9) 分别为 sc2 表的 Sno 字段和 Cno 字段添加 FOREIGN KEY 约束，使其分别与 student2 表的主键字段和 course2 表的主键字段关联。

(10) 为 course2 表的课程名字段添加 NOT NULL 约束。

(11) 在 course2 表中，为 Ccredit 字段设置默认值为“2”。

(12) 为 student2 表添加 CHECK 约束，确保性别字段只能输入“男”或“女”。

3. 深入思考

(1) 尝试删除 student2 中的 PRIMARY KEY 约束，检查是否能够成功删除，并解释原因。

(2) 如何操作才能删除 student2 表中的 PRIMARY KEY 约束？并解释这样做的原因。

(3) 将 student2 表的 Zno 字段类型修改为 CHAR(10)，是否能够成功？

实验 6 数据插入、修改与删除

1. 实验目的

(1) 掌握使用 SQL 语句向表中添加数据的方法。

(2) 掌握使用 SQL 语句修改表中数据的方法。

(3) 掌握使用 SQL 语句删除表中数据的方法。

2. 实验内容

本实验使用实验 4 中创建的数据库和数据表。在开始实验前，验证这些数据库和数据表是否已存在并且状态正确。

(1) 使用 SQL 语句将表 A-9 中的数据插入到 specialty 表中，并确认数据已成功添加。

表 A-9　插入 specialty 表的数据

Zno	Zname
1102	计算机科学与技术
1201	会计学
1409	网络与新媒体

(2) 使用 SQL 语句将表 A-10 中的数据插入到 course 表中，并确认数据已成功添加。

表 A-10　插入 course 表的数据

Cno	Cname	Ccredit	Cdept
11140260	新闻学概述	2	传播系
18110140	新闻传播伦理与法规	3	传播系
18132370	Java 程序设计	2	计算机系

(3) 使用 SQL 语句将表 A-11 中的数据插入到 student 表中，并确认数据已成功添加。

表 A-11　插入 student 表的数据

Sno	Sname	Ssex	Sbirth	Zno	Sclass
20231042	景文青	女	2005-01-08	1002	计算机 2301
20232123	王梅	女	2004-06-18	1409	网媒 2301
20233133	王承飞	男	2004-10-06	1201	会计 2301

(4) 使用 SQL 语句将表 A-12 中的数据插入到 sc 表中，并确认数据已成功添加。

表 A-12　插入 sc 表的数据

Sno	Cno	Grade
20231042	18132370	95
20232123	18110140	73

(5) 更新学号为 20231042 的学生的记录，将出生日期(Sbirth)改为“2004-01-08”。

(6) 将在 sc 表中插入一条记录(20232123，11140260，73)。

(7) 修改 sc 表，将所有 Grade 为 73 的记录修改为 75。

(8) 删除 sc 表中学号和课程号为(20232123，11140260)的记录。

3. 深入思考

(1) 如何实现“逻辑删除”(即在数据库中保留数据，但用户看到的数据已被删除)？

(2) DROP 命令和 DELETE 命令的本质区别是什么？

(3) 是否可以使用 INSERT、UPDATE 和 DELETE 命令同时操作多张表？

(4) 是否可以先向 student 表插入数据，然后再向插入 specialty 表插入数据？

实验 7　单表数据查询

1. 实验目的

(1) 掌握 SELECT 语句的结构。

(2) 掌握使用 SQL 语句进行单表数据查询。

2. 实验内容

本实验将使用实验 4 和实验 6 中创建的数据库、数据表及其数据。在实验开始前，应确保所有数据库、数据表及其数据都正确无误。若存在任何问题，可使用本书配套资源中的 jxxx.sql 脚本来重新创建数据库、数据表以及导入数据。

(1) 查询全体学生的详细信息。

(2) 查询所有学生的姓名、学号和班级。

(3) 查询全体学生的姓名及其年龄。

(4) 查询有不及格考试成绩的学生学号。

(5) 查询出生日期在“2004-01-01”至“2004-12-31”之间的学生姓名、班级和出生日期。

(6) 查询“计算机 2301”和“通信 2301”班的学生姓名和性别。

(7) 查询姓名中第二个字是“文”的学生姓名和学号。

(8) 查询所有不姓“王”的学生姓名和学号。

(9) 查询所有有成绩记录的学生的学号和课程号。

(10) 查询选修了“18132370”课程的学生学号及其成绩，并按成绩降序排列。

(11) 查询全体学生的信息，并将结果按所在系升序排列，对同一系中的学生按年龄降序排列。

(12) 查询选修了课程的学生人数。

(13) 查询每个课程号及其对应的选课人数。

(14) 查询选修了 2 门及以上课程的学生的学号和选课数。

3. 深入思考

(1) 在 SQL 中，如何在执行查询时对多列进行去重？

(2) 探索查询姓名中第二个字是“文”的学生信息的多种实现方法。

(3) WHERE 子句和 HAVING 子句的用途分别是什么？

实验 8　多表数据查询

1. 实验目的

(1) 掌握 SELECT 语句的结构。

(2) 掌握使用 SQL 语句进行多表数据查询。

(3) 掌握使用 SQL 语句进行子查询。

(4) 掌握使用 SQL 语句进行联合查询。

2. 实验内容

本实验使用的是实验 4 和实验 6 创建的数据库、数据表及其数据。在实验开始前应确认数据库、数据表及其数据是否正确。如有需要，可以使用本书配套资源中的 jxxx.sql 文件，完成数据库和数据表的创建以及导入数据。

(1) 查询所有学生的基本信息及其选课情况。

(2) 查询与“谢鑫”在同一个班学习的其他学生。

(3) 查询所有选修了同一门课程的学生信息。

(4) 利用 EXISTS 关键字查询所有选修了“18132220”课程的学生及其姓名。

(5) 查询选修了“18112820”课程和“18132220”课程的所有学生信息。

3. 深入思考

(1) 自连接的实现机制是什么？

(2) 在什么情况下使用左外连接、右外连接和全外连接？

实验 9　视图的创建与管理

1. 实验目的

(1) 理解视图的概念。

(2) 掌握创建、更改和删除视图的方法。

(3) 掌握使用视图访问数据的方法。

2. 实验内容

本次实验使用实验 4 和实验 6 创建的数据库、数据表及其数据，在实验开始前应确认数据库、数据表及其数据是否正确。如有需要，可以使用本书配套资源中的 jxxx.sql 文件，完成数据库和数据表的创建及导入数据。

(1) 在 student 表上创建一个名为 student_view2 的视图，包含学生的姓名、课程名称以及对应的成绩。

(2) 通过视图查询学生“谢鑫”已修课程的所有成绩。

(3) 查看视图 student_view2 的定义。

(4) 使用 CREATE OR REPLACE VIEW 修改视图 student_view2 的列名为“姓名”、“选修课”和“成绩”。

(5) 删除视图 student_view2。

3. 深入思考

(1) 视图和表有什么本质区别？

(2) 在视图中插入的数据能否写入到基本表中？

(3) 哪些视图中的数据不可以进行增加、删除和修改操作？

实验 10　MySQL 函数应用

1. 实验目的

(1) 掌握 MySQL 常用函数的功能和使用方法。

(2) 理解流程控制语句的使用。

2. 实验内容

(1) 使用 MySQL 函数求出不大于-10.7 的最大整数值。

(2) 使用 MySQL 函数将“凝聚”和“创造力”连接起来。

(3) 使用 MySQL 函数输出从 2000 年 1 月 1 日到当前日期的天数、月份数和年数。

(4) 使用流程语句计算小于 200 的奇数之和。

(5) 使用流程语句输出今年 10 月 1 日是星期几。

(6) 使用 CASE 语句对 student 表中的学生年龄进行判断：若年龄小于 20 岁，则显示“小于”；若年龄大于 20 岁，则显示“大于”

3. 深入思考

在循环语句中，LOOP 语句、WHILE 语句和 REPEAT 语句使用时的区别。

实验 11　存储过程和游标的使用

1. 实验目的

(1) 理解存储过程的概念。

(2) 掌握创建存储过程的方法。

(3) 掌握执行存储过程的方法。

(4) 掌握游标的使用方法。

2. 实验内容

(1) 创建存储过程 proCountSno，用于统计 student 表中的学生人数，并调用该存储过程显示结果。

(2) 创建存储过程 proCountCno，用于统计 course 表中学分大于 2 的课程数量，并调用该存储过程显示结果。

(3) 创建存储过程 proGraCountSno，用于统计 sc 表中“数据库技术”课程成绩大于 90 的学生人数，并调用该存储过程显示结果。

(4) 创建存储过程 proSumGrade，用于输入学号后统计该学生的总成绩，并调用该存储过程显示结果。

(5) 使用游标方式在 sc 表中输出成绩大于 80 的学生学号。

3. 深入思考

(1) 在什么情况下适合创建存储过程?
(2) 功能相同的存储过程与函数有什么区别?

实验 12　触发器和事件的使用

1. 实验目的

(1) 理解触发器的概念及其类型。
(2) 掌握创建、更改与删除触发器的方法。
(3) 掌握利用触发器维护关系完整性的方法。
(4) 掌握事件的使用方法。

2. 实验内容

(1) 在 Student 表上，创建 Tig_bf_insert 触发器的代码。
(2) 在 Student 表上，创建 Tig_af_update 触发器的代码。
(3) 在 Student 表上，创建 Tig_bf_del 触发器的代码。
(4) 查看 Tig_bf_insert 触发器的信息。
(5) 删除 Tig_bf_del 触发器。
(6) 在 jxxx 数据库中创建 st_event 事件，该事件每隔 5 秒向 student 表中插入一条记录。
(7) 开启或停止 st_event 事件。

3. 深入思考

(1) 能否在当前数据库中为其他数据库创建触发器?
(2) 触发器在何种情况下会被激发?

实验 13　数据库的安全管理

1. 实验目的

(1) 理解 MySQL 权限系统的工作原理。
(2) 理解 MySQL 账户与权限的概念。
(3) 掌握管理 MySQL 账户和权限的方法。

2. 实验内容

(1) 使用 root 用户创建 testuserl 用户，并将初始密码设置为 123456，赋予该用户对所有数据库的 SELECT、CREATE、DROP 和 SUPER 权限。

(2) 创建 testuser2 用户，不设初始密码。

(3) 使用 testuser2 用户登录数据库后，将其密码修改为 000000。

(4) 使用 testuser1 用户登录，为 testuser2 用户设置 CREATE 和 DROP 权限。

(5) 使用 testuser2 用户登录，验证其拥有的 CREATE 和 DROP 权限。

(6) 使用 root 用户登录，收回 testuser1 用户和 testuser2 用户的所有权限(在 workbench 中验证时，需要重新打开这两个用户的连接窗口)。

(7) 删除 testuser1 用户和 testuser2 用户。

(8) 修改 root 用户的密码。

3. 深入思考

新创建的 MySQL 用户能否从其他计算机登录 MySQL 数据库？

实验 14　数据的备份与恢复

1. 实验目的

(1) 理解 MySQL 备份的基本概念。

(2) 掌握各种备份数据库的方法。

(3) 掌握如何将备份的数据恢复到数据库中。

2. 实验内容

(1) 使用 mysqldump 命令备份 student 表，备份文件存储在 D:\backup 目录中。

(2) 使用 mysql 命令还原 student 表。

(3) 使用 mysqldump 命令将 student 表中的记录导出为 XML 文件，文件存储在 D:\backup 目录中。

3. 深入思考

如何处理不同编码的数据表？

实验 15　日志管理

1. 实验目的

(1) 了解日志的含义、作用及优缺点。

(2) 掌握二进制日志、错误日志和通用查询日志的管理方法。

2. 实验内容

(1) 启动二进制日志功能，并将二进制日志存储到 D:\binlog 目录中(二进制日志文件命名为 binlog)。

将 log-bin 选项加入到 my.cnf 或 my.ini 配置文件中。在配置文件的[mysqld]组中加入代码：log-bin=d:\binlog。配置完成后，二进制文件将存储在 D:\binlog 目录下，第一个二进制文件的完整名称将是 binlog.000001。

(2) 启动服务后，查看二进制日志。

启动 MySQL 服务，在 D:\binlog 目录中可以找到 binlog.000001 文件，用户可以使用 mysqlbinlog 命令来查看二进制日志。先切换到 C:\，然后再执行 mysqlbinlog 命令，语句如下：

```
c:\mysql>MySQLbinlogd:\binlog\binlog.000001
```

(3) 查看 jxxx 数据库下的 sc 表的使用情况，使用 mysqlbinlog 命令来查看二进制日志文件，命令如下：

```
c:\mysql>MySQLbinlogd:\binlog\binlog.000001
```

(4) 暂停二进制日志功能后再删除 sc 表中的所有记录。

在需要删除 sc 表中的所有记录时，如果不希望该删除操作被记录到二进制日志中，可以使用 SET 语句来暂时关闭二进制日志功能。SET 语句如下：

```
SET SQL_LOG_BIN=0;
```

(5) 重新开启二进制日志功能。

可以使用 SET 语句来重新开启二进制日志功能。SET 语句如下：

```
SET SQL_LOG_BIN=1;
```

执行该语句后，二进制日志功能将恢复正常记录操作。

(6) 使用二进制日志恢复 sc 表。

使用 EXIT 命令退出 MySQL 数据库，然后执行下面的语句：

```
mysql binlog binlog.000001 | mysql -uroot -p
```

执行该语句后，再次登录到 MySQL 数据库中。查询 sc 表中的记录，检查是否已恢复成功。

(7) 删除二进制日志。

可以使用 RESETMASTER 语句来删除所有的二进制日志。

3. 深入思考

(1) 日常工作中应该开启哪些日志？

(2) 如何使用二进制日志？

实验 16　数据库设计

1. 实验目的

(1) 了解数据库设计的过程。

(2) 学会从实际需求进行数据库设计。

(3) 学会用 MySQL Workbench 进行数据库设计。

2. 实验内容

图 A-2 所示展示了某图书借阅管理系统的图书借阅情况查询截图。根据图中信息设计图书借阅系统的 E-R 图，并将该 E-R 图转换成关系模型。要求在关系模型中标注出各关系模式的主键和外键。

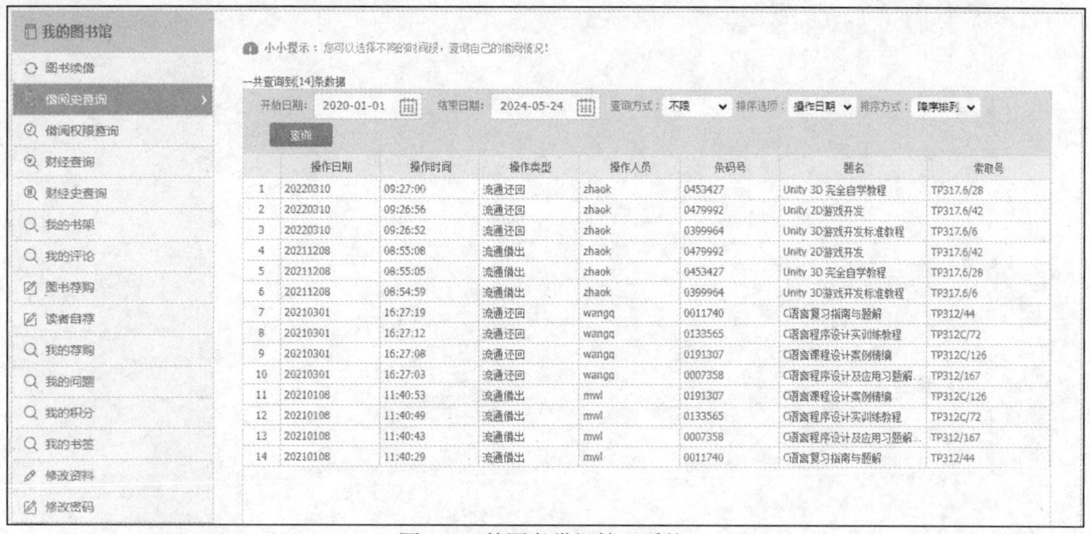

	操作日期	操作时间	操作类型	操作人员	条码号	题名	索取号
1	20220310	09:27:00	流通还回	zhaok	0453427	Unity 3D 完全自学教程	TP317.6/28
2	20220310	09:26:56	流通还回	zhaok	0479992	Unity 2D游戏开发	TP317.6/42
3	20220310	09:26:52	流通还回	zhaok	0399964	Unity 3D游戏开发标准教程	TP317.6/6
4	20211208	08:55:08	流通借出	zhaok	0479992	Unity 2D游戏开发	TP317.6/42
5	20211208	08:55:05	流通借出	zhaok	0453427	Unity 3D 完全自学教程	TP317.6/28
6	20211208	08:54:59	流通借出	zhaok	0399964	Unity 3D游戏开发标准教程	TP317.6/6
7	20210301	16:27:19	流通还回	wangq	0011740	C语言复习指南与题解	TP312/44
8	20210301	16:27:12	流通还回	wangq	0133565	C语言程序设计实训练教程	TP312C/72
9	20210301	16:27:08	流通还回	wangq	0191307	C语言课程设计案例精编	TP312C/126
10	20210301	16:27:03	流通还回	wangq	0007358	C语言程序设计及应用习题解...	TP312/167
11	20210108	11:40:53	流通借出	mwl	0191307	C语言课程设计案例精编	TP312C/126
12	20210108	11:40:49	流通借出	mwl	0133565	C语言程序设计实训练教程	TP312C/72
13	20210108	11:40:43	流通借出	mwl	0007358	C语言程序设计及应用习题解...	TP312/167
14	20210108	11:40:29	流通借出	mwl	0011740	C语言复习指南与题解	TP312/44

图 A-2　某图书借阅管理系统

(1) 确定实体、属性和实体的主码。

(2) 找出实体间的联系及联系类型。

(3) 使用 MySQL Workbench 绘制 E-R 图。

(4) 根据实际情况合理设置数据类型。例如，国际标准书号(International Standard Book Number，ISBN)是用于唯一标识图书等文献的国际编号，自 2007 年 1 月 1 日起，国际标准书号的格式由 10 位修订为 13 位。因此，在数据库中为 ISBN 设置字段时，需选择合适的数据类型，并确保其长度能容纳 13 位的编号，以适应标准的变化。

(5) 在 MySQL 中创建数据借阅数据库(tsjy)，并使用 MySQL Workbench 生成所需的数据表。

3. 深入思考

(1) 使用 MySQL Workbench 设计的 E-R 图与传统 E-R 图相比，在实体、属性和联系方面有哪些变化？

(2) 非规范化数据表可能带来哪些不利影响？